Informatik – Fachberichte

Band 171: H. Lutterbach (Hrsg.), Non-Standard Datenbanken für Anwendungen der Graphischen Datenverarbeitung. GI-Fachgespräch, Dortmund, März 1988, Proceedings. VII, 183 Seiten. 1988.

Band 172: G. Rahmstorf (Hrsg.), Wissensrepräsentation in Expertensystemen. Workshop, Herrenberg, März 1987. Proceedings. VII, 189 Seiten. 1988.

Band 173: M. H. Schulz, Testmustergenerierung und Fehlersimulation in digitalen Schaltungen mit hoher Komplexität. IX, 165 Seiten. 1988.

Band 174: A. Endrös, Rechtsprechung und Computer in den neunziger Jahren. XIX, 129 Seiten. 1988.

Band 175: J. Hülsemann, Funktioneller Test der Auflösung von Zugriffskonflikten in Mehrrechnersystemen. X, 179 Seiten. 1988.

Band 176: H. Trost (Hrsg.), 4. Österreichische Artificial-Intelligence-Tagung. Wien, August 1988. Proceedings. VIII, 207 Seiten. 1988.

Band 177: L. Voelkel, J. Pliquett, Signaturanalyse. 223 Seiten. 1989.

Band 178: H. Göttler, Graphgrammatiken in der Softwaretechnik. VIII, 244 Seiten. 1988.

Band 179: W. Ameling (Hrsg.), Simulationstechnik. 5. Symposium. Aachen, September 1988. Proceedings. XIV, 538 Seiten. 1988.

Band 180: H. Bunke, O. Kübler, P. Stucki (Hrsg.), Mustererkennung 1988. 10. DAGM-Symposium, Zürich, September 1988. Proceedings. XV, 361 Seiten. 1988.

Band 181: W. Hoeppner (Hrsg.), Künstliche Intelligenz. GWAI-88, 12. Jahrestagung. Eringerfeld, September 1988. Proceedings. XII, 333 Seiten. 1988.

Band 182: W. Barth (Hrsg.), Visualisierungstechniken und Algorithmen. Fachgespräch, Wien, September 1988. Proceedings. VIII, 247 Seiten. 1988.

Band 183: A. Clauer, W. Purgathofer (Hrsg.), AUSTROGRAPHICS '88. Fachtagung, Wien, September 1988. Proceedings. VIII, 267 Seiten. 1988.

Band 184: B. Gollan, W. Paul, A. Schmitt (Hrsg.), Innovative Informations-Infrastrukturen. I.I.I. – Forum, Saarbrücken, Oktober 1988. Proceedings. VIII, 291 Seiten. 1988.

Band 185: B. Mitschang, Ein Molekül-Atom-Datenmodell für Non-Standard-Anwendungen. XI, 230 Seiten. 1988.

Band 186: E. Rahm, Synchronisation in Mehrrechner-Datenbanksystemen. IX, 272 Seiten. 1988.

Band 187: R. Valk (Hrsg.), GI – 18. Jahrestagung I. Vernetzte und komplexe Informatik-Systeme. Hamburg, Oktober 1988. Proceedings. XVI, 776 Seiten.

Band 188: R. Valk (Hrsg.), GI – 18. Jahrestagung II. Vernetzte und komplexe Informatik-Systeme. Hamburg, Oktober 1988. Proceedings. XVI, 704 Seiten.

Band 189: B. Wolfinger (Hrsg.), Vernetzte und komplexe Informatik-Systeme. Industrieprogramm zur 18. Jahrestagung der GI, Hamburg, Oktober 1988. Proceedings. X, 229 Seiten. 1988.

Band 190: D. Maurer, Relevanzanalyse. VIII, 239 Seiten. 1988.

Band 191: P. Levi, Planen für autonome Montageroboter. XIII, 259 Seiten. 1988.

Band 192: K. Kansy, P. Wißkirchen (Hrsg.), Graphik im Bürobereich. Proceedings, 1988. VIII, 187 Seiten. 1988.

Band 193: W. Gotthard, Datenbanksysteme für Software-Produktionsumgebungen. X, 193 Seiten. 1988.

Band 194: C. Lewerentz, Interaktives Entwerfen großer Programmsysteme. VII, 179 Seiten. 1988.

Band 195: I. S. Bátori, U. Hahn, M. Pinkal, W. Wahlster (Hrsg.), Computerlinguistik und ihre theoretischen Grundlagen. Proceedings. IX, 218 Seiten. 1988.

Band 197: M. Leszak, H. Eggert, Petri-Netz-Methoden und -Werkzeuge. XII, 254 Seiten. 1989.

Band 198: U. Reimer, FRM: Ein Frame-Repräsentationsmodell und seine formale Semantik. VIII, 161 Seiten. 1988.

Band 199: C. Beckstein, Zur Logik der Logik-Programmierung. IX, 246 Seiten. 1988.

Band 200: A. Reinefeld, Spielbaum-Suchverfahren. IX, 191 Seiten. 1989.

Band 201: A. M. Kotz, Triggermechanismen in Datenbanksystemen. VIII, 187 Seiten. 1989.

Band 202: Th. Christaller (Hrsg.), Künstliche Intelligenz. 5. Frühjahrsschule, KIFS-87, Günne, März/April 1987. Proceedings. VII, 403 Seiten, 1989.

Band 203: K. v. Luck (Hrsg.), Künstliche Intelligenz. 7. Frühjahrsschule, KIFS-89, Günne, März 1989. Proceedings. VII, 302 Seiten. 1989.

Band 204: T. Härder (Hrsg.), Datenbanksysteme in Büro, Technik und Wissenschaft. GI/SI-Fachtagung, Zürich, März 1989. Proceedings. XII, 427 Seiten. 1989.

Band 205: P. J. Kühn (Hrsg.), Kommunikation in verteilten Systemen. ITG/GI-Fachtagung, Stuttgart, Februar 1989. Proceedings. XII, 907 Seiten. 1989.

Band 206: P. Horster, H. Isselhorst, Approximative Public-Key-Kryptosysteme. VII, 174 Seiten. 1989.

Band 207: J. Knop (Hrsg.), Organisation der Datenverarbeitung an der Schwelle der 90er Jahre. 8. GI-Fachgespräch, Düsseldorf, März 1989. Proceedings. IX, 276 Seiten. 1989.

Band 208: J. Retti, K. Leidlmair (Hrsg.), 5. Österreichische Artificial-Intelligence-Tagung, Igls/Tirol, März 1989. Proceedings. XI, 452 Seiten. 1989.

Band 209: U. W. Lipeck, Dynamische Integrität von Datenbanken. VIII, 140 Seiten. 1989.

Band 210: K. Drosten, Termersetzungssysteme. IX, 152 Seiten. 1989.

Band 211: H. W. Meuer (Hrsg.), SUPERCOMPUTER '89. Mannheim, Juni 1989. Proceedings, 1989. VIII, 171 Seiten. 1989.

Band 212: W.-M. Lippe (Hrsg.), Software-Entwicklung. Fachtagung, Marburg, Juni 1989. Proceedings. IX, 290 Seiten. 1989.

Band 213: I. Walter, Datenbankgestützte Repräsentation und Extraktion von Episodenbeschreibungen aus Bildfolgen. VIII, 243 Seiten. 1989.

Band 214: W. Görke, H. Sörensen (Hrsg.), Fehlertolerierende Rechensysteme / Fault-Tolerant Computing Systems. 4. Internationale GI/ITG/GMA-Fachtagung, Baden-Baden, September 1989. Proceedings. XI, 390 Seiten. 1989.

Band 215: M. Bidjan-Irani, Qualität und Testbarkeit hochintegrierter Schaltungen. IX, 169 Seiten. 1989.

Band 216: D. Metzing (Hrsg.), GWAI-89. 13th German Workshop on Artificial Intelligence. Eringerfeld, September 1989. Proceedings. XII, 485 Seiten. 1989.

Band 217: M. Zieher, Kopplung von Rechnernetzen. XII, 218 Seiten. 1989.

Band 218: G. Stiege, J. S. Lie (Hrsg.), Messung, Modellierung und Bewertung von Rechensystemen und Netzen. 5. GI/ITG-Fachtagung, Braunschweig, September 1989. Proceedings. IX, 342 Seiten. 1989.

Band 219: H. Burkhardt, K. H. Höhne, B. Neumann (Hrsg.), Mustererkennung 1989. 11. DAGM-Symposium, Hamburg, Oktober 1989. Proceedings. XIX, 575 Seiten. 1989

Band 220: F. Stetter, W. Brauer (Hrsg.), Informatik und Schule 1989: Zukunftsperspektiven der Informatik für Schule und Ausbildung. GI-Fachtagung, München, November 1989. Proceedings. XI, 359 Seiten. 1989.

Informatik-Fachberichte 268

Herausgeber: W. Brauer
im Auftrag der Gesellschaft für Informatik (GI)

Jörg Raczkowsky

Multisensor-datenverarbeitung in der Robotik

Springer-Verlag
Berlin Heidelberg New York London
Paris Tokyo Hong Kong Barcelona

Autor

Jörg Raczkowsky
Institut für Prozeßrechentechnik und Robotik
Fakultät für Informatik, Universität Karlsruhe
Postfach 6980, W-7500 Karlsruhe 1

CR Subject Classification (1987): I.2.9-10, I.4.8, I.5.4, G.3

ISBN-13: 978-3-540-53745-8 e-ISBN-13: 978-3-642-76476-9
DOI: 10.1007/978-3-642-76476-9

2145/3140-543210 – Gedruckt auf säurefreiem Papier

Geleitwort

Die Robotik nimmt in der Automatisierung technischer Prozesse eine besondere Stellung ein. Insbesondere durch das Ersetzen bisher manuell ausgeführter Arbeitsvorgänge tritt immer wieder der Vergleich mit menschlichen Arbeitskräften und deren Fähigkeiten auf. Durch programmierbare Bahnkurven sind selbst komplizierte Bewegungsabläufe mit hoher Präzision und Wiederholgenauigkeit ausführbar. Dies gilt aber im wesentlichen nur für eine gut definierte Arbeitsumgebung. Liegen hingegen dynamische Veränderungen im Arbeitsumfeld des Roboters vor, dann müssen diese mit Sensoren erfaßt und bei der Ausführung der Handhabung berücksichtigt werden. Die angewendete Sensortechnologie ist heutzutage nur bei sehr einfachen Situationen in der Lage, diese Problematik zu lösen.

Die vorliegende Arbeit liefert ein Gesamtkonzept, das die Einbindung verschiedener Sensoren zur Überwachung von Roboteraktionen erlaubt. Dies ist insbesondere deswegen von Bedeutung, da nicht alle notwendigen Informationen von einem einzelnen Sensor geliefert werden können. Die verwendeten Methoden erlauben den Umgang mit Unsicherheiten, die bei Verwendung der Daten realer Messungen immer auftreten. Die Modellierung der Roboterumwelt basiert auf modifizierten CAD-Beschreibungen, die um zusätzliche sensorspezifische Attribute erweitert sind. Das Konzept umfaßt alle Stufen der Verarbeitung der Sensordaten zur vollständigen Beschreibung von Szenen von den physikalischen Sensoren bis hin zur wissensbasierten Interpretation.

Anhand verschiedener Fallbeispiele wird die Vorgehensweise anschaulich dargestellt. Dieser so geschaffene Rahmen erlaubt die Untersuchung weiterer Konfigurationen und die Einbettung neuer Methoden für spezielle Problemstellungen. Die Arbeit ist ein wertvoller Beitrag zur systematischen Strukturierung des Sensordatenverarbeitungsprozesses und eine richtungsweisende Basis für künftige Forschungen auf diesem Gebiet.

Karlsruhe, im September 1990

Prof. Dr.-Ing. U. Rembold

Vorwort

Fortgeschrittene Robotersysteme, häufig als Roboter der dritten Generation bezeichnet, unterscheiden sich von den vorherigen Generationen durch ein höheres Maß an Autonomie. Voraussetzung hierfür ist ein leistungsfähiger Sensorapparat, der es dem System ermöglich, den Zustand der "Welt", in der es agiert, aufzunehmen. Jeder Sensor besitzt dabei seine sehr spezifische Sichtweise. Beispielsweise sind die Daten eines Sichtsystems anderer Natur als diejenigen eines taktilen Sensors, obwohl sie vielleicht denselben Sachverhalt beschreiben. Ein wesentliches Ziel des vorliegenden Buches ist es, die Informationen von verschiedenen Sensoren so zu verbinden, daß eine umfassende Beschreibung des Zustandes der Roboterarbeitszelle entsteht, die mit derjenigen des internen Weltmodells korrespondiert.

Ansätze zur Fusion der Daten verschiedener Sensoren zu einer umfassenden Beschreibung des aktuellen Zustandes des Arbeitsbereiches von Robotern werden in der Robotik seit den frühesten Anfängen verfolgt. Aufgrund technologischer Hemmnisse sind diese Arbeiten aber entweder nicht über das theoretische Stadium hinausgelangt, oder es sind nur sehr spezielle Fälle realisiert worden. Seit 1980 sind aber realisierte Systeme publiziert worden, die als Prototypen für industrielle Entwicklungen stehen. Um zur Industriereife zu gelangen, müssen sie allerdings erheblich robuster gestaltet werden.

In dieser Arbeit wird ein Konzept zur Integration von Sensoren in Robotersysteme vorgestellt. Im Vordergrund stehen die Gesichtspunkte Fusion realer Meßdaten und wissensbasierte Interpretation der gewonnenen Zwischenergebnisse.

Das erste Kapitel gibt eine ausführliche Einführung in das Gebiet und die Aufgabenstellung. Die Darstellung der bisherigen Ansätze für Sensoranwendungen in der Robotik wird kurz historisch beleuchtet und bildet den Rahmen für die Behandlung einiger publizierter Multisensorsysteme.

Im zweiten Kapitel werden verschiedene Methoden und Techniken mit Relevanz für die in dieser Arbeit konzipierte Sensordatenverarbeitung beschrieben. Wichtige Themen sind dabei die Mustererkennung als grundlegende Theorie zur Behandlung der Sensordaten, die anwendungsorientierte Umweltmodellierung, Ansätze der Künstlichen Intelligenz (KI) unter dem Blickwinkel der technischen Informatik und die Interpretation von unsicheren Sensordaten.

Kapitel 3 befaßt sich mit dem Anwendungsgebiet "Montage mit Industrierobotern". Ein im Rahmen der Arbeit entwickeltes Klassifikationsschema bezieht sich einerseits auf die von den Sensoren gelieferten Informationen und andererseits auf den bestehenden Informationsbedarf des Handhabungsprozesses. Das Kapitel schließt mit einer Betrachtung darüber, wie die Informationen verschiedener Sensoren in der Robotik miteinander verbunden werden können, wobei für die Montage zwei Vorgehensweisen identifiziert werden.

In Kapitel 4 wird das entwickelte Konzept beschrieben. Die sensordatenverarbeitenden Komponenten sind in drei Stufen gegliedert, die sich nach der Komplexität der Grunddaten und der Verwendung von Wissen im Verarbeitungsprozeß unterscheiden. Auf der untersten Ebene ist die Datenreduktion und Merkmalsextraktion angesiedelt. In der nächsten Stufe findet der Vergleich der gewonnenen Merkmale mit Referenzdaten aus dem Weltmodell statt. Hier ist es möglich, auf dem lokalen Niveau eines einzelnen Sensors Abweichungen zwischen der realen Situation und dem Modell festzustellen und sie im Rahmen des Handhabungsprozesses als Fehler zu interpretieren. Ist eine Fehlerbeschreibung mit den Daten des einzelnen Sensors nicht möglich, dann wird diese Aufgabe auf die Diagnose übertragen.

Im fünften Kapitel wird der Ablauf einer Überwachung beschrieben. Die Planung des Vorgangs geht von einer ungestörten Situation in der Arbeitszelle aus und legt zur Erfüllung des Handhabungsziels eine Reihe von Handhabungsoperationen fest, die zu überwachen sind. Für einige Fehlerszenarien, die unterschiedliche Komplexitäten aufweisen, wird die Reaktion der Überwachungskomponente behandelt.

In der Zusammenfassung und dem Ausblick werden der Ausgangspunkt, die Wege zum schließlich erstellten Konzept und das Ergebnis kritisch beleuchtet.

Das vorliegende Buch gibt meine von der Fakultät für Informatik der Universität Karlsruhe genehmigte Dissertation wieder. Sie entstand während meiner Tätigkeit als wissenschaftlicher Mitarbeiter am Institut für Prozeßrechentechnik und Robotik der Universität unter Leitung von Herrn Prof. Dr.-Ing. U. Rembold.

An dieser Stelle möcht ich allen danken, die mir bei der Durchführung der Arbeit mit Rat und Tat zur Seite gestanden sind.

Mein besonderer Dank gilt meinem Doktorvater Herrn Prof. Dr.-Ing. U. Rembold für seine über das Fachliche hinausgehende Unterstützung. Sein persönliches Engagement, gepaart mit seiner fundierten wissenschaftlichen Erfahrung, stützten mich durch konstruktive Kritik auch während schwieriger Phasen.

Herrn Prof. Dr.rer.nat. P. Deussen danke ich herzlich für die Übernahme des Korreferates und den damit verbundenen inhaltlichen Diskussionen. Seine wertvollen Hinweise beeinflußten die Arbeit sehr positiv.

Im Institut fand ich bei meinen Kollegen umfassende Unterstützung. Insbesondere möchte ich Herrn Prof. Dr.-Ing. R. Dillmann und Herrn Prof. Dr.rer.nat. C. Kordecki für ihre Ratschläge danken. Frau Margit Pfitzer trug sehr zur Lesbarkeit des Manuskripts bei.

Besonders hervorheben möchte ich meine Studenten Gerhard Grunwald, Christoph Hartfuss, Joachim Kaltenbach, Dietmar Kappey, Karl-Heinz Mittenbühler, Rolf Müller, Peter Scheuerlein, Ekkehard Schmötzer, Kerstin Seucken, Stefan Weiss, Konrad Weller und Winfried Wirth, die in zahlreichen Diskussionen Anregungen an mich herangetragen, manche Sackgasse aufgespürt und durch ihre Diplom- und Studienarbeiten einzelne Teilbereiche der Arbeit vorangetrieben haben.

Karlsruhe, im November 1990 Jörg Raczkowsky

Inhaltsverzeichnis

1 Einführung und Aufgabenstellung 1

1.1 Sensoren und Meßtechnik, Definitionen 3
1.2 Sensoren in der Robotik 6
1.2.1 Ankopplung von Sensoren an Roboter 7
1.2.2 Multisensorsysteme 9
1.2.3 Wertung bisheriger Systeme 17
1.3 Eigener Ansatz 18
1.4 Zusammenfassung 21

2 Methoden und Techniken für die Sensordatenverarbeitung 22

2.1 Mustererkennung 22
2.2 Modellierungsmethoden für die Umwelt 25
2.2.1 Oberflächendarstellung 26
2.2.2 Generalisierte Zylinder 27
2.2.3 Volumenorientierte Darstellung 28
2.3 Methoden der Künstlichen Intelligenz (KI) 29
2.3.1 Wissensrepräsentation 30
2.3.2 Wissensnutzung 32
2.3.3 Suchproblematik 33
2.3.4 Zur Architektur von Expertensystemen 34
2.3.4.1 Die Blackboard-Architektur 35
2.3.4.2 Blackboardsysteme 36
2.3.4.3 Das Blackboard-Entwicklungssystem GBB 39
2.4 Modellierung von Unsicherheiten 41
2.4.1 Modell der bedingten Wahrscheinlichkeit 41
2.4.2 Certainty factor-Modell 43
2.4.3 Dempster-Shafer-Theorie 45
2.4.4 Fuzzy set-Theorie 47
2.5 Zusammenfassung 50

3 Sensorunterstützte Montage mit Industrierobotern 52

3.1 Fehler bei der Montage 54
3.2 Die Montageaufgabe 55
3.2.1 Sichten der Szene 58
3.2.2 Einfügen 59
3.3 Sensorklassifikationen 60
3.4 Fusion von Sensordaten in Roboteranwendungen 65
3.5 Zusammenfassung 69

4 Das Konzept der Überwachung 70

4.1 Einbindung der Überwachung in ein Robotersystem 71
4.2 Die Überwachungskomponente 73
4.3 Kontrolle und Kommunikation 79
4.3.1 Die Struktur der Kontrolle 79
4.3.2 Kommunikation in der Kontrolle 85
4.3.2.1 Die Fehlererkennung 85
4.3.2.2 Die Diagnose 86
4.4 Das Weltmodell 87
4.4.1 Das spezifische Sichtenmodell für die Sensoren 89
4.4.2 Randbedingungen für den Zugriff 91
4.4.3 Darstellung der Daten 92
4.4.4 Zugriff auf die Daten 94
4.5 Die Stufen der Sensordatenverarbeitung 96
4.5.1 Vorverarbeitung der Sensordaten 96
4.5.2 Die Ebene der Vergleichseinheiten 102
4.5.3 Die Diagnoseebene 108
4.5.3.1 Die Kontrolle des Blackboardsystems 111
4.5.3.2 Die Datentafel und die Wissensquellen 113
4.6 Zusammenfassung 117

5 Der Ablauf einer Überwachung 119

5.1 Planungsvorgaben und reale Situation 119
5.2 Die Überwachung der Handhabungssequenz 123
5.2.1 Der Überwachungsauftrag 124
5.2.2 Vorverarbeitung der Daten des Sichtsystems 127
5.2.2 Die Daten aus dem Weltmodell 130
5.3 Die Fehlererkennung 134
5.4 Diagnose der Fehlersituation 138
5.4.1 Die Hypothesenbildung aus den Merkmalsdaten 139
5.4.2 Verifikation der Hypothesen mit einem Graphenansatz 142
5.4.3 Ansätze für die 3D-Lagebestimmung 145
5.5 Zusammenfassung 148

6 Zusammenfassung und Ausblick 150

7 Literatur 153

8 Anhang 161

1 Einführung und Aufgabenstellung

Robotersysteme nehmen in der Automatisierungstechnik eine Schlüsselstellung ein. Sie stellen das Bindeglied zwischen Maschinen in der Produktion dar. Sehr viele zuerst in diesem innovativen Rahmen entwickelte Verfahren und Geräte finden in anderen technischen Bereichen vielfältige Verwendung. Eine einzige klassische Ingenieur- oder Naturwissenschaft allein kann die Anforderungen, die die Robotertechnik stellt, nicht erfüllen. Als technische Teildisziplin hat die Robotik somit einen integrativen Charakter.

Bedingt durch die Komplexität der Robotik wird es in absehbarer Zeit nicht möglich sein mit Robotern zu einer ähnlichen Flexibilität zu gelangen wie sie menschliche Arbeitskräfte aufweisen. In einigen Arbeitsgebieten ist der Vorteil des Einsatzes von konfigurierbaren Maschinen bereits heute sichtbar. Dies ist insbesondere bei der Handhabung kleiner bis mittlerer Losgrößen der Fall. Die wesentlichen Punkte sind hierbei die leichte Umrüstung von Arbeitsplätzen mit hoher Produktivität bei gleichbleibender Qualität. Eine automatische Fertigungsstätte, die nur mit starren Sondermaschinen ausgerüstet ist, war zu Beginn der Industrialisierung für unterschiedliche Modelle nicht sehr wirtschaftlich, wie ein Beispiel aus der Automobilindustrie [GEI87] zeigt. Heute im Zeitalter ständiger Produktmodifikationen ist eine solche Ausstattung ökonomisch nicht mehr vertretbar.

Die Flexibilität von Robotersystemen ist durch ihre hohe Beweglichkeit innerhalb des definierten dreidimensionalen Arbeitsraumes bedingt, in dem beliebige Bahnen der Effektoren gefahren werden können. Durch Umprogrammieren erhält man leicht eine Maschine mit neuen Ablauffunktionen. Sensoren, die in zunehmendem Maße Bestandteil von Robotern werden, fügen eine neue Art von Flexibilität hinzu. Innerhalb eines Handhabungsauftrages können auftretende Abweichungen, seien sie durch die Werkstücke oder das Effektorsystem bedingt, kompensiert werden. Das Ausmaß der Fähigkeit, adaptiv auf Abweichungen reagieren zu können, kennzeichnet die Unterschiede zwischen den bis jetzt bekannten drei Generationen von Robotersystemen.

Bei Sensoren zeichnen sich zwei Tendenzen ab. Seit Anfang der Entwicklung wird die Idee des "idealen Sensors" verfolgt, mit dem jede Information aus der Umwelt erfaßbar ist. Daher rührt auch die überragende Stellung der Bildverarbeitung, die im wesentlichen mit optischen Systemen arbeitet und von der angenommen wurde, daß sie alle Erkennungsprobleme löst. Diese Hoffnung erfüllte sich nur teilweise, trotzdem sind die Sichtsysteme heute die am weitesten entwickelten Sensoren in Automatisierungssystemen. Viele Aufgabenstellungen können aber nicht allein mit ihrer Hilfe bewältigt werden. Dies führt zur Hinwendung zu Multisensorstrukturen - darunter versteht man die Integration unterschiedlicher Sensoren zu einem System, um die verschiedenen Umweltdaten zu erfassen. Die Kombination mehrerer physikalisch unterschiedlicher Sensoren wurde zwar als wissenschaftliches Thema vereinzelt publiziert, erreichte aber erst ab ca. 1980 grössere Relevanz. Seither sind vor allem im Zusammenhang mit mobilen Robotern wissenschaftliche Untersuchungen zu Multisensorsystemen im Gange. Wichtige Randbedingungen für diese Entwicklung sind die großen Fortschritte in der Rechnertechnologie, sowohl bei der Hardware als auch bei der Software, und die Verbesserungen der Sensortechnologie auf der Aufnehmerseite und der digitalen Verarbeitung und Interpretation von Informationen.

In zunehmendem Maß finden Robotersysteme Eingang in die Montage. Sie ist unter diejenigen industriellen Tätigkeiten einzureihen, die die höchsten Anforderungen an Handhabungssysteme stellen. Durch die komplizierten Bewegungen mit Zusatzfunktionen, z.B. bei Kraftüberwachungen usw., steigt die Zahl von Unsicherheiten im Prozeß sehr stark an. Eine Alternative zu einem verstärkten Einsatz von Sensoren, mit denen die Unsicherheiten innerhalb des Handhabungsvorganges bewältigt werden können, ist die Zerlegung des komplexen Montageprozesses in eindeutig bestimmte Teilprozesse mit hohem Ordnungsgrad. Dies ist aber ökonomisch nicht immer vertretbar.

Mit der Einbeziehung von Sensorinformationen in den Handhabungsprozeß ändert sich die Struktur der Robotersysteme wesentlich. In viele systeminterne Steuerungsprozesse sind Rückkoppelzweige zu integrieren und neue Funktionen hinzuzufügen, die bisher von menschlichem Bedienungspersonal erfüllt wurden. Ein Beispiel ist etwa die Stördiagnose und die auf den dabei gewonnenen Erkenntnissen basierende Neuplanung von Aktionen.

Der bisherige Einsatz von Sensoren in industriellen Anwendungen beschränkt sich auf die Erfassung einfacher Situationen, wie etwa das Feststellen der Anwesenheit, Lage und Orientierung eines Objektes bzw. Werkstückes. Die Interpretation der Sensorinformation findet im Robotersteuerungsprogramm statt und die Ergebnisse werden benutzt, um Verzweigungen auf Programmalternativen durchzuführen. Alle vorkommenden Abweichungen von einer Idealsituation müssen somit erfaßt und in die Planung mit einbezogen werden. Dies ist nur in einem sehr beschränkten Maße möglich. Gefordert werden ´intelligente´ Sensorstrukturen, die aufgrund einer Situationsanalyse weitgehend autonom selbst bisher unbekannte Problemfälle mit Hilfe einer Anzahl von Strategien lösen. Eine weitergehende Entwicklung stellen lernfähige Robotersysteme [DIL88] dar, die in dieser Abhandlung aber nicht näher betrachtet werden sollen. Eine leistungsfähige Sensorausrüstung ist für diese sehr fortgeschrittenen Handhabungssysteme aber unabdingbar, so daß mit dieser Arbeit auch Grundlagen für Entwicklungen in dieser Richtung geschaffen werden.

Aus den obigen Ausführungen lassen sich folgende Anforderungen an ein Sensorsystem für Roboter im Montagebereich ableiten:

- Die Überwachung des Handhabungsprozesses muß in Echtzeit geschehen und darf nur im Fehlerfall in die Effektorsteuerung eingreifen (sehr oft durch Stoppen des aktuellen Handhabungsvorganges).

- Ist ein Fehler festgestellt worden, so muß die Situation in der Arbeitszelle soweit analysiert werden, daß genügend Information für eine Neuplanung der Handhabung zur Verfügung steht.

- Für sensorgeführte Handhabungen ist die Information des Sensors direkt in die Steuerung des Handhabungsprozesses einzukoppeln.

Um diese Aufgaben erfüllen zu können, sind viele Fragen in den Bereichen der Fusion von Sensordaten, Weltmodellierung, Künstliche Intelligenz und Kontrollkonzepte zu klären. Es existieren bereits eine Anzahl von Werkzeugen und Methoden, die zu untersuchen sind, in wieweit sie einen Beitrag zur Lösung der Überwachungsaufgabe bei Montageopeerationen liefern können. Das hier verwendete Anwendungsbeispiel, anhand dessen die Betrachtungen durchgeführt werden, ist ein Montagesatz für ein Pendel, der sogenannte ´European Benchmark´ [COL85]. Er wurde ursprünglich zur Untersuchung der Leistungsfähigkeit von Roboterprogrammiersprachen - ohne Einbeziehung von Sensoren - entwickelt, eignet sich aber auch sehr gut, um die im Rahmen dieser Arbeit gewonnenen Erkenntnisse an einem praktischen Beispiel zu verifizieren.

1.1 Sensoren und Meßtechnik, Definitionen

Die Anwendung von Sensoren wird im Zusammenhang mit der Robotik schon früh [FOI82] erwogen. Mit Hilfe von Sensoreinrichtungen soll ein Handhabungsgerät Eindrücke aus der Umwelt aufnehmen, auf die das Gerät dann adaptiv bis ´intelligent´ zur Lösung des Handhabungsauftrages reagieren kann. Im Laufe der Zeit (zwischen 1975 und 1980) wurde die Bezeichnung Sensorik, stehend für Sensortechnik auf dem Automatisierungssektor, geprägt, um zu verdeutlichen, daß sich hier ein Teilbereich der Technik als eigenständiges Gebiet etabliert hat.

Was unterscheidet nun die Sensorik von der klassischen Meßtechnik? Die eigentlichen Aufnehmer physikalischer Größen, die Sensoren, werden in beiden Fällen benutzt. Hier hilft die Definition des Messens weiter, wie sie in der DIN-Norm 1319 [DIN85] formuliert ist. Dort heißt es:

> *M e s s e n* ist der physikalische Vorgang, durch den ein spezieller Wert einer physikalischen Größe als Vielfaches einer Einheit oder eines Bezugswertes ermittelt wird.

In den zu dieser Definition gehörenden Anmerkungen wird die Weiterverarbeitung der Meßwerte ausdrücklich ausgeschlosssen.

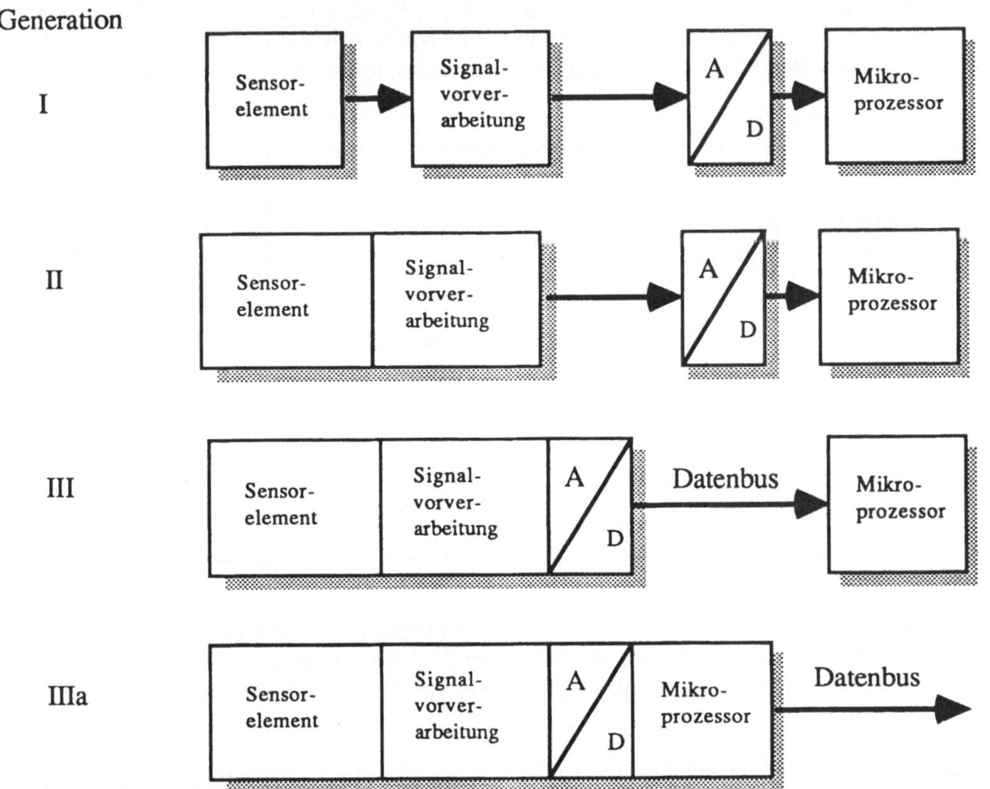

Bild 1.1: Weiterentwicklung von Sensoren in Richtung auf miniaturisierte, intelligente Sensoren

In der Sensortechnik, wie sie heute verstanden wird, ist aber gerade diese Verarbeitung ein wichtiger Aspekt. Die gemessenen Größen sollen autonom verwertet werden, ohne Zutun eines Menschen. Zumindest ist eine Aufbereitung und Verknüpfung von Daten gefordert, um sie dann in einer gut überschaubaren Darstellungsform zu präsentieren.

Die in Bild 1.1 anschaulich dargestellte Entwicklung von Sensoren in Richtung auf höhere Integrationsgrade wird vom Bundesministerium für Forschung und Technologie in einem vierjährigen Programm ´Mikroperipherik´ [BMF85] gefördert. An dieser umfangreichen Fördermaßnahme läßt sich die Bedeutung der Sensorik für industrielle Anwendungen ablesen.

Die Grenze zur Meßtechnik ist aber mit zunehmendem Einsatz der Mikroelektronik bei Meßgeräten fließender geworden. Im Bereich der industriellen Meßtechnik kommen immer weniger "Elementarmessungen" vor, bei denen menschliches Bedienungspersonal die Auswertung vollständig vornimmt. In die Geräte der Meßtechnik sind sehr oft Rechner integriert, die große Teile der Auswertungen durchführen. Außerdem können sie über Kommunikationssysteme, z.B. IEC-BUS, zu komplexen Strukturen zusammengeschaltet werden und haben dann eine ähnliche Funktionalität wie Sensoriksysteme.

Wie oben bereits gezeigt wurde, ist die Sensorik aus einer Erweiterung bzw. Spezialisierung innerhalb der Meßtechnik entstanden. Wegen der großen Überdeckung eignen sich Definitionen, wie sie für die Meßtechnik in DIN 1319 sowie in den VDI/VDE-Richtlinien 2600 [VDI73] beschrieben sind, gut zur Festlegung von Begriffen, die auch für die Sensorik relevant sind. Die Struktur einer Meßeinrichtung zeigt Bild 1.2. Sie ist als black box dargestellt mit der Meßgröße als Eingang und dem Meßwert als Ausgang.

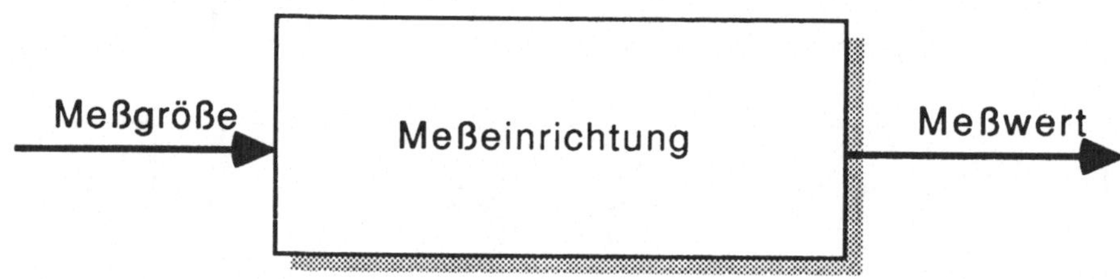

Bild 1.2: Meßeinrichtung nach VDI/VDE 2600

Die in Bild 1.2 genannten Begriffe sind folgendermaßen definiert:

Meßeinrichtung:
Die *Meßeinrichtung* umfaßt die Gesamtheit aller Meßgeräte und Hilfsgeräte, die zum Aufnehmen einer *Meßgröße* zum Weitergeben und Anpassen eines Meßsignals und zum Ausgeben eines *Meßwertes* als Abbild einer Meßgröße erforderlich sind.

Meßgröße:
Die *Meßgröße* ist die physikalische Größe, der die Messung gilt (z.B. Länge, Dichte, Kraft, Temperatur, Widerstand, Schalldruck, Anzahl der radioaktiven Zerfälle).

Meßwert:
Der *Meßwert* ist der gemessene spezielle Wert einer *Meßgröße*, er wird als Produkt aus Zahlenwert und Einheit angegeben (z.B. 3m, 6.5s, 5.2A, 373.15K).

Diese grobe Darstellung kann noch weiter untergliedert werden, wie Bild 1.3 zeigt. Dort wird die Anordnung der einzelnen Funktionselemente der Meßeinrichtung deutlich.

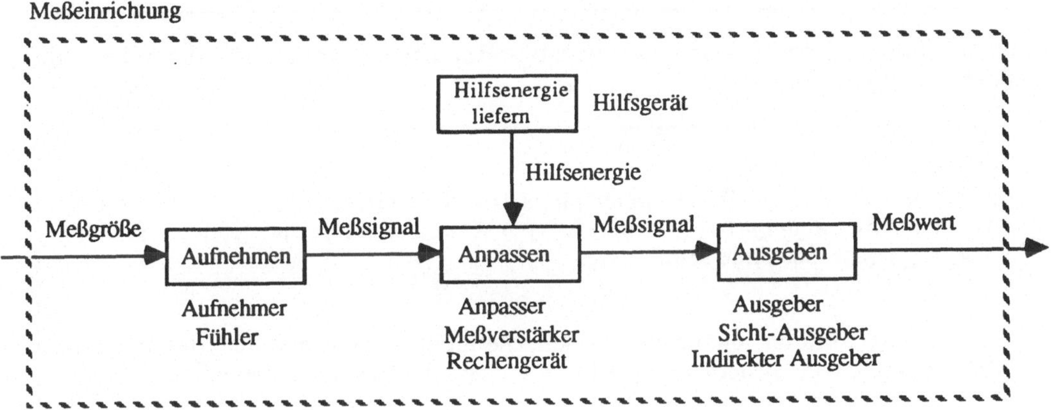

Bild 1.3 : Benennung von Meßgeräten nach Aufgaben im Rahmen der Meßeinrichtung nach VDI/VDE 2600

Für die aufgegliederte Meßeinrichtung werden im folgenden die einzelnen Begriffe nach VDI/VDE 2600 definiert:

Fühler:
Fühler (Sensor, Sonde) heißt derjenige Teil des Aufnehmers, der die *Meßgröße* unmittelbar erfaßt und auf diese empfindlich ist. Beispiel: Photoelement eines Lichtstärkeaufnehmers.

Anpasser:
Anpasser sind Meßgeräte, die zwischen Aufnehmer und *Ausgeber* in der *Meßeinrichtung* liegen und verschiedenartige Aufgaben erfüllen. Beispiele: Meßverstärker, Meßumformer, Rechengeräte, Meßumsetzer.

Hilfsgerät:
Die übrigen Geräte (Teile) einer *Meßeinrichtung*, die für deren meßtechnische Eigenschaften nicht entscheidend sind, werden als *Hilfsgeräte* bezeichnet.

Ausgeber:
Ausgeber sind Meßgeräte, die den *Meßwert* der gemessenen Größe (*Meßgröße*) ausgeben. *Ausgeber* sind entweder Sichtausgeber oder indirekte Ausgeber.

Neben den Geräten sind noch zwei Größen in Bild 1.3 vorhanden. Es sind dies:

Meßsignal:
Darstellung von *Meßgrößen* im Signalflußweg durch zugeordnete physikalische Größen gleicher oder anderer Art.

Hilfsenergie:
Die Energie, welche von einem Meßgerät zum Aufrechterhalten seiner Funktion zeitweise oder ständig zugeführt werden muß und nicht dem jeweiligen Eingangssignal entnommen wird, heißt *Hilfsenergie*.

In den Bildern 1.2 und 1.3 sind zwei wichtige Begriffe nicht enthalten, deren Definition jedoch wichtig ist:

Meßobjekt:
Das *Meßobjekt* ist der Träger jener physikalischen Größe, deren Wert gemessen werden soll. *Meßobjekte* können Körper (auch Stoffproportionen, Proben), Vorgänge oder Zustände sein.

Einflußgrößen:
Einflußgrößen sind physikalische Größen, die nicht Gegenstand der Messung sind, die aber ungewollt systematische Abweichungen der Meßwerte bewirken.

Die Definitionen zeigen, wie die Begriffswelt der Meßtechnik gebildet wird. Da für die Sensorik noch keine eigene Norm besteht, wird innerhalb der Arbeit weitgehend auf diese Normen der Meßtechnik zurückgegriffen.

1.2 Sensoren in der Robotik

Die Versuche, Sensoren in der Robotik einzusetzen, begannen schon in einem sehr frühen Stadium der Entwicklung von Robotern. In [FOI82] findet sich eine Liste, der zu entnehmen ist, daß 1950 die ersten "Pick and Place"-Roboter entworfen wurden und bereits 1961 die Kopplung eines taktilen Sensors mit einem Handhabungsgerät stattfand. Eine Kraftrückkopplung gab es bei Telemanipulatoren seit 1948.

Weitere Sensoren, insbesondere komplexere Typen wie Bildverarbeitungssysteme, wurden ab 1963 zur Szenenanalyse und später auch zur Steuerung von Greifvorgängen (1967) benutzt. Mitte der Achtziger Jahre wurden dann Robotersysteme mit Weltmodellen konzipiert (WAVE 1972) und verschiedene wissensbasierte Sichtsysteme (ACRONYM 1977, VISIONS 1978 usw.) entwickelt.

Um 1980 richtete sich das Augenmerk auf die Verschmelzung von Sensordaten. Anfangs beschäftigen sich Forschungsgruppen weitgehend nur mit Stereosehen (z.B. an der Universität Edinburgh). Diese Methode basiert entweder auf den Bildern von mehreren Kameras oder bei statischen Objekten durch Fusion der Daten einer einzelnen Kamera, die das Objekt von verschiedenen Ansichten aufnimmt.

Ein später folgender Ansatz ist die Integration von Sensoren unterschiedlicher physikalischer Wirkprinzipien zu einer Multisensorstruktur. Das ist besonders dann sinnvoll, wenn die Meßgrößen der einzelnen Sensoren disjunkt sind. Ein Beispiel ist die Kombination eines Sichtsystems und eines Entfernungsmessers. Mit dem Sichtsystem wird die Lage eines Objektes in einem Zielraum festgestellt und mit dem Entfernungsmesser bestimmte Punkte oder Flächen des Objektes vermessen. So kann z.B leicht die Höhe von Objekten bestimmt werden, ohne diese Information sehr mühsam aus einem Stereobild oder einer Bilderserie eines Bildverarbeitungssystems errechnen zu müssen.

1.2.1 Ankopplung von Sensoren an Roboter

Bei der Entwicklung von Sensoren für Robotersysteme wurden zwei verschiedene Wege eingeschlagen. Der eine ist die Integration von einfachen Sensoren, zB Taster, Näherungsschalter, Lichtschranken etc., in die Steuersprache der Roboter [BLU83]. Die physikalische Kopplung zum Roboter findet über die bekannten parallelen und seriellen Standardschnittstellen statt. Dabei werden die üblichen Übertragungsprotokolle (V24, IEEE488 usw.) benutzt. Die Interpretation der Daten geschieht innerhalb des Steuerprogrammes. Die Sensoren selbst sind "nicht intelligent". Sie führen nur eine Signalvorverarbeitung zur Umformung des analogen Meßwertes und Wandlung in ein für einen Rechner lesbares digitales Datum durch. Die Daten oder Signale des Sensors bzw. mehrerer Sensoren müssen von Robotersteuerrechnern verarbeitet werden. Dies ist noch bei einfachen Anwendungen mit wenigen Sensoren möglich, stellt aber bei etwas komplexeren Aufgaben einen nicht tragbaren Engpaß dar.

Ein Ausweg aus dieser Situation und gleichzeitig die zweite Richtung ist, dem Sensor die benötigten Rechenkapazitäten direkt zuzuordnen. Die Bildverarbeitung nimmt hierbei eine besondere Stellung ein, da durch die dort anfallenden großen Datenmengen von vornherein Spezialrechner notwendig waren. Die fortschreitende Entwicklung bei den Halbleiterintegrationstechniken stellt in naher Zukunft die Möglichkeiten von Sensoren mit integrierten Rechnern in Aussicht. Dies ist auch Ziel des Förderungsschwerpunktes Mikroperipherik des Bundesforschungsministeriums für die Jahre 1985-89 (Bild 1.1).

Obwohl in experimentellen Systemen bereits sehr früh, seit ca. 1965, der Einsatz von Sensoren wissenschaftlich untersucht wurde, fehlt ein entsprechendes Angebot an Geräten auf dem Markt. Selbst 1973 [SCH73] gab es nur einfache Sensoren wie Endschalter, Lichtschranken usw. Erst ab ca 1980 änderte sich die Situation, da wegen der Nachfrage nach Sensoren aufgrund der Automatisierungsbestrebungen verschiedene Hersteller (z.B. AUTOMATIX, BBC, Bosch u.a.) mit Bildverarbeitungssystemen auf den Markt kamen. Durch die zunehmende Standardisierung der Rechnersysteme (Multi-Bus, VME-Bus usw.) vergrößerte sich die Anzahl der Anbieter auf diesem Sektor sehr schnell.

Die Struktur von Robotersystemen im industriellen Einsatz änderte sich in den Jahren zwischen 1960-1980 kaum. Im wesentlichen finden wir konventionelle Programmierkonzepte [BON82], in denen Sensordaten wie Daten von einer Standardperipherie behandelt werden. In [BLU83] werden einige Roboterprogrammiersprachen beschrieben. Es sind dies:

AL, VAL, SIGLA, HELP, ROBEX, RAIL

Aus diesen Sprachen sind nur bestimmte Anweisungstypen für die Sensorik relevant:

- Sensoranweisungen (Anweisungen an den Sensor)
- Bewegungsanweisungen mit Sensorintegration
- Effektoranweisungen mit Sensorintegration

Über die Sprache muß ein Sensor ansprechbar sein, um ihn für seine Funktion zu programmieren, seinen Zustand zu testen und die aufgenommenen Meßwerte zu verarbeiten. Diese Aufgaben fallen in den Bereich der Sensoranweisungen. Es treten dabei folgende Fälle auf:

- Sensoren mit Parametern versorgen
- Sensoren aktivieren
- gezielt Sensordaten lesen
- Sensorzustand abfragen
- Sensor ausschalten

Die beiden anderen Fälle kombinieren direkt bestimmte Bewegungen mit dem Einsatz von Sensoren zum Durchführen von Aufgaben in einer Regelschleife beziehungsweise das Überwachen von Grenzwerten. Damit werden direkt Regelungen programmiert. Diese Informationen dienen zur Beeinflussung der Erzeugung von Führungsgrößen einzelner oder mehrerer miteinander koordiniert angesteuerten Achsen des Handhabungssystems. In [ERN82] werden hierzu einige Anregungen zu Strukturen und Einsatzfällen gegeben.

Bild 1.4 zeigt eine solche Struktur. Nach der Programmentwicklung werden die Bewegungsprogramme in einen Speicher geschrieben und erzeugen bei ihrem Aufruf die Führungsgrößen der einzelnen Achsen. Diese dienen als Eingabe in die eigentlichen Achsregler, die die Lageeinstellung bewirken. Die vom Prozeß über die Sensordatenverarbeitung gewonnenen Informationen werden in die Erzeugung der Führungsgrößen rückgekoppelt. Dadurch kann das System eine kompliziertere Bahn durch paralleles Ansteuern von mehreren Achsen ausführen.

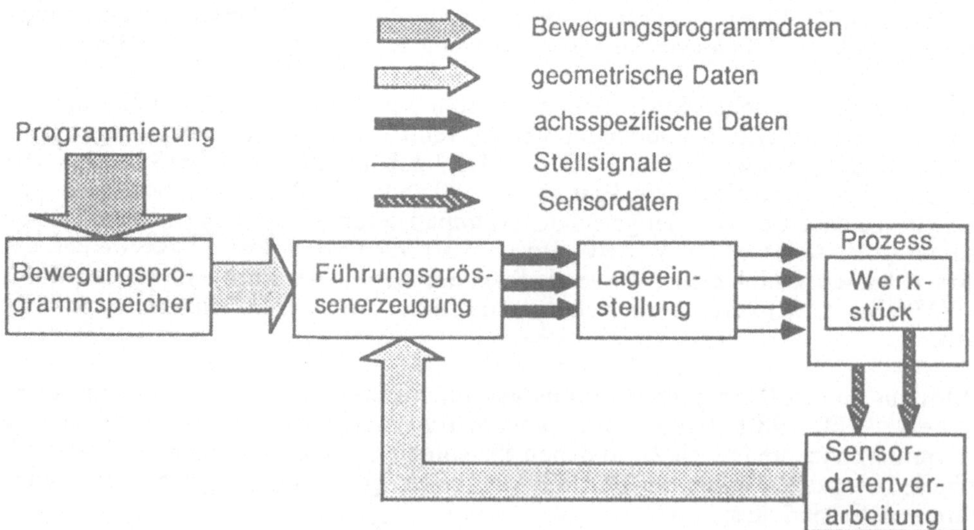

Bild 1.4: Struktur eines Handhabungssystems mit einfacher Sensorintegration aus [ERN82]

In dieser Struktur ist noch eine Erweiterung möglich, so daß die Daten der Sensordatenverarbeitung auf die Verwaltung von Bewegungsdaten Einfluß nehmen. Entsprechend der Meßwerte lädt die Programmverwaltung alternative Programme in den Bereich der Führungsgrößenerzeugung. Mit dieser Methode kann das Handhabungssystem auch auf "strukturelle" und nicht nur auf parametrische Abweichungen, wie in den vorher geschilderten Fällen, reagieren. Ein Beispiel wäre die Behandlung eines Werkstückes, welches stabile Lagen sowohl auf der Ober- als auch auf der Unterseite einnehmen kann. Um es für einen Montagevorgang handhaben zu können, muß die zusätzliche Bewegungssequenz "Umdrehen" vorhanden sein.

Nach [BAR83] gibt es zwei Möglichkeiten, Sensoren in ein System einzubinden. Dies erfolgt entweder in passiver Form, d.h. der Sensor überwacht eine Task, oder in aktiver Form, d.h. die Sensordaten stoßen neue Tasks an. Bei hochentwickelten Robotersystemen findet man oft eine Kombination von beiden Möglichkeiten.

In den meisten Konzepten gibt es keine oder nur rudimentäre Weltmodelle, die durch das Abspeichern des Roboterzellenzustandes ein weitgehendes adaptives Verhalten ermöglichen. Eine Ausnahme bildet lediglich das System AUTOPASS [LIE77]. Es ist taskorientiert und hat im Vergleich zu anderen Roboterprogrammiersprachen bzw. -systemen das höchste Niveau. Im wesentlichen werden aber bei allen Systemen die Sensordaten einer Bewertung unterworfen, bei der das Wissen des Benutzers implizit im Robotersteuerprogramm enthalten ist.

1.2.2 Multisensorsysteme

Unter dem Begriff Multisensorsystem wird in dieser Arbeit ein Erfassungs- und Verarbeitungssystem verstanden, welches mit Sensoren unterschiedlichen physikalischen Wirkprinzips Daten aus der Umwelt aufnimmt. Die so erfaßten Meßgrößen unterscheiden sich u.a. durch folgende Kriterien: Meßbereich, Auflösung, Medium, Rückwirkung auf den Prozeß, Meßfrequenz usw. Des weiteren spielen noch die erzeugten Datenformate eine große Rolle: Einzelmessung, eindimensionale und zweidimensionale Arrays, eventuell komplexere Datenstukturen. Die Einzelsensorsysteme lassen sich traditionell in drei Bereiche untergliedern:

1. optische, bildverarbeitende Systeme
2. entfernungsmessende Systeme
3. taktile, kraft- und ortsmessende Systeme

Ein Multisensorsystem besteht aus dem Zusammenwirken von Einzelsensorsysteme konfiguriert für den konzipierten Zweck. In der Literatur sind inzwischen viele Arbeiten zum Thema Multisensorik bekannt. Dabei kann unterschieden werden zwischen der theoretischen Betrachtung von Problematiken der Integration von Sensordaten [ALL84] [BAJ84] [DUR86] [GHA84] [IBE84] [LUO84] [LUO87] [RIC84] [SHE86] und Konzepten für konkrete Systeme mit bestimmten Anwendungsgebieten. In den Konzepten finden zwei bis sechs verschiedene Sensoren Verwendung. Zwei wesentliche Einsatzgebiete sind die Unterstützung von industriellen Handhabungsprozessen mit Roboterarmen [BAR83] [CHI86] [ELL85] [HAR86a] [HEN83] [HEN84b] [HIR86] [RUO86] [STE86] und die Navigation von Fahrzeugen in geschlossenen Räumen [GIR83] [GIR84] [REM86] und im Freien [HAR86b] [SHA86].

Das in der vorliegenden Arbeit betrachtete Arbeitsgebiet ist die sensorüberwachte Montage. Es wird aber auch die Gewinnung von Daten berücksichtigt, die die Navigation von autonomen mobilen Roboterfahrzeugen unterstützen. In [MIT86] wird eine Übersicht über bestehende Systeme gegeben. Desweiteren wurden in den letzten Jahren auf Roboterkonferenzen (ICAR, ISIR, RoViSec usw.) mehrere Systeme und Systemkonzepte vorgestellt. Von diesen Systemen werden im folgenden einige exemplarisch behandelt. Sie sind für die Montage mit einem Roboterarm konzipiert. Diese Aktivität ist ein wesentlicher Bestandteil des Karlsruher Autonomen Roboters (KAMRO) [REM86] und muß von einem leistungsfähigen Sensorsystem unterstützt werden.

DFVLR-Robotersystem

Die Deutsche Forschungs- und Versuchsanstalt für Luft- und Raumfahrt (DFVLR) arbeitet seit längerem [HIR82] [HIR85a] [HIR85b] [DIE85] an der Sensorentwicklung für Roboter. Diese Aktivitäten wurden in einem Robotersystem [HIR86] mit integrierter Multisensorik zusammengefaßt. Die Applikation bsteht aus einer sensorgestützten Montage mit einem von der Erde gesteuerten Telemanipulationsarm. Als Sensoren stehen in dem Konzept ein Kamerasystem, eine taktile Kraft-Momenten-Meßdose, ein Entfernungsmesser auf der Basis eines Lasertriangulationsverfahrens und ein induktiver 3D-Sensor zur Verfügung. Der Ansatz gliedert sich in drei Ebenen: Eine globale Planungsebene, eine lokale Steuerungsebene mit Sensorrückkopplung und die Ebene der Gelenkansteuerung.

In der Lernphase werden Sensormuster aufgenommen und in einem Speicher mit Informationen über die Sichtbereiche der Sensoren abgelegt. Desweiteren existiert ein Modul zur Korrektur der Sensormuster aufgrund der unterschiedlichen Randbedingungen der Messung. In Bild 1.5 zeigen die gestrichelten Pfeile die Datenwege für die Lernphase.

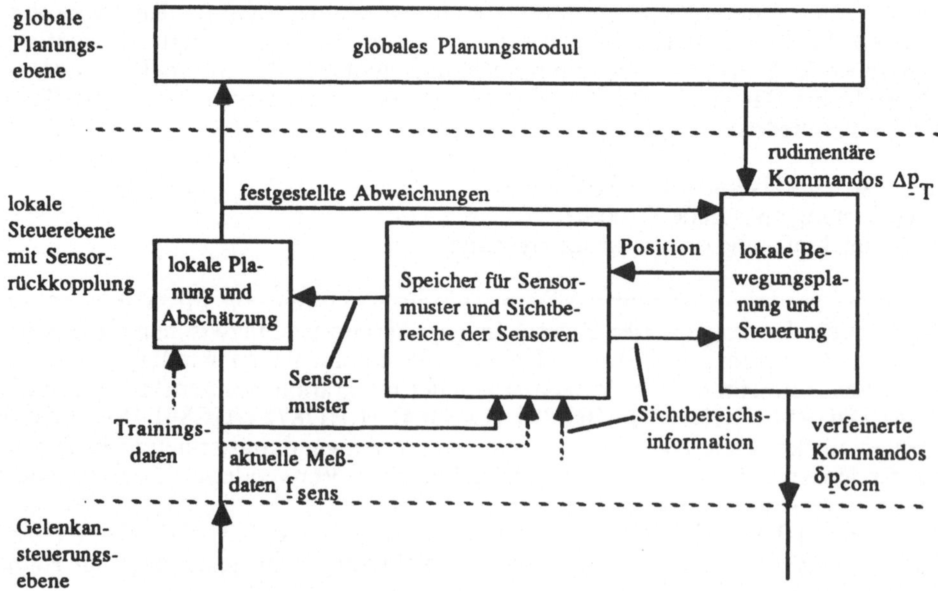

Bild 1.5: Blockstruktur des Steuerkonzeptes unter Berücksichtigung von Sensordaten im DFVLR-Roboter aus [HIR86]

Ein globales Planungsmodul gibt "rudimentäre" Steuerkommandos an die lokale Steuerungsebene des Robotersystems. Diese Kommandos werden im Modul "Projektion und Steuerung" mit den Ergebnissen der Sensordatenverarbeitungsprogramme verglichen. Als Referenz dienen die in der Lernphase erstellten Sensormuster Die Ausgabe an die Ebene der Gelenkansteuerung sind die mit Hilfe der Sensordaten "verbesserten" Steuerkommandos.

Mit diesem System ist es möglich, parametrische Abweichungen in Position und Orientierung von Handhabungsobjekten durch den Vergleich mit den in der Lernphase erstellten Sensormustern zu korrigieren. Im wesentlichen handelt es sich um ein intelligentes Teleoperatorsystem, dem grobe Vorgaben von einem Operator mittels Spracheingabe und einer Sensorkugel [HIR86] als Anweisungen für die Erstellung eines finalen Programmes dienen. Als Anwendung ist an die Nutzung des Handhabungssystems im Weltraum gedacht. Die sehr großen Totzeiten, bedingt durch die großen Entfernungen von der Kommandozentrale zur Arbeitsstation im All, sollen von dem System lokal ausgeglichen werden, indem es selbständige Entscheidungen trifft. Über die Art der Fusion einzelner Sensordaten fehlen genaue Angaben.

Das Robotersystem der NCSU

Das an der North Carolina State University (NCSU) entwickelte System dient zur Montage von Werkstücken. Es besteht aus einem Roboterarm PUMA 560 und die Sensoren bestehen aus einer starr montierten Überkopf-Kamera, einer Hand-Kamera, Näherungssensoren, taktilen Feldern, Positions-, Kraft/Momenten-, Überlast- und Rutschsensoren. Die Systemarchitektur beinhaltet sechs Komponenten:

1. Datenerfassungseinheit: Sie besteht aus den einzelnen Sensoren, ihren Interfaces zum System und einem Datenpuffer als Zwischenspeicher.

2. Wissensbasis: Insgesamt vier Submodule bilden die Wissensbasis des Systems. Es sind dies die Datenbasen für den Roboter, die Sensoren sowie Informationen zur Fehlererkennung und -behebung und Umgebungsdaten.

3. Datenvorverarbeitungseinheit: Über eine Sensordatenselektion wird aus dem Puffer der Datenerfassungseinheit ein Wert ausgewählt und der arithmetischen Verarbeitungseinheit zugeleitet. Aus der Datenbasis wird der Algorithmus dynamisch geladen, der die Rohdaten des Sensors in das gewünschte höhere Beschreibungsformat transformiert. Die Ergebnisse des Prozesses sind normierte Sensordatenmasken.

4. Kompensationseinheit: Mit ihrer Hilfe werden fehlerhafte Daten von Sensoren korrigiert, deren Abweichungen (durch Alterung, Rauschen usw.) bekannt und zu diesem Zweck in der Fehlerdatenbasis abgespeichert sind.

5. Datenverarbeitungseinheit: In ihr findet die Verschmelzung von Daten unterschiedlicher Sensoren statt. Aufgrund der so gewonnenen Informationen können die Umgebungsdaten modifiziert werden.

6. Entscheidungs-/Ausführungseinheit: Die von den Sensoren gesammelten Informationen über die relevanten Umgebungsdaten bilden zusammen mit den Statusinformationen des Effektorsystems die Grundlage für die Kommandosequenzen an das Effektorsystem. Die Statusinformationen sind in der Roboterdatenbank abgespeichert und können bei Bedarf abgerufen werden.

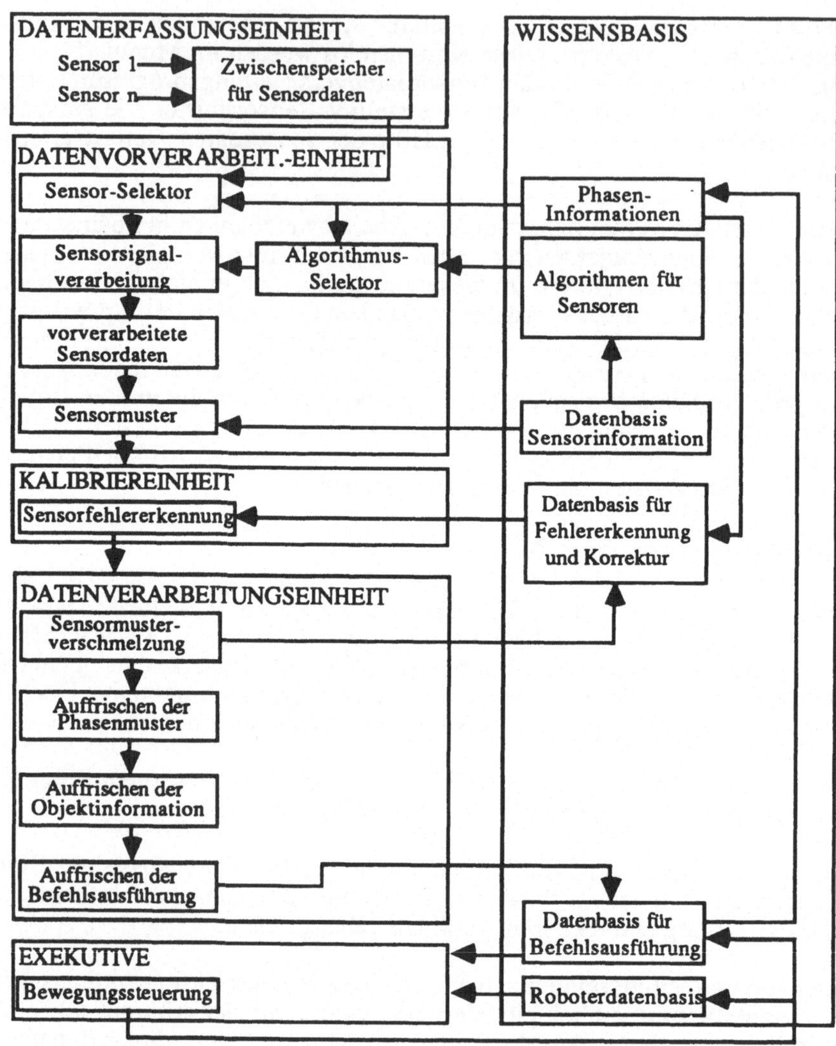

Bild 1.6: Blockdiagramm der NCSU-Systemkonfiguration nach [LUO87]

Im Bild 1.6 wird der Zusammenhang der oben beschriebenen Komponenten des Handhabungskonzeptes deutlich. Von der Datenerfassungseinheit werden alle Sensoren angesprochen und die gemeldeteten Meßdaten zwischengespeichert. Es schließt sich eine Datenvorverarbeitungseinheit an, die Daten aus dem Zwischenspeicher und die zur ihrer Verarbeitung notwendigen Algorithmen aus der Wissensbasis selektiert. Das Ergebnis des Vorverarbeitungsprozesses sind Sensormuster. Diese können in einem Kalibriermodul noch verändert werden, wenn der Sensor bekannte Abweichungen aufgrund von Alterung, Drift, Temperatur usw. aufweist. In der nachfolgenden Datenverarbeitungseinheit findet eine Fusion der Muster statt, um zu einer kohärenten Sicht der Szene zu gelangen. Auf der Basis dieser Informationen wird das Weltmodell (gespeichert in der Arbeitszellen- und in der Roboterdatenbasis) auf den neuesten Stand gebracht. Die Exekutive benutzt diese Informationen als Grundlage für die Ansteuerung des Effektorsystems.

In der Wissensbasis sind außer den Informationen über den Roboter und die Arbeitsumgebung noch weitere Teildatenbasen enthalten. Es sind dies die Speicherung der Arbeitsphaseninformation, die Kalibrierdaten der einzelnen Sensoren und die Beschreibung der Sensoren selbst. Die letztere enthält Daten über die Arten der Sensoren, ihren Einsatzbereich, Ortsinformationen, den Zeitpunkt der letzten Messung, ihre charakteristischen Parameter und Zeiger auf die Algorithmen zur Verarbeitung ihrer Daten.

Das System unterscheidet zwischen vier Betriebsphasen, die nach den Reichweiten der Sensoren eingeteilt sind, in "weit weg", "nahe bei", "Berührung" und "Manipulation". Von den Sensoren werden zu jeder Phase allgemeine und phasenspezifische Daten ermittelt. Die letzteren werden in unterschiedliche Datenrahmen oder -masken gepackt, die als normierte Einheiten der Weiterverarbeitung und Repräsentation dienen.

Die Fusion von Daten basiert auf dem Ansatz normalverteilter Meßgrößen, die auf einen gerichteten Graphen abgebildet werden. In diesem Graphen gilt es, den größten zusammenhängenden Subgraphen zu finden, der eine optimale Annäherung an die genaue Größe des zu messenden Wertes darstellt.

ASTB von Rockwell International

Vom Rockwell Science Center wurde das System "Automation Sciences Testbed" (ASTB) [RUO86] entwickelt. Es besteht aus einem sechsachsigen Roboter als Effektorsystem mit jeweils einem Sichtsystem, einem Ultraschall-Abstandssensor und einer Kraft/Momenten-Meßdose als sensoriellen Komponenten. Das Testbett dient der Erprobung von Sensorstrategien, die von der Echtzeitmodifikation der Trajektorien der Effektoren mit einem Sensor bis zur komplexen Integration der Daten verschiedener Sensoren reicht. Durch die sehr unterschiedlichen Anforderungen ist die Struktur des Testbetts in Bezug auf die Verknüpfung der Rechnerkomponenten sehr heterogen. Jeder Sensor besitzt einen eigenen Rechner zur Vorverarbeitung seiner Daten. Als Hauptrechner, der die Kontrolle über alle anderen Subsysteme ausübt, wird eine VAX 11/780 benutzt. In ihr findet auch die Verknüpfung der Sensordaten statt. Zur Echtzeiteinkopplung von Sensordaten in den Bewegungsablauf von Effektoren dient ein Einplatinenrechner auf der Basis eines MC68000, der die angepaßten Daten des Abstandssensors und des taktilen Sensors an den Robotersteuerrechner weitergibt.

Bild 1.7 zeigt eine Arbeitsszene mit einem Roboter und zwei Sensoren, einer Kamera und einem Ultraschallsensor. Weiterhin sind die für die Verarbeitung der Sensordaten und die Steuerung des Roboters notwendigen Rechner schematisch dargestellt.

Durch das Glasfaserbündel wird die festinstallierte Kamera zum Hand-Auge-System. Ihre Bilddaten gehen an einen Bildverarbeitungsrechner, der die Teile identifiziert und ihre Position in x,y-Richtung berechnet. Diese Informationen erhält ein Strategierechner.

Mit dem Ultraschallsensor lassen sich Distanzmessungen durchführen. Die Signalverarbeitung der Sensordaten und die Steuerung des Sensors übernimmt ein eigener Rechner. Die von ihm berechneten Distanzdaten übergibt er auch an den Strategierechner. Diesem stehen dann für die Planung der Bewegungskommandos die x,y-Daten aus der Bildverarbeitung und die z-Koordinaten von der Distanzmessung zur Verfügung. Seine Bewegungsdaten gehen an die Robotersteuerung, so daß der Regelkreis geschlossen ist.

Zur Demonstration des Sensoreinsatzes werden Beispiele für die einzelnen Sensoren und die Fusion der Daten zweier Sensoren beschrieben. Mit der Information des Abstandssensors kann der richtige Abstand des Lichtleiterbündels zur Szene eingestellt werden, damit ein scharfes Bild entsteht. Somit können auch die Höhen der Objekte ausgemessen werden. Die Verbindung der beiden Sensoren ermöglicht es dem System, 3D-Daten aus der Szene zu erfassen.

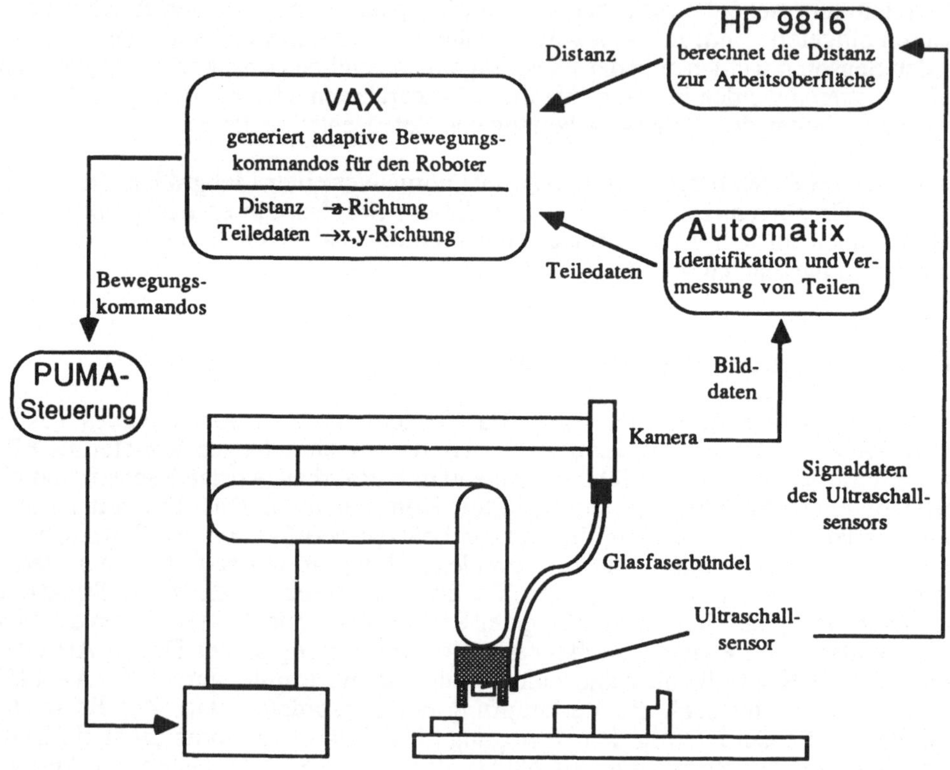

Bild 1.7: Aufbau des ASTB für eine Zweisensor-Anordnung nach [RUO86]

Als Anwendungsbeispiel für die Integration von drei Sensoren dient das bekannte Problem "Füge Stift in ein Loch" für ein beliebig positioniertes Werkstück. Zu den bisher beschriebenen Sensoren kommt noch eine Kraftmeßdose im "Handgelenk" des Roboters hinzu. Mit den Daten der Kamera und des Ultraschallsensors wird der einzufügende Stift vorpositioniert, um ihn dann mit einer Kraftregelung zu montieren. Der Sensoreinsatz geschieht somit sequentiell, es findet keine direkte Verschmelzung von Sensordaten statt.

AFFIRM der Universität Aberystwyth(UK)

Das experimentelle Sytem AFFIRM [BAR83] [HAR86a] zur Steuerung einer Roboterarbeitszelle wird seit Anfang der 80er Jahre an der Universität Aberystwyth/UK entwikkelt. Es handelt sich um ein wissensbasiertes System, wobei ein wesentlicher Hauptpunkt der Untersuchung die Integration deklarativen "Sensorwissens" ist. Prinzipiell wird der Einsatz von Sensoren in vier Fälle unterteilt:

Überwachung der Roboteraktionen: Die Aktionen des Robotersystems müssen bezüglich ihres Fortschritts überwacht werden. Es ist zu unterscheiden zwischen synchronem (vom Steuerprogramm her initiiert) und asynchronem Überwachen (ausgelöst über Unterbrechungsmechanismen aufgrund eines unvorhergesehenen Ereignisses).

Erfassen aktueller Daten: Bestimmte Daten, die als Parameter einer Roboteraktion dienen, sind zum Zeitpunkt der Planung und Programmierung des Systems noch nicht bekannt. Ein Beispiel hierfür wäre das Erfassen der aktuellen Position eines Werkstückes mit einer Halbleiterkamera.

Sensorgeführte Aktionen: Diese Betriebsart wird dazu benutzt, um Aktionen des Roboters definiert zu beenden. Die Bewegungstrajektorien sind dabei weitgehend beschrieben. Die einzige Unbekannte ist die genaue Endposition. Diese ist anhand von Sensordaten zu bestimmen.

Direkte Ankopplung an Effektorelemente: Fügebewegungen, Konturverfolgungen usw. erfordern eine enge Kopplung von Sensoren mit Aktuatoren, um erfaßte Abweichungen schnell in den Regelkreis zur Aktuatorführung einbringen zu können. Die Konfigurationen sind dabei sehr spezialisiert.

Die Aufgabe des Sensorsystems von AFFIRM besteht im wesentlichen in der Überwachung von Roboteraktionen. Als weitere Einsatzmöglichkeit ist an die Führung von Aktionen mit Sensoren und an die Diagnose und Datengewinnung für Alternativplanungen gedacht.

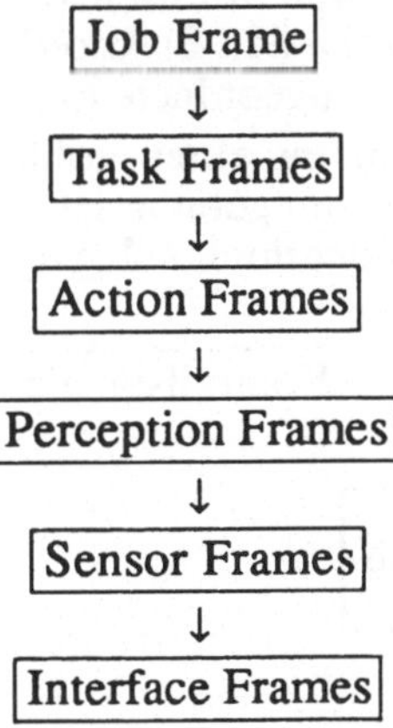

Bild 1.8: Die typische Ereignis-Frame-Hierarchie des AFFIRM-Systems nach [HAR86a]

AFFIRM ist ein hierarchisches wissensbasiertes System und benutzt das Framekonzept [MIN75]. Es existieren drei Typen von Frames: Ereignis-Frames, Erwartungs-Frames und Ausrüstungs-Frames. Die Ereignis-Frames enthalten das Wissen über die Sequenz der Aktionen in der Arbeitszelle. Bild 1.8 zeigt die Gliederung der Ereignis-Frame-Hierarchie.

Ausgehend von einem Job-Frame, in dem global die Aktionen beschrieben sind, findet eine stufenweise Verfeinerung statt. Dies geht bis zur Ansteuerung der Sensorhardware herunter, die durch Interface-Frames repräsentiert ist. Das benutzte Weltmodell ist sehr einfach. Es besteht aus den Ausrüstungs- und Erwartungs-Frames. Sie enthalten die Position von Objekten, bestimmte Details von Objekten und Beziehungen zwischen den Objekten. Die Informationen verschiedener Sensoren können über den Eintrag in dasselbe Frame zusammengeführt werden. Eine explizite Aussage, auf welche Weise diese Information in dem Handhabungsprozeß genutzt wird, fehlt.

Das Multisensor Kernel System (MKS) der University of Utah

Das MKS-System [HEN83] [HEN84b] entstand im Laufe der Arbeiten zur Sensorspezifikation [HEN84a] zu einer geräteunabhängigen Beschreibung von Sensoren, der zugeordneten Hardware und den Softwaremodulen für die Verabeitung der Daten. Die benutzte Versuchsanordnung besteht aus einer Roboterstation, in der eine Kamera und ein Laser-Abstandsmesser integriert waren. Mit dem MKS-System werden folgende Ziele angestrebt:

- Entwicklung einer Low-level Repräsentation der Rohdaten und Verdichtung zu Merkmalsbeschreibungen als Basis der Szeneninterpretation

- Untersuchung einer Methode zur effizienten Abbildung von Sensorsystemen auf Terme "logischer Sensoren" zur verallgemeinerten Beschreibung von physikalischen Sensoren und Verarbeitungsmodulen für die Sensordaten

- Kontrolle von Prozessoren und Sensoren auf einer hohen Abstraktionsebene

Bild 1.9 zeigt die Struktur des gesamten Multisensorsystems. Die zentrale Komponente ist dabei das MKS, das zwei Aufgaben hat. Es koordiniert die aktive Kontrolle der verschiedenen Sensoren S_k durch ihnen zugeordnete lokale Steuerungen C_k. Die Integration der zurückfließenden Sensordaten zu einer kohärenten und für die Anwendung sinnvollen Beschreibung der Arbeitsumgebung ist die zweite Aufgabe des MKS. Zur Unterstützung beider Funktionen ist der direkte Zugriff auf ein Weltmodell vorgesehen.

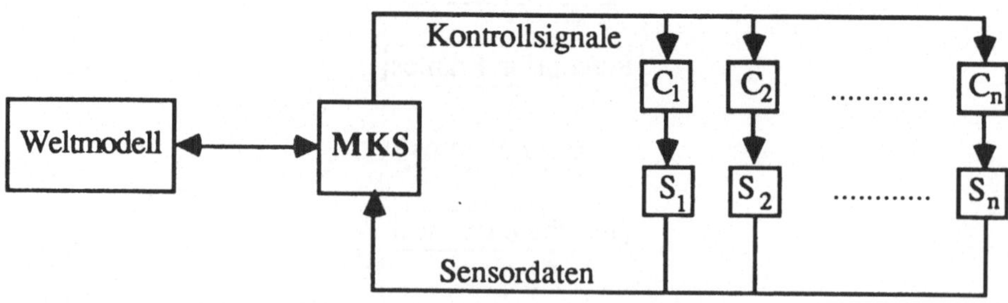

Bild 1.9: Schematische Darstellung der Multisensorstruktur mit MKS als zentraler Komponente nach [HEN84b]

Zur Repräsentation der Werkstücke ist der Spatial Proximity Graph (siehe hierzu Kap. 2.2.1.2, ein Beispiel für ein geschmiedetes Werkstück) vorgesehen, der eine Beschreibung der 3D-Relationen zwischen Oberflächenmerkmalen erlaubt. Die Besonderheit dieser Repräsentationsform ist die Möglichkeit der einheitlichen Handhabung von Daten unterschiedlicher Sensoren. Sie wird daher zur Integration von nichtvisuellen Informationen und Merkmalen von Sichtsystemen benutzt. Die Intensitätsdaten eines Sichtsystems lassen sich nicht sofort in den Graphen eintragen. Dies ist erst nach umfangreichen Umformungen möglich. Mit den Daten anderer Sensoren, z.B. von taktilen Berührungssensoren, ist dies dagegen leicht möglich, da sie direkt ein Merkmal und seine Position im 3D-Raum liefern.

Eine Fusion der Daten findet in komplementärer Form derart statt, daß die gemessenen Daten als Muster in einen Graphen eingetragen werden. Dieser wird mit den Modellgraphen für die bekannten Werkstücke verglichen, der dieselbe Struktur aufweist. Die Integration in ein konkretes Robotersystem zur Verifikation des Konzeptes wird als nächstes Forschungsziel angegeben.

1.2.3 Wertung bisheriger Systeme

Die in Kap. 1.2 beschriebenen Systeme stellen fortgeschrittene Konzepte für die Sensordatenverarbeitung in der Robotik dar. In allen Entwürfen sind mehrere Sensoren, eine Weltmodellierung und mehr oder weniger ausgeprägte Techniken zur Fusion der Sensordaten enthalten. Im folgenden werden sie kurz bewertet.

Beim DFVLR-Robotersystem handelt es sich um ein weit entwickeltes Teleoperationssystem. Ausgehend von einer Lernphase, in der die Muster von Sensoren in verschiedenen kritischen Zuständen - an diesen Stellen des Handhabungsvorgangs sind Abweichungen der realen Situation von der Modellvorstellung zu erwarten - aufgenommen und abgespeichert werden, kann der Handhabungsvorgang parametrisch modifiziert werden. Es fehlen ein Weltmodell und weiterreichende Analysemodule, die eine automatische Neuplanung in Fehlerfällen ermöglichen. Techniken zur Fusion von Sensordaten sind höchstens rudimentär vorhanden und dann sehr spezialisiert auf feste Konfigurationen von Sensoren ausgerichtet.

Das Konzept des NCSU-Roboters stellt einen sehr gut strukturierten Ansatz zur Sensordatenverarbeitung in der Robotik dar. Er ist als Testbett konzipiert, das es erlaubt, in verschiedenen Phasen des Handhabungsablaufes die Daten von Sensoren zur Überprüfung der Aktionen zu benutzen. Das System ist starr auf seine Phasen ausgerichtet, die auf die geometrische Relation zwischen Endeffektor und Werkstück bezogen sind. Es fehlt ihm ebenso wie dem oben behandelten System die Möglichkeit der strukturellen Fehlerbehebung. Die Fusion von Sensordaten ist auf statistisch verteilte Meßgrößen bezogen und wird auch nur für Entfernungsmessungen beschrieben, wo diese Methoden sehr sinnvoll einsetzbar sind.

Als spezieller Testaufbau ist das System ASTB von Rockwell International vorgesehen. Mit ihm sollen Sensorstrategien erprobt werden. Das System ist nicht sehr strukturiert aufgebaut. Es enthält eine Anzahl kommerzieller Produkte, die durch Softwareschnittstellen miteinander verbunden sind. Eine direkte Fusion von Sensordaten findet in komplementärer Form statt, indem Daten von verschiedenen Sensoren gesammelt und in einem starren Verbund interpretiert werden. Als Beispiel kann die automatische Schärfeeinstellung der Kamera des Sichtsystems anhand von Abstandsdaten eines Ultraschallsensors stehen. In dem Konzept sind einige Einsatzfälle von Sensoren ausführlich beschrieben. Es wird deutlich, daß weiterreichende Interpretationsmodule fehlen.

Sehr einheitlich ist das System AFFIRM durch die Nutzung des Framekonzeptes nach Minsky [MIN75] auf allen Ebenen. Alle Aktionen eines Robotersystems, von der Überwachung von Aktionen auf der höheren Ebene bis zur Integration von Effektoren mit Sensoren zu einem Regelungssystem, sollen unterstützt werden. In den Ereignis-Frames werden die relevanten Sensoraktionen für die Handhabungssituationen explizit aufgelistet. Alle vorverarbeiteten Sensordaten finden Aufnahme in die Wissensbasis. Die Kontrollvorstellungen für die einzelnen Sensoren sind detailliert beschrieben. Dabei wird von genau vorgeplanten Aktionen mit Erwartungswerten für Sensordaten ausgegangen. Methoden zur Sensordatenverschmelzung sind nicht vorhanden. Die Modellierung der Arbeitszelle besteht aus in Frames verteilten Erwartungswerten für die Sensordaten. Insbesondere diese Verteilung von Wissen auf problemspezifische Module ist nur bei sehr einfachen Arbeitszellen sinnvoll.

Die formale Beschreibung von Sensoren bzw. des gesamten Sensorsystems ist der hervorstechende Aspekt des MKS-Sytems der University of Utah. Der theoretische Ansatz ist durchgehend bis in die höheren Ebenen. Ein Schwachpunkt ist das Modell, das für die Repräsentation der Objektbeschreibung benutzt wird. Es ist sehr speziell auf die eingesetzten Sensoren und die Anwendung zugeschnitten. Die Graphen-Match-Methode auf der höheren Ebene bietet die Möglichkeit, benachbarte Merkmale, gewonnen von verschiedenen Sensoren, mit einem Modellgraphen zu vergleichen. Weitere Techniken werden nicht angeboten, es wird deutlich, daß das Konzept im wesentlichen einen Rahmen bietet für die Organisation der Sensoren und den Verarbeitungsmodulen für ihre Daten.

In den beschriebenen Systemen sind interessante Ansätze zur Lösung der Sensorproblematik für Roboter zu finden. Sie stellen einen Versuch dar, das sehr heterogene Gebiet der Sensordatenverarbeitung strukturiert aufzuarbeiten.

Zwei Schwachpunkte sind bei den behandelten Konzepten festzustellen:

1. Die Nutzung der Modellierung der Welt mit einem umfassenden Modell ist nicht oder nur in rudimentärer Form vorhanden.

2. Techniken zur Fusion von Sensordaten stehen noch sehr am Anfang.

Diese Schwächen zu beheben ist das Ziel des in dieser Arbeit beschriebenen Ansatzes. Unter den Randbedingungen einer Robotermontageaufgabe sind verschiedene Methoden zur Lösung der obigen Problematik zu untersuchen, ob und welchen Beitrag sie erbringen können und wie sie in ein Systemkonzept einzugliedern sind, damit sie für die angestrebten Anwendungen handhabbar sind.

1.3 Eigener Ansatz

Die Struktur des Ansatzes sieht wie folgt aus. In Bild 1.10 sind die Komponenten, ihre Zuordnung untereinander und die Schnittstellen nach außen gezeigt. Es sind noch keine Datenflüsse spezifiziert. Die in dem Bild gezeigten Module bilden zusammen einen Ansatz für ein Robotersystem der dritten Generation. Es zeigt sich eine hierarchische Gliederung, die sich aus der Funktionalität der einzelnen Module ergibt. Das Weltmodell fällt dabei etwas aus dem Rahmen, da seine Informationen auf allen Ebenen benötigt werden.

Der Benutzer sollte im Aktionsfall nur mit dem Planungsmodul kommunizieren, das seine Anweisungen in systemspezifische Pläne zerlegt. Das übergreifende Steuerorgan ist die Exekutive, die sowohl die Aktionen des Effektorsystems festlegt, als auch die Anweisungen an die Überwachungskomponente. Die Überwachung läuft parallel zur Handhabung ab und sollte diese nicht beeinträchtigen, wenn kein Indiz für einen Fehler besteht.

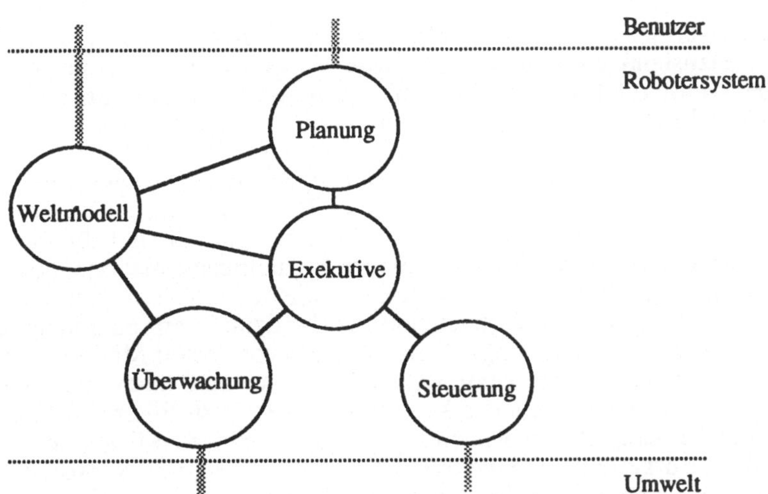

Bild 1.10: Überblick über die Komponenten eines fortgeschrittenen Robotersystems, ihre Verbindungen untereinander und der Schnittstellen nach außen

Die Betrachtung der Sensoren erfolgt in dem Konzept nicht unter dem physikalischen Aspekt, sondern aus der informationstheoretischen Blickrichtung. Die grundsätzliche Fragestellung ist deswegen:

Welche Informationen können mit *welchem* Sensor mit *welchem* Aufwand erfaßt werden?

Die physikalischen Sensoren und die nachgeordneten Datenverarbeitungsmodule sind in solche informelle Einheiten zu gliedern, die in der Lage sind, die erforderlichen Informationen für die jeweilige Handhabungsoperation zu liefern.

Der Rahmen für das Sensorsystem ist eine Roboterarbeitszelle, in der im wesentlichen sichere Verhältnisse angenommen werden. Es wird davon ausgegangen, daß es einen Normalzustand gibt. Auf diesem beruhen die Planungen für den Handhabungseinsatz. Ist er immer gegeben, dann kann auf den Einsatz von Sensoren verzichtet werden. Es sind aber Situationen in der Aktionssequenz bekannt, in denen Abweichungen auftreten können. Man kann die Aktionen des Robotersystems folgendermaßen einteilen:

- Sensoreinsatz nicht notwendig
- minimale Sensorüberwachung erforderlich
- Sensoreinsatz unerläßlich

Solche Handhabungssequenzen lassen sich anhand von Beispielen aufzeigen. Die so gewonnenen Erfahrungen bilden die Grundlage für eine Verallgemeinerung, so daß die an einer konkreten Montageaufgabe [COL85] gezeigten Abläufe auch für andere Anwendungen in der Robotik nutzbar sind.

Je stärker die Echtzeitanforderungen bei Handhabungen im Vordergrund stehen, desto gezielter müssen Sensoren zum Einsatz kommen. Dies zeigt auch ein Vergleich mit biologischen Systemen. Eine menschliche Handlung, die gut eintrainiert ist, läuft ohne oder mit nur geringer Sensorkontrolle ab. Erst am Ende einer Bewegung wird geprüft, ob und wie der Zielzustand erreicht wurde. Diese Vorgehensweise kann auf einen Roboter übertragen werden. Für ein Multisensorsystem eines fortgeschrittenen Robotersystems lassen sich drei Betriebsmodi identifizieren:

1. *Das direkte Koppeln von Sensoren mit Effektoren:* Dies geschieht in einer aufgabenspezifischen Konfiguration, wie sie Bild 1.4 zeigt. Es liegen Regelkreise im klassischen Sinn vor. Aus Zeitanforderungen sind die auf die Sensordaten angewendeten Operationen im wesentlichen Signaltransformationen, (wie Verstärkung, Analog-/Digitalwandlung usw.) oder einfache Normierungen zur Anpassung der Datenformate an die Robotersteuerung. Explizite Interpretationen der Sensorwerte fallen weg. Sie finden implizit im Rahmen von festen Modellvorstellungen statt. Dies gilt insbesondere bezüglich der Fusion von Sensordaten, die nur auf sehr niedrigem Niveau stattfinden kann (z.B. mit Kalman-Filtern [BAL88]). Interessant für ein fortgeschrittenes Robotersystem und die hier vorliegende Konzeption eines Multisensorsystems ist eine dynamische Kopplung von Sensoren und Effektoren über Softwaremodule, die nur während einer bestimmten Handhabungssequenz besteht. Beispiel für solche Aktionen sind das Abfahren von Oberflächen mit definierten Kraft- oder Abstandsbedingungen.

2. *Das Überwachen von Handhabungsoperationen mit Sensoren:* Hierbei findet keine direkte Kopplung der Sensoren mit Effektoren statt, sondern die Sensoroperationen laufen parallel zu den Handhabungssequenzen. Solange keine nennenswerte Abweichung vom Normalzustand in der Arbeitszelle über Sensorinformationen feststellbar ist, werden die Aktionen des Effektorsystems nicht beeinflußt. Treten hingegen Fehler auf, also größere Abweichungen, so werden sie von dem Sensorsystem gemeldet mit der Konsequenz, daß der Handhabungsvorgang verlangsamt oder unterbrochen und gegebenenfalls modifiziert wird. Die Echtzeitanforderungen bei dieser Überwachung sind nicht so hoch wie im Fall der Regelung, es können weiterreichende Verarbeitungsschritte auf den Sensordaten ablaufen. Es ist zu untersuchen, ob in diesem Betriebsmodus die Fusion von Sensordaten möglich und sinnvoll ist.

3. *Die Analyse von Fehlersituationen:* Sie erfordert den umfangreichsten Sensoreinsatz aller drei Betriebsarten. Da die Abweichungen vom Normalzustand der Roboterarbeitszelle nicht nur einfacher Natur sind, reichen die Sensorinformationen der Überwachungsphase oft nicht aus, um hinreichende Aussagen über den aktuell herrschenden Zustand in der Arbeitszelle treffen zu können. Diese müssen so weitreichend sein, daß das Robotersystem mit der neue Situation umgehen kann. Auf der Basis der vorhandenen Daten von der Überwachungsphase kann die Analyse beginnen. Da diese Daten in der Regel nicht ausreichen, fordert der Analyseprozeß weitere Informationen an, um die Situation in der Arbeitszelle für eine Neuplanung der Handhabung, die sehr oft erforderlich ist, beschreiben zu können. Die aktuelle Aktionen ist in jedem Fall zu unterbrechen. Es müssen sehr oft spezielle Meßoperationen durchgeführt werden, die stark von der Art der Abweichung und den Erfordernissen des Handhabungsprozesses abhängen. Für die genaue (dreidimensionale) Beschreibung ist es günstig und manchmal auch notwendig, auf die Daten verschiedener Sensoren zuzugreifen. Somit besteht die Notwendigkeit, Methoden zur Sensordatenverschmelzung innerhalb des Betriebsmodus Fehleranalyse anzuwenden. Der Echtzeitaspekt ist nicht so relevant, da der aktuelle Handhabungsprozeß unterbrochen ist, aus Optimierungsgründen sollte aber eine schnelle Interpretation stattfinden.

Betrachtungen zur Regelung, dem Betriebsmodus 1, werden aus dieser Arbeit ausgeklammert. Prinzipiell wird aber diese Möglichkeit mit in die Konzeptüberlegungen einbezogen. Die wesentliche Fragestellung ist jedoch die Überwachungsproblematik mit den Teilgebieten Fehlererkennung und Fehlerbehebung, wobei letztere bis zur Stufe "Beschreibung der Fehlersituation" geht.

1.4 Zusammenfassung

Im ersten Kapitel erfolgte eine Einführung in das Thema der Arbeit sowie die Darstellung der Motivation. Es wurden grundlegende Begriffe der Sensortechnologie anhand der Normen erläutert. Mit Hilfe dieser Betrachtungen ließ sich eine Abgrenzung der Sensorik gegenüber der traditionellen Meßtechnik durchführen.

Danach wurde auf die speziellen Aspekte von Sensoren in der Robotik eingegangen. Mit der Darstellung der grundsätzlichen Struktur eines Roboters, in den Sensoren eingebunden sind, wurde kurz der Stand der Technik erläutert. Dazu gehört auch die Beschreibung der Einbindung von Sensoren in Programmiersprachen für Industrieroboter.

Eingehend beschrieben und bewertetet wurden einige Multisensorsysteme für den Einsatz in der Montage mit Industrierobotern, die repräsentativ für den Stand der Forschung auf diesem Gebiet sind. Sie dienen als Referenz für das hier erarbeitete Konzept. Ihrer Beschreibung folgt eine Kritik der vorgestellten Systeme. Es wurde dargestellt, wo ihre Schwachpunkte liegen und wie Verbesserungen aussehen müßten. An diese Betrachtungen schließt sich eine einführende Darstellung des in dieser Arbeit konzipierten Systems an. In diesem Rahmen findet die Einschränkung auf die Überwachung von Effektoraktionen mit Sensoren statt.

2 Methoden und Techniken für die Sensordatenverarbeitung

Die Sensordatenverarbeitung ist ein sehr heterogenes Feld. Dies trifft sowohl auf die funktionalen Komponenten als auch auf die zu verarbeitenden Daten zu. Bis jetzt sind alle Ansätze gescheitert, eine uniforme Beschreibung für ein komplexes Multisensorsystem bereitzustellen, in dem die Komponenten und die unterschiedlichsten Datenstrukturen vereint sind. Es zeichnet sich auch für die nähere Zukunft kein vollständiger Ansatz ab, von dem zu erwarten ist, daß er alle Aspekte eines solchen Systems einheitlich beschreiben kann.

Die einzige Form einer Beschreibung ist mit einem Rahmenkonzepte möglich, in das die einzelnen Methoden und Datenstrukturen eingepaßt werden. In den nachfolgenden Kapiteln sind die wichtigsten Disziplinen angesprochen, aus denen einzelne Methoden für das hier beschriebene Konzept zur Multisensordatenverarbeitung in der Robtik benutzt werden:

- Mustererkennung
- Modellierungsmethoden für eine Umweltbeschreibung
- Methoden der Künstlichen Intelligenz
- Methoden zur Modellierung von Unsicherheiten

Für die einzelnen Gebiete werden die wesentlichen Grundlagen beschrieben und insbesondere dort näher behandelt, wo sie einen direkten Beitrag liefern. Die Betrachtungen sind auf die Anwendung bezogen und nicht rein theoretisch aufgefaßt. In der Zusammenfassung des Kapitels findet eine Bewertung der Methoden bezüglich ihrer Anwendung für das Überwachungskonzept statt.

2.1 Mustererkennung

Die Mustererkennung stellt den Versuch dar, die Wahrnehmung von Lebewesen mit Maschinen nachzubilden. Ihr werden das *Beurteilen*, *Auswerten* und *Interpretieren* von Sinneseindrücken zugerechnet. Ähnlich der Vorgehensweise von Menschen, deren zielgerichtete Aktivitäten Perzeption erfordern, sollen auch Robotersysteme die für ihre Handlungen notwendigen Daten aus der Umwelt aufnehmen, sie auf ihre Relevanz für die aktuellen Handhabungsaktionen überprüfen und sie gegebenenfalls in Plan- oder Ausführungsänderungen umsetzen.

Die biologischen Aspekte der Mustererkennung fließen in die mathematisch-technischen Betrachtungen ein. Vorrangig sind aber nicht dieselben Wege, wie sie biologische Systeme einschlagen, sondern es geht um die Simulation der perzeptiven Leistung. Nach [NIE83] wird die Mustererkennung folgendermaßen definiert:

> ***Mustererkennung:*** *Die Mustererkennung beschäftigt sich mit den mathematischen Aspekten der automatischen Verarbeitung und Auswertung von Mustern. Dazu gehört sowohl die Klassifikation einfacher Muster als auch die Auswertung komplexer Muster.*

Die Aufnahme der Muster findet dabei in einer Umwelt U statt, in der die physikalisch meßbaren Größen oder Funktionen ${}^{\rho}\underline{b}(\underline{x})$ enthalten sind:

$$U = \{ \ {}^{\rho}\underline{b}(\underline{x}) \mid \rho = 1,2,\ldots\ldots \ \} \tag{2.1}$$

Hierbei umfaßt $\underline{b}$ alle beschreibenden Funktionen der kompletten Umwelt. Der Vektor $\underline{x}$ repräsentiert die Größen, von denen die Funktionen $\underline{b}$ abhängen, wie Ort, Zeit, Intensität usw. Das Zeichen ρ stellt den laufenden Index der umweltbeschreibenden Funktion dar.

Für ein perzeptives System ist nicht die gesamte Umwelt U sichtbar. Die Größe des Auschnittes aus der Welt ist bei technischen Systemen entweder durch wirtschaftliche oder physikalische Randbedingungen festgelegt. Diese eingeschränkte Umwelt heißt Problemkreis Ω und beinhaltet alle Funktionen zur Beschreibung der im Problemkreis befindlichen Objekte:

$$\Omega = \{ \ {}^{\rho}\underline{f}(\underline{x}) \mid \rho = 1,2,\ldots\ldots \} \subset U \tag{2.2}$$

Die Elemente des Problemskreises Ω heißen Muster $\underline{f}(\underline{x})$. Für einen bestimmten Problemkreis ist die Zahl der Funktionen $\underline{f}$ und Variablen $\underline{x}$ konstant und beschränkt.

In der Definition der Mustererkennung findet eine Klassifikation in einfache und in komplexe Muster statt. Die Art der Behandlung und Beschreibung der Resultate ist sehr unterschiedlich. Eine scharfe Grenze kann nicht gezogen werden. Als Vertreter für die Klasse der einfachen Muster können Schriftzeichen genannt werden, die den Symbolen einer Referenzsymbolklasse zuzuordnen sind. Komplexe Muster stellen zum Beispiel Bilder mit vielen Objekten dar. Die Angabe eines Klassennamens, wie bei den einfachen Mustern, genügt nicht, oder eine Klassifikation ist als ganzes nicht möglich. Es kann aber versucht werden, ein komplexes Muster in seine Bestandteile zu zerlegen, so daß Objekte innerhalb des Bildes isolierbar und dadurch wieder klassifizierbar sind.

Obwohl die Problemkreise sehr unterschiedlich sind, kann eine grundsätzliche Vorgehensweise identifiziert werden. Bild 2.1 zeigt die einzelnen Stufen der Mustererkennung.

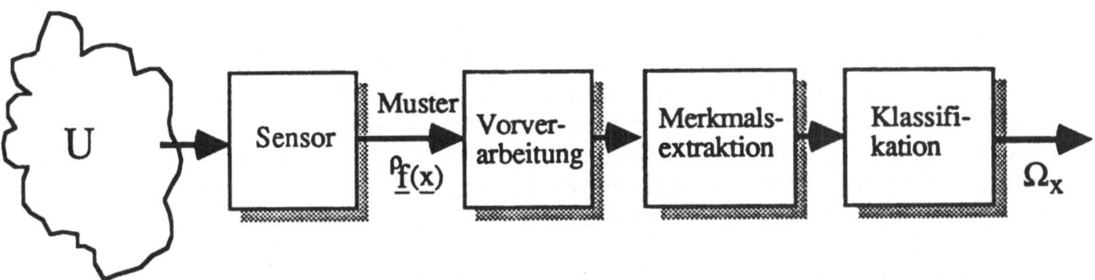

Bild 2.1: Stufen der Sensordatenverarbeitung in der Mustererkennung nach [NIE83]

Das zu klassifizierende Muster ${}^{\rho}\underline{b}(\underline{x}) \in \Omega \subset U$ wird von einem Sensor aufgenommen. Hierzu ist noch zu bemerken, daß es sich dabei in der Regel nicht um alle erreichbaren Daten handelt, sondern um eine repräsentative Stichprobe.

In der nächsten Stufe, der Vorverarbeitung, wird das Muster verschiedenen Operationen unterworfen:

1. *Codierung:* Darunter ist die Umformung des gemessenen Signals in eine für die weitere Verarbeitung günstige Form zu verstehen. Dies geschieht meist durch eine Analog/Digital-Wandlung.

2. *Schwellwertoperationen:* Es werden einige Funktionswerte aus den Meßwerten ausgewählt, die restlichen werden unterdrückt. Ein Beispiel ist die Überführung eines Grauwertbildes in ein Binärbild.

3. *Verbesserung der Muster:* Eine Filterung beseitigt noch fehlerhafte Funktionswerte des Musters aus dem Meßsignal. Die zu wählende Filtermethode hängt sehr stark von der Anwendung ab.

4. *Normierung:* Gegebenenfalls findet eine Normierung der Funktionswerte statt, um die nachfolgenden Algorithmen optimal anwenden zu können.

Die Vorverarbeitung bildet die Grundlage für die nachfolgende Merkmalsextraktion. Die Merkmale sind eine partielle Beschreibungsform von Objekten. Bei dieser Vorgehensweise wird die Klassifikation in mehrere Teilschritte zerlegt. Dies ist besonders dann sinnvoll, wenn es keine einfache Klassifikationsmethode gibt und das Erreichen von Teilzielen auch alternative Analysemethoden unterstützt. Bei Anwendung eines Multisensorsystems ist dies vorteilhaft, da der Einsatz eines neuen, anders gearteten Sensors beim aktuell erreichten Kenntnisstand über die Situation in der Arbeitszelle fehlende Informationen liefern kann, deren Beitrag zur Lösung erst im Laufe der Analyse erkannt wird. Zur Merkmalsgewinnung werden sowohl heuristische als auch analytische Verfahren verwendet. In der Literatur [FOI82] [HEY83] [NIE83] usw. sind diese Verfahren ausführlich beschrieben.

Nach der Vorverarbeitung ist es oft sinnvoll, als Zwischenschritt noch eine Merkmalsbewertung und -auswahl einzufügen. Besonders wenn sehr viele Merkmale gefunden wurden, ist der Klassifikationsaufwand sehr hoch. Methoden der Merkmalsbewertung und -auswahl können den Gesamtaufwand für die Klassifikation in für die Anwendung erträglichen Grenzen halten. Sehr oft werden Gütemaße in Verbindung mit Suchmethoden verwendet. Eine weitere Methode zur Unterstützung der Klassifikation ist, die Muster in eine symbolische Beschreibung zu überführen. Die grundlegende Verfahrensweise ist dabei eine stückweise approximative Transformation einer Menge von Grundmustern in eine symbolische Form. Symbolische Beschreibungen sind die Grundlage für die Anwendung von Methoden der Künstlichen Intelligenz.

Die Verfahren sind grob in numerische und nichtnumerische Klassifikation einteilbar. Die numerischen Verfahren lassen sich folgendermaßen gliedern:

- statistische Klassifikatoren
- verteilungsfreie Klassifikatoren
- nichtparametrische Klassifikatoren
- merkmalszentrierte Klassifikatoren
- lernende Klassifikatoren

Diese Klassifikatoren sind gut erforscht und finden auf dem Gebiet der Sensordatenverarbeitung bei der Interpretation und Fusion von Sensordaten (im Signalbereich) breite Anwendung.

Die nichtnumerischen Klassifikatoren, auch als syntaktische [NIE83] oder strukturorientierte Verfahren [NAG84] bezeichnet, beruhen auf der Beurteilung von Symbolketten, die mit formalen Grammatiken definiert sind. Diese Methoden sind sowohl auf einfache als auch auf komplexe Muster anwendbar. In beiden Fällen handelt es sich immer um das Problem, eine gegebene Symbolkette als Satz einer bestimmten Sprache zu identifizieren.

Der erste Schritt ist die Umsetzung eines Signalmusters in eine Symbolkette terminaler Elemente einer Sprache. Bekannte Grammatiken zur Erzeugung von Sprachen für die symbolische Beschreibung von Mustern sind:

- Kettengrammatiken
- Feldgrammatiken
- Baumgrammatiken
- Graphgrammatiken

Die Algorithmen zur Entscheidung der Erzeugbarkeit einer Symbolkette mit einer bestimmten Grammatik sowie zur Bestimmung des Erzeugungsweges heißen Parser.

Im Bereich der nichtnumerischen Klassifikation stellt die automatische Konstruktion von Grammatiken einen Lernansatz dar. Anhand von Stichprobenmustern, repräsentiert durch Symbolketten, wird versucht, entweder über ein enumeratives oder ein konstruktives Verfahren eine entsprechende Grammatik zu finden, die die Stichproben beschreiben kann. Der wesentliche Unterschied dabei liegt in der Vorgehensweise. Die enumerative Methode ist ein Top down-Ansatz, während die konstruktive Bottom up vorgeht. Ein Beispiel für letzteres ist die Modellierung eines endlichen Automaten, der Stichprobensymbolketten erzeugen kann.

2.2 Modellierungsmethoden für die Umwelt

Für eine gesicherte Funktion von intelligenten Robotersystemen ist außer den Plan- und Steuerstrukturen und einem Sensorsystem auch eine umfassende Umweltmodellierung notwendig. Dies gilt für den Planungsvorgang, der auf den Informationen des Umweltmodelles aufsetzen muß, genauso wie für die Interpretation der Daten von Sensoren, denn nur über das Umweltmodell können Referenzwerte generiert werden. Treten Fehler oder Abweichungen auf, so müssen Fehlerbehebungsmechanismen in Aktion treten, die wiederum von Daten des Weltmodells gesteuert werden.

Bei Sichtsystemen zur Werkstückerkennung wurde schon sehr früh mit Modellen gearbeitet [BRO79]. Die einfachsten Verfahren benutzen sensorbezogene Merkmalsvektoren [NEH82]. In einer Lernphase erstellte Referenzvektoren dienen als Vergleichsmaßstäbe für in der Meßphase gewonnene Vektoren. Eine wichtige Randbedingung bei dieser Methode ist die Beschränkung auf eine endliche Klasse von Objekten und eine gute Trennbarkeit der Klassen. Des weiteren gelten die Ergebnisse der Referenzmessung nur für denselben Sensor unter genau festgelegten Meßbedingungen.

In einer Multisensorstruktur müßten in diesem Fall eine Vielzahl von Modellen parallel existieren, die redundanten Inhalt besitzen können und sich durch ihre sensorzentrierte Darstellung [KAK87] unterscheiden. Gesucht wird eine Modellierung der Welt (Roboterarbeitszelle), in der alle Referenzdaten für alle Sensoren entweder direkt oder mittelbar enthalten sind. Wichtige Kriterien für die Beurteilung der Eignung eines Modells für die Sensordatenverarbeitung sind erstens die Geschwindigkeit des Zugriffs auf die Daten und zweitens der Speicherplatzbedarf.

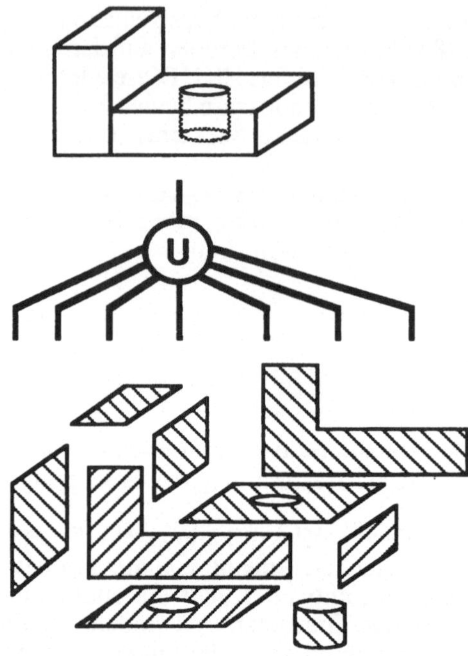

Bild 2.2: Zerlegung eines Objektes in seine Flächenprimitiva aus [BAL82]

Eine weitere Randbedingung bei der Umweltmodellierung ist, daß das Modell dreidimensionale Strukturen ansichtenunabhängig [BRO81] repräsentieren muß, denn es soll für alle Sensortypen gültig und nicht wie bisher nur auf einen spezifischen Sensor abgestimmt sein. Aus einem solchen allgemeinen Modell sind sensorspezifische Modelle für die einzelnen Sensorklassen zu gewinnen.

Nach [BAL82] gibt es drei generelle Klassen von Methoden zur Modellierung dreidimensionaler Strukturen:

- Oberflächendarstellung (Boundary Representation)
- Generalisierte Zylinder/Kegel (Generalized Cylinder/Cones)
- Volumendarstellung (Constructive Solid Geometry)

Alle genannten Methoden werden in der Sensordatenverarbeitung eingesetzt , deswegen werden ihre Eigenschaften im folgenden näher betrachtet.

2.2.1 Oberflächendarstellung

Durch die Oberflächendarstellung können Objekte eindeutig beschrieben werden [REQ80] [BAR74] [BAR77] [MIN97]. Dies gilt sowohl für polyedrische bzw. polyedrisch angenäherte Objekte mit einfachen als mit auch komplexen Oberflächenformen. Die Darstellung der einhüllenden Fläche des Objektes erfolgt hierarchisch über Ausdrücke, die die einzelnen Teilflächen topologisch anhand allgemeiner mathematischer Formulierungen von Flächen, Linien und Punkten beschreiben. Weiterhin gehören dazu

Informationen, die die somit beschriebenen Flächenprimitiva zu der gewünschten geometrischen Oberflächenbeschreibung zusammenbinden und Auskunft geben über Kanten und Ecken des Objektes. Bild 2.2 zeigt ein Objekt und die Zerlegung in seine Flächenprimitiva für eine Oberflächenrepräsentation.

Diese geometrische Beschreibung der Flächen, Kanten und Ecken von Objekten stellt eine große Hilfe für die Nutzung des Modells in Rechneranwendungen dar. Zwei wesentliche Anwendungsgebiete sind die Bildverarbeitung und Computergraphik. Basierend auf der Grundidee der Oberflächendarstellung finden Varianten, im wesentlichen spezielle Erweiterungen, Verwendung. Beispielhaft für in der Sensordatenverarbeitung benutzte Modellierungen seien drei Methoden genannt:

- Winged Edge Representation [BAU72]
- Spatial Proximity Graph [HEN84b]
- Extended Gaussian Images [HOR86]

Alle 3 Verfahren zur Darstellung geometrischer Modelle mit ihren Oberflächen werden zur Erkennung von Objekten in der Sensordatenverarbeitung genutzt.

2.2.2 Generalisierte Zylinder

Objekte, die eine Vorzugsrichtung in ihrer Geometrie besitzen, lassen sich gut mit der Methode der "Generalisierten Zylinder" (Generalized Cylinder) beschreiben. Für den Körper wird eine Achse festgelegt, entlang der er entwickelt wird. Ausgehend von der Beschreibung einer senkrecht zur Achse stehenden Schnittfläche mit einem Satz von Parametern überstreicht diese Fläche ein Intervall entlang dieser Entwicklungsachse. Dabei können die flächenbeschreibenden Parameter variieren, d.h. Form und Größe ändern sich in Abhängigkeit des zurückgelegten Weges auf der Entwicklungsachse. Bild 2.3 zeigt eine solche Entwicklung eines Körpers, bei dem sich der Querschnitt und auch die Lage des Koordinatensystems der Querschnittsfläche verändern.

Ausgehend von einem globalen Kartesischen Koordinatensystem wird die Entwicklungsachse a als Funktion des Wegparameters s definiert:

$$a(s) \;=\; f\,(\,x(s),\, y(s),\, z(s)\,) \tag{2.3}$$

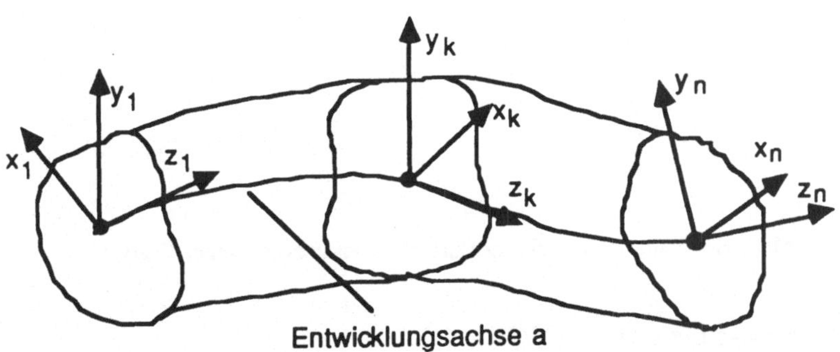

Bild 2.3: Ein generalisierter Zylinder und die Koordinatensysteme einiger ausgewählter Querschnittsflächen nach [HOR86]

Zweckmäßigerweise definiert man zu jedem Punkt von a(s) ein eigenes lokales Koordinatensystem, mit dem Punkt selbst als Ursprung. Es bildet die Basis für die Definition der zugehörigen Querschnittsfläche.

Als Beschreibungsform wird das Frenet Frame benutzt [HOR86]. Mit ihm läßt sich die Achse eines generalisierten Zylinders gut beschreiben. Die Methode hat aber auch einige Nachteile. Zum einen ist die Kurve nicht definiert, wenn die Krümmung Null wird. Des weiteren werden die Randbedingungen der physikalischen Verfahren nicht berücksichtigt, mit denen die Daten zur Beschreibung der Querschnittsflächen gewonnen werden. Zur Lösung solcher Probleme bietet es sich an, einen weiteren Parameter für solche Randbedingungen einzuführen. In [AGI72] und [SHA80] wird vorgeschlagen, einen Rotationsparameter r für die Querschnittsflächen zu benutzen. Die Randkurven der Querschnittsflächen werden dann mit [x(r,s),y(r,s)] beschrieben. Für den Gesamtkörper kann in einer parametrischen Form folgende Gleichung angegeben werden:

$$B(r,s) = a(s) + x(r,s)\,\vec{\vartheta}(s) + y(r,s)\,\vec{\zeta}(s) \qquad (2.4)$$

Ein großer Vorteil dieser Beschreibungsform ist, daß sich die Parameter aus den verwendeten Meßverfahren leicht bestimmen lassen. Dies gilt sowohl für die Richtung der oberflächenbeschreibenden Querschnittskurven des Körpers als auch für seine Fläche und sein Volumen [BAL82].

2.2.3 Volumenorientierte Darstellungen

Die dritte Art, Objekte in einem Weltmodell darzustellen, besteht darin, sie aus einfachen dreidimensionalen Grundkörpern zu konstruieren. Die hier vorgestellten Methoden der Constructive Solid Geometry (CSG), Cell Decomposition (CD) und Spatial Occupancy (SO) wurden unabhängig voneinander entwickelt, sind aber konzeptuell gleich. Wesentlich ist, daß sie unterschiedliche Stufen der Allgemeingültigkeit besitzen. Bild 2.4 zeigt diese Stufen.

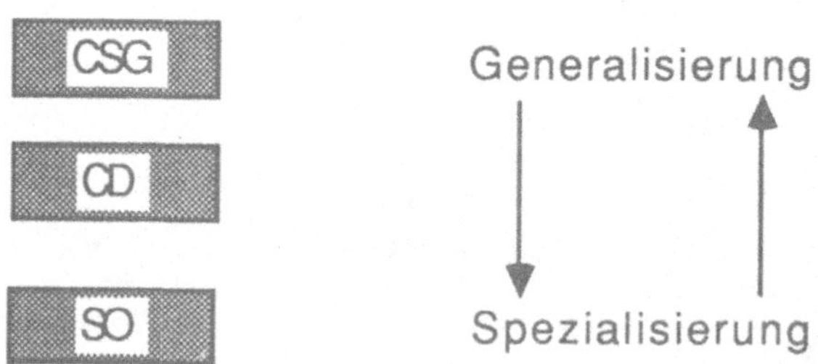

Bild 2.4: Methoden volumenorientierter Darstellungen geometrischer Körper

- *Constructive Solid Geometry (CSG)*
  Die Vorgehensweise bei der CSG ist, Objekte aus starren Grundkörpern zusammenzusetzen. Die Konstruktion kann additive und auch subtraktive Komponenten (z.B. Modellierung von Löchern) enthalten. Grundkörper oder Primitiva in der CSG-Darstellung sind parametrisierbare Quader, Zylinder, Kegel und Kugeln. Eine modifizierte Form der CSG wird in [MAR78] und [NIS79] benutzt. Dabei findet meist nur eine

Grundform (z.B. Zylinder) unterschiedlicher Dimension Verwendung. Mit einer Anordnung von Zylindern wird versucht, die Form von Körpern zu approximieren. [VOE77] und [BOY79] entwickelten Verfahren für die CSG-Repräsentation von mechanischen Teilen.

- *Cell Decomposition (CD)*
  Im Gegensatz zur CSG kennt die CD nur die Operation "kleben". Dies bedeutet, daß Löcher nicht explizit modelliert werden, sondern sich aus einer entsprechenden Anordnung von Objektkomponenten ergeben. Außerdem durchdringen sich, im Gegensatz zu CSG, zwei Objektkomponenten niemals. Aus diesen Gründen bereitet es Schwierigkeiten, andere Darstellungsformen in die CD-Darstellung zu überführen.

  Die Objekte lassen sich in der CD-Repräsentation leicht auf eine Baumstruktur abbilden. Hierzu angewandte Verfahren sind der "oct-tree" [JAC80] und der "k-d-tree" [BEN75].

- *Spatial Occupancy (SO)*
  Eine ganz andere Vorgehensweise zeichnet die SO aus. Der betrachtete Raum wird in Würfel zerlegt. Ein Objekt besetzt seinen Raum, den es aufgrund seiner Position und seines Volumens einnimmt, indem die Würfel des Raumbereichs als belegt markiert werden.

  Zur rechnerinternen Darstellung kann als sehr effizientes Verfahren ebenfalls ein "oct-tree" [SOE87] [KEN87] verwendet werden. Damit ist ein schneller Zugriff auf die Daten möglich, verbunden mit einer guten Speichereffizienz.

  Die Darstellungsform eignet sich durch seine hohe Effizienz als absolute Raumdarstellung für kollisionsvermeidende Planungsalgorithmen. Als Einschränkung muß jedoch betont werden, daß dies nur für statische Objekte gilt. Dynamische Objekte erfordern einen hohen Rechenaufwand, da durch die Bewegung immer neue Raumkuben besetzt und andere freigestellt werden. Der Aufwand ist vertretbar, wenn dynamische Objekte durch rotationssymmetrische Körper approximiert werden [SOE87].

2.3 Methoden der Künstlichen Intelligenz (KI)

Die Künstliche Intelligenz ist heute eine anerkannte Disziplin innerhalb der Informatik. Ein Grundproblem war und ist, Intelligenz überhaupt zu definieren, um sie mit Methoden der KI nachbilden zu können. Von verschiedenen Autoren [MIN68] [WIN84] [CHA85] [COH82] wurden Definitionen zum Begriff Künstliche Intelligenz veröffentlicht. Da die KI ein sehr heterogenes Forschungsgebiet ist, treffen diese Definitionen für Teilgebiete gut zu, erfassen aber nicht ihren gesamten Bereich.

Eine wichtige Orientierung bieten die Anwendungsgebiete der KI. Nach [SIE82] [SHI84] [COH82] [SCH86] sind dies: Automatische Beweiser, Spiele, Expertensysteme, Natürliches Sprachverstehen und Robotik.

Für die Robotik können zwei Bereiche identifiziert werden, in denen Techniken der KI entweder bereits Bestandteil von Systemen oder anerkannter Forschungsgegenstand sind, nämlich Lösen des Planungsproblems [HER86] und Interpretieren von sensoriellen Informationen [STA87].

Im Bereich Sensorik werden besonders bei "Computersehen" [BAL82] [HOR86] [NEV82] schon seit einigen Jahren Arbeiten unter Verwendung von KI-Techniken durchgeführt. Die dabei gewonnenen Erfahrungen fließen als Ansätze zur Nutzung der Methoden in Multisensorsystemen [FOX83] [HAR86a] [HAR86b] ein.

Sollen Techniken der KI zur Interpretation von Multisensordaten in der Robotik eingesetzt werden, so ist die Einhaltung der Echtzeitbedingungen ein wichtiges Kriterium. Dieses Kriterium spricht im Moment gegen die Anwendung von kompletten KI-Systemen, die für Entwicklungszwecke konzipiert wurden und deswegen nicht laufzeitoptimiert sind. Das Arbeitsgebiet KI läßt sich in vier Bereiche unterteilen:

- Wissensrepräsentation
- Wissensnutzung
- Suchproblematik
- Architekturen

Ein komplettes System, das Methoden der Künstlichen Intelligenz nutzt, umfaßt aus den ersten drei Bereichen je eine Komponente, die dann in einem Architekturkonzept an die Anwendung angepaßt werden.

2.3.1 Wissensrepräsentation

Die Wissensrepräsentation in der KI ist in der Literatur [WIN84] [NIL82] usw. ausführlich behandelt, deswegen werden hier nur die wesentlichen Begriffe angesprochen. Bekannte Wissensrepräsentationsformen sind:

- Prädikatenlogik erster Ordnung
- Semantische (Assoziative) Netze
- Frames
- Produktionensysteme

Nach [SCH86] ist die Adäquatheit einer Repräsentationssprache ein wichtiges Kriterium. Es kann unterschieden werden in:

- Epistemologische Adäquatheit
- Logisch Formale Adäquatheit
- Psychologische Adäquatheit
- Algorithmische Adäquatheit
- Ergonomische Adäquatheit

Für die Sensorik sind die Epistemologische und die Algorithmische Adäquatheit von besonderer Bedeutung. Unter der Epistemologischen Adäquatheit versteht man die Fragestellung, ob das abzubildende Wissen in der Sprache repräsentierbar ist. Die Algorithmische Adäquatheit zielt auf die Komplexität der zu verwendenden Algorithmen ab. Beide Kriterien sind insbesondere in Bezug auf die Beurteilung der Leistungsfähigkeit einer Wissensrepräsentationssprache für ein Anwendungsgebiet wichtig.

Die Prädikatenlogik erster Ordnung stellt ein System dar, in dem Zeichen und Regeln zur Verwendung dieser Zeichen definiert sind. Die Syntax des Systems stellt ein allgemeines Gerüst dar. Auf sie können je nach Anwendung sinnreiche Bedeutungen - die Semantik der Anwendung - abgebildet werden. Eine umfangreiche formale Definition findet sich in [SPE84]. Zur Prädikatenlogik erster Ordnung kann gesagt werden, daß sie in Syntax und

Semantik formal definiert ist. Die Einfachheit der Konstruktion führt zu einer leicht verständlichen Wissensbasis, die einfach durch das Hinzufügen neuer Fakten erweiterbar ist. Dabei ist darauf zu achten, daß keine die Konsistenz verletzenden Fakten in die Wissenbasis aufgenommen werden.

In Semantischen Netzen läßt sich die Syntax und Semantik von Problemgebieten mit gerichteten Graphen repräsentieren. Ursprünglich sollte diese Methode dazu dienen, die Semantik der englischen Sprache [QUI68] darzustellen. Daher rührt auch der Name. Eine alternative Benennung sind Assoziative Netze, da einige Autoren, insbesondere Psychologen, von der Ansicht ausgehen, daß sich solche Netzwerke sehr gut für die Modellierung des menschlichen Gedächtnisses eignen. Dabei wird davon ausgegangen, daß die Information im Gehirn über Assoziationen gewonnen wird. Für Semantische Netze existieren eine Reihe von Erscheinungs- und Nutzungsformen. Die Grundform, von der alle Darstellungen ausgehen, besteht aus Knoten und sie verbindende gerichtete Kanten. Diese beiden Elemente repräsentieren unterschiedliches Wissen:

Knoten: Individuen, Objekte, Konzepte usw.
Kanten: Relationen zwischen den Individuen, Objekten usw.

Ein weiteres wichtiges Charakteristikum von Semantischen Netzen ist die Vererbung von Eigenschaften eines Knotens auf alle nachfolgenden Spezialisierungen. Die Nutzung des Vererbungsmechanismus verhindert ein unnötiges Aufblähen der Datenbasis durch Vermeiden redundanter Datenhaltung.

Frames, auf deutsch am ehesten mit Schemata [SCH86] bezeichnet, sind als Methode der Wissensrepräsentation 1974 von Minsky am MIT eingeführt worden. In [MIN75] definiert er ein Frame folgendermaßen:

Ein Frame ist eine Datenstruktur, die eine stereotype Situation repräsentieren kann.

Der Grundgedanke dieses Ansatzes geht von der Annahme aus, daß das menschliche Gedächtnis sich stark auf Standardsituationen abstützt und für diese einen Rahmen bereitstellt. Die allgemeine Struktur der Repräsentation ist netzförmig. In vielen Anwendungsfällen degeneriert diese zu einem Baum, wobei jede niedere Ebene eine Verfeinerung der nächsthöheren Ebene darstellt. Alle auf der gleichen Ebene befindlichen Daten sind direkt zugänglich. Das Konzept der Frames beinhaltet wie die Semantischen Netze die Eigenschaft der Vererbung. Es gelten die gleichen Regeln.

Das Framekonzept ist die kompakteste und am besten strukturierte Methode zur Wissensrepräsentation. Wie bei den Semantischen Netzen, die in textueller Form aufgeschrieben ein sehr verwandtes Aussehen aufweisen, besteht die Möglichkeit, außer deklarativem Wissen auch prozedurales Wissen darzustellen. Dies trägt meist zur Optimierung der Inferenzen bei. Der wesentliche Nachteil der Frames ist das Fehlen einer formalen Theorie. Dies äußert sich darin, daß eine wohldefinierte Semantik, verglichen etwa mit der Prädikatenlogik erster Ordnung, fehlt.

In Produktionensystemen, häufig auch Regelsysteme genannt, wird das über den Problemkreis bekannte Wissen nicht nur über Aussagen, sondern auch über Inferenzprozesse dargestellt. Ein Großteil der heute bekannten Expertensysteme arbeiten mit diesem Formalismus. Beliebige algorithmische Prozesse lassen sich als Inferenzregeln realisieren. Dies geschieht mit Hilfe von Produktionsregeln, die folgende Form besitzen:

IF *Prämisse* THEN *Konklusion*

Das Anwenden der Regeln unterliegt Strategien, die im Regelinterpreter bzw. in einem speziellen Heuristikmodul definiert sind. Eine andere Möglichkeit ist, die Syntax der Produktionen derart zu modifizieren, daß sie eine Strategiekomponente enthält. Diese wird als Meta-Wissen in die Produktionen integriert. Der Analyseprozeß kann effektiver ablaufen, mit dem Nachteil, daß die Unabhängigkeit der Produktionen aufgegeben wird.

2.3.2 Wissensnutzung

Mit den beschriebenen Repräsentationsmethoden kann Wissen in ein System eingebracht werden. Auf der Basis dieses Wissens sollen nun Prozesse ablaufen, in denen seine Nutzung mittels Schlußfolgerungen und Vergleichen möglich ist. Nach [SCH86] läßt sich das Inferenzproblem in zwei Teilprobleme zerlegen:

- Welche Arten menschlichen Schlußfolgerns gibt es?
- Wie lassen sich die Arten des Schlußfolgerns durch Kalküle bzw. Algorithmen formal beschreiben?

Bekannte Methoden des Schlußfolgerns, die im wesentlichen in Zusammenhang mit der Logik erforscht wurden, sind:

- Deduktives Schließen
- Resolutionsmethode

Andere Inferenzen können in der Prädikatenlogik nicht ausgeführt werden. Man kann jedoch logikähnliche Formalismen aufbauen, in denen sie gültig sind und in sinnvoller Weise genutzt werden können. Diese haben aber nicht die Eigenschaften der Prädikatenlogik, sie sind zum Beispiel nicht abgeschlossen.

Die Resolutionsmethode bietet den Vorteil einer mechanischen Schlußweise. Das Schema ist sehr viel komplexer als bei den anderen Methoden. Anhand eines Beispiels läßt sich die Vorgehensweise am besten erklären. Die Aussagen müssen in Klauselform vorliegen. Die Methode ist in der Informatik sehr verbreitet und hat in verschiedene Sprachen Eingang gefunden, z.B. in PROLOG.

Die Wissensnutzung in Semantischen Netzen ist problemabhängig gestaltet, im Gegensatz zur festen Interpretationsstrategie des Resolventenkalküls. Es gibt aber eine Reihe von anwendungsunabhängigen Prinzipien, die in verschiedenen problemabhängigen Strategien zur Nutzung des Wissens in Semantischen Netzen anwendbar sind. Man kann einige elementare Zugriffsoperationen identifizieren, die für die Interpretationsaufgabe notwendig sind:

- Lesen eines Slots in einem Knoten
- Einfügen, Löschen und Ändern eines Slots in einer Instanz
- Test auf Existenz eines Knotens
- Test auf Existenz einer Standardrelation zwischen Knoten

Diese Grundoperationen erlauben das Handhaben der Informationen, die in einem Semantischen Netz enthalten sind. Komplexe Operationen setzen sich aus diesen Grundoperationen zusammen. Ein wichtiger Vorgang ist das Matching von Konzepten und Instanzen. In einfachster Form ist es eine Prüfung anhand eines Referenzknotens, ob ein bestimmter Knoten im Netz vorhanden ist. Ein erweiterter Zugriff besteht in der Nutzung von Variablen, so daß außer der Existenz noch bestimmte Variablen- oder Slotwerte abgefragt werden können.

Die Nutzung des Wissens in Frames kann in Matching und Inferenz unterschieden werden. Die Vergleichsprozesse dienen der Objekterkennung und um allgemein Konzepte im Framesystem zu suchen. Für Suchprozesse schlägt [FRO86] folgende Strategien vor:

- hierarchische Suche Top-Down
- blinde Suche nach Slotnamen
- blinde Suche durch Frame/Frame-Vergleich
- gerichtete Suche über die Slotnamen im Referenzframe

In Frames kann neben dem deklarativen Wissen auch prozedurales Wissen existieren. Dieses unterstützt insbesondere den Inferenzprozeß durch das Unterstützen einer zielgerichteten Vorgehensweise; dies führt zu großen Laufzeitverbesserungen. Die Schlußweisen in dieser Methode kommen dem menschlichen Denken sehr nahe. Der Vorteil, auch mit vagen Informationen arbeiten zu können, wird durch den Nachteil erkauft, daß die Entscheidungsprozesse nicht formal definiert werden können.

2.3.3 Suchproblematik

Die KI befaßt sich mit Problemen, die Suchaufgaben [SCH86] als zentrale Fragestellung beinhalten. Für diese komplexen Aufgaben, die eine Menge von Operationen auf Daten erfordern, ist es notwendig, effiziente Mechanismen für die Festlegung der Operationenreihenfolge zu entwickeln. Dabei ist die Reihenfolge der Operationen zur Erreichung des Ziels nicht von vornherein bekannt.

Die Einteilung der Methoden zur Lösung des Suchproblems wird in der Literatur unterschiedlich vorgenommen [NIL82] [SCH86] [WIN84]. Hier soll zwischen problemorientierten und nichtproblemorientierten Suchverfahren unterschieden werden. Nicht problemorientierte Suchverfahren nutzen Auswahlstrategien, die nicht speziell auf das Problem zugeschnitten sind. Beispiele sind die Tiefensuche und die Breitensuche. Da nichtproblemorientiertes Suchen insbesondere bei komplexen Aufgabenstellungen - und dies ist die Interpretation von Sensordaten - nicht sehr effizient ist, sollen sich die weiteren Betrachtungen nur auf wesentliche problemorientierte Verfahren beziehen. Dies sind hier die Graphensuchverfahren und Verfahren der problemreduzierten Suche und Betrachtungen zu Spielbäumen.

Der A*-Algorithmus wird den Graphensuchverfahren zugerechnet. Im ersten Schritt wird das Problem in eine formale Darstellung überführt, die es erlaubt, standardisierte Suchverfahren anzuwenden. Sehr oft ist der Problemraum als Graph notiert. Zur Lösung wird dieser aktuelle anwendungsorientierte Graph als Baum entwickelt. In diesem Baum gilt es nun, den optimalen Pfad von einem Startknoten zu einem Zielknoten zu finden. Es findet eine Bewertung des Pfades vom Startknoten bis zu einem Zielknoten auf heuristischer Basis statt.

Der A0*-Algorithmus ist ein weiteres Beispiel für ein Verfahren, in dem eine Problemreduktion stattfindet. Voraussetzung hierfür ist, daß das Problem in voneinander unabhängig lösbare Teilprobleme zergliederbar ist. Dadurch entstehen wieder neue Problemfelder, nämlich die optimale Zergliederung und das Wiederzusammensetzen der Teilergebnisse zum Gesamtergebnis. Dieser Nachteil durch die Steigerung der Komplexität des

Problemlösungsprozesses wird dadurch gerechtfertigt, daß eine Mehrfachberechnung vermieden wird.

Zur Problemzerlegung können sogenannte UND-ODER-Graphen [NIL82] benutzt werden. Die UND-Knoten bezeichnen dabei Dekompositionen in Teilprobleme. Im Graphen werden sie mit einem Bogen gekennzeichnet. Mit den ODER-Knoten sind Alternativen dargestellt. Man bezeichnet die Graphen als Hypergraphen, da ein Knoten mit seinen UND-Nachfolgern direkt über sogenannte Hyperkanten verbunden ist. Innerhalb dieser Graphen kann der Algoritmus A0* zur Anwendung kommen.

2.3.4 Zur Architektur von Expertensystemen

An praktischen Themengebieten der Künstlichen Intelligenz wird bereits seit ca 20-25 Jahren gearbeitet. Die benutzten Werkzeuge sind Sprachen wie PROLOG, LISP usw. oder Expertensystemschalen wie OPS5, KNOWLEDGE CRAFT, KEE usw., die als darüberliegende Ebene mit einer dieser Sprachen (oder auch prozeduralen Sprachen wie C, PASCAL, FORTRAN usw.) implementiert sind. In der Literatur sind keine eindeutigen Einteilungen zu Architekturen von KI-Systemen zu finden. Es wird an sehr vielen Ansätzen gearbeitet und die Strukturen, die dabei aufgebaut werden, sind immer sehr stark auf die jeweiligen Anwendungen bezogen. Für Expertensysteme läßt sich eine allgemeine Struktur angeben [PUP86] [PUP88], wie in Bild 2.5 dargestellt.

Die beiden Hauptkomponenten sind das Steuersystem, bestehend aus Interviewer-, Erklärungs-, Wissenserwerbs- und Problemlösungskomponente, und die Wissensbasis, in der unterschiedliches Wissen repräsentiert ist. Die Wissensarten sind bereichsbezogenes Wissen von Experten, fallspezifisches Wissen von Benutzern sowie die Zwischen- und Endergebnisse der Problemlösungskomponente. Die oben angesprochenen Expertensystemschalen sind reine Steuersysteme.

Je nach Anwendungsfall werden die Komponenten zusammengestellt bzw. mehr oder weniger ausgeprägt genutzt. In der Sensordatenverarbeitung fällt z.B. die Interviewerkomponente weg. Sie wird durch ein Modul ersetzt, welches eine Prozeßkommunikation mit den anderen Modulen der Multisensorstruktur durchführt. In diesem Fall spricht man von "eingebetteten" Systemen [RAU82], im Gegensatz zu einem Beratungssystem, das alle Komponenten eines voll ausgebauten Expertensystems enthält.

Die in einem Expertensystem angewandten Strategien zur Problemlösung sind vom Anwendungsgebiet abhängig. Die Sensordatenverarbeitung hat als Ziel, eine Diagnose über den Zustand der Roboterarbeitszelle zu stellen. Von den Sensoren stehen Meßdaten als Stichproben aus der Welt zur Verfügung. Aufgrund dieser Daten und anhand des Prozeßzustandes ist die Situation in der Arbeitszelle zu beurteilen.

Die Architektur der Problemlösungskomponente kann sehr einfach sein, nur eine einzige Strategie enthalten oder wiederum ein komplexeres System sein [PUP86]. Als Beispiel für einfache Strategien sei auf die oben angesprochenen Suchverfahren hingewiesen. Kommt dagegen eine Kombination von Strategien zum Einsatz, so ist für diese ein Organisationsrahmen zu erstellen. Beispiele für solche Organisationsrahmen sind Produktionensysteme, Blackboard-Systeme usw.

Blackboard-Systeme besitzen eine sehr universelle Struktur, die den heterogenen Anforderungen der Multisensordatenverarbeitung gerecht wird. Das Interesse an dieser Struktur zeigt sich an den vielen Veröffentlichungen [SHA86] [VEL87] [LUE86]

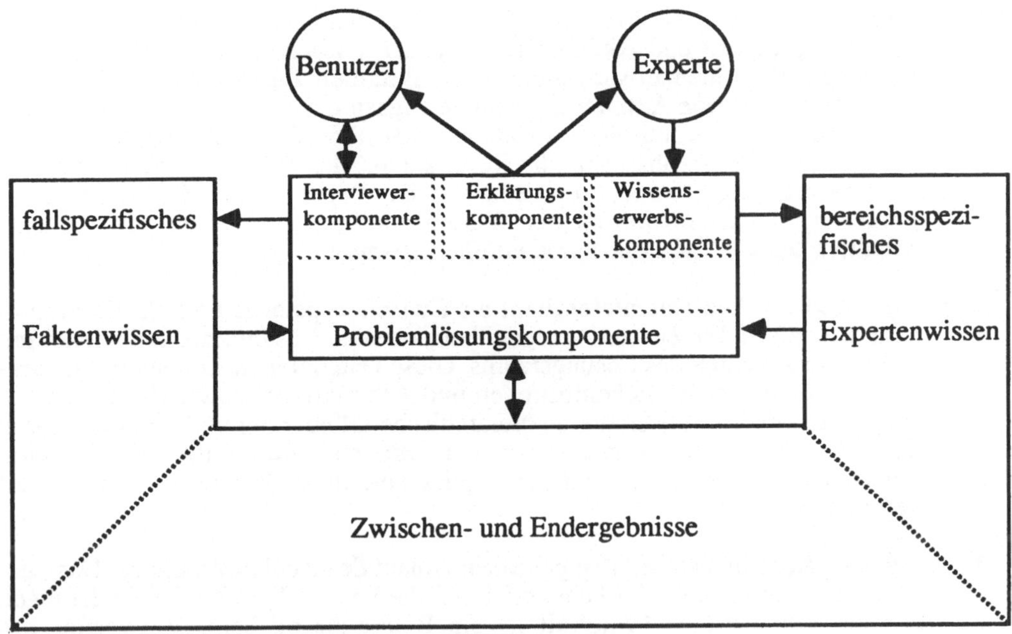

Bild 2.5: Allgemeine Architektur eines Expertensystems aus [PUP88]

[HAR86b] usw. zu diesem Thema. Es ist auch deutlich zu sehen, daß sehr viele Anwendungen in der Sensordatenverarbeitung liegen. Deswegen wird im folgenden näher auf diese spezielle Form der Architektur eines Expertensystems eingegangen.

2.3.4.1 Die Blackboard-Architektur

Die Grundidee bei Blackboard-Systemen [HAY85] [NII86] besteht darin, daß Wissensquellen (Knowledge sources) unabhängig voneinander Daten bearbeiten, die auf einer "Datentafel" (Domain-Blackboard) stehen. Die Wissensquellen enthalten nur einen kleinen spezifischen Ausschnitt aus dem gesamten Problemwissen und verändern die Tafel nur in einem definierten Bereich. Es existiert keinerlei direkte Kommunikation zwischen den einzelnen Wissensquellen; sie kommunizieren nur über die Tafel miteinander. Immer wenn auf der Tafel eine veränderte Situation entsteht, d.h. ein neues Datum erscheint, zu der eine Wissensquelle einen Lösungsbeitrag liefern kann, aktiviert sich die Wissensquelle selbst und nimmt eine Veränderung auf der Tafel vor. Ursprünglich sollten die einzelnen Wissensquellen assoziativ und asynchron auf der Tafel operieren, d.h. Daten lesen sowie Daten und Hypothesen schreiben. Diese Modellvorstellung läßt sich nur schwer auf den heutigen Rechnern implementieren. Aus diesem Grund wurde das Modell in ein sogenanntes Framework [NII86] überführt. Dieses geht stärker auf die Möglichkeiten zur Wissensrepräsentation ein, spezifiziert die Datentafelstruktur weitergehend und fügt als wesentliche neue Komponente eine Kontrolle zur Überwachung des Blackboards und zur Steuerung der Aktionen von Wissensquellen hinzu.

Wissensrepräsentation: Eine Wissensquelle unterteilt sich in die beiden Komponenten Vorbedingungsteil und Aktionsteil. Stellt der Vorbedingungsteil fest, daß die Wissensquelle einen Lösungsbeitrag im aktuellen Zustand der Tafel liefern kann, dann wird eine Aktivierungsroutine angesprochen, die bei Freigabe durch die übergeordnete Kontrolle den Aktionsteil anstößt. Dieser Aktionsteil liest die Daten, bearbeitet sie und trägt die Resultate auf der Tafel ein. Weitverbreitete Implementierungsarten sind Prozeduren oder Regelmengen. Es besteht keine Forderung nach Uniformität der Wissensquellen, sie müssen nur passende Schnittstellen zur Tafel und zur Kontrolle aufweisen.

Datentafelstruktur: Die Datentafel dient als Zwischenspeicher und als Kommunikationsmedium. Ihr Zustand spiegelt den aktuellen Lösungszustand wieder mit allen Datenobjekten des Lösungsraums. Diese Datenobjekte können Eingabedaten, Teillösungen, Zwischenlösungen und Alternativen, sowie die Gesamtlösung sein. Die Tafel besitzt eine hierarchische Gliederung und unterteilt damit den Lösungsprozeß in Analyseebenen, die sich durch ihre Komplexität unterscheiden. Die einzelnen Datenobjekte sind durch Relationen miteinander verbunden.

Kontrolle: Die Kontrolle steuert den gesamten Ablauf des Analyseprozesses. Dazu gehört die Überwachung der Datentafel und die Protokollierung der Änderungen auf ihr. Ohne dieses Protokoll ist ein Backtracking beim Verwerfen von Hypothesen nicht möglich. Des weiteren erfolgt die Auswahl der aktionsbereiten Wissensquellen aufgrund einer vorgegebenen Strategie. Im einfachsten Fall ist dies die Bereitschaftsreihenfolge, es können aber auch beliebige Bewertungen, die Wissen über die Anwendung beinhalten, genutzt werden. In diesem Zusammenhang ist der "Focus of attention" ein wichtiger Mechanismus, der den zu bearbeitenden Ausschnitt auf der Datentafel bestimmt.

In Bild 2.6 sind die einzelnen Komponenten des Blackboard-Frameworks und ihre Relationen zueinander dargestellt. Der Benutzer kommuniziert über eine spezielle Wissensquelle mit der Datentafel. Über sie kann er sich auch über den Stand der Lösung informieren. Dasselbe gilt für das Einbringen der Grunddaten in das System. Eine oder mehrere Wissensquellen sammeln die Daten der Sensoren von der dortigen Merkmalsextraktion und schreiben sie auf die Datentafel. So wird die Struktur nicht für diese speziellen Ein-/Ausgabefunktionen aufgebrochen.

2.3.4.2 Blackboardsysteme

Ein sehr wichtiger Punkt bei der Betrachtung des Blackboard-Frameworks ist die Kontrolle. Sie ist bis jetzt nur als "Black box" behandelt worden. In der Vergangenheit wurden einige Blackboard-Systeme entwickelt. Sie unterscheiden sich sehr stark durch ihre Kontrollstrukturen. Beispielhaft werden im folgenden die Kontrollaspekte der Blackboard-Konzepte HEARSAY-II, HASP, CRYSALIS und BB-1 kurz angesprochen.

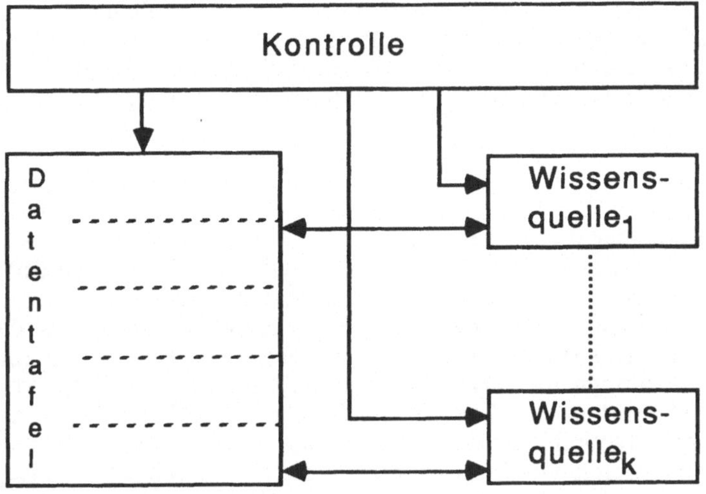

Bild 2.6: **Struktur eines Blackboard-Frameworks**

HEARSAY II: Das System wurde an der Carnegie-Mellon University für die Erkennung natürlicher Sprache entwickelt [ERM80][NII86]. Ausgehend von akustischen Signalen findet auf der Datentafel die Entwicklung von Lauten, Phonemen, Silben usw. bis zu Sätzen als Gesamtlösung gemäß dem Ebenenmodell des Frameworks statt. Die Kontrolle besteht aus einem Monitor und einem Planer (Scheduler). Die Aufgabe des Monitors ist die Protokollierung der Änderungen auf der Datentafel. Diese finden z.B. bei Auftreten eines "neuen Lauts" oder einer "neuen Silbe" statt. Eine weitere Aktivität ist, die für den aktuellen Zustand potentiell sinnvollen Wissensquellen anhand ihrer Vorbedingungen zu suchen und sie in eine Liste (scheduling queue) zur Ausführung einzutragen. Der Planer ist für die Berechnung der Ausführungsprioritäten zuständig. Als Planungshilfen benutzt er ein "Stimulus frame", das alle für die Vorbedingung der Wissensquelle passenden Hypothesen enthält und ein "Response frame", in dem alle Modifikationen notiert sind, die eine Wissensquelle auf der Tafel ausführen kann.

HASP: Das Blackboard-System HASP [NII82] entstand im Rahmen eines Projektes der US-NAVY zur Überwachung von Seegebieten mit dem Ziel der Detektion von Unterseebooten. Ein einziges Lösungsziel existierte in diesem Rahmen nicht, sondern es ging im wesentlichen darum, die sich ständig ändernden Situationen in einem Seegebiet zu repräsentieren. Die Tafel erhielt deswegen auch den Namen "Situation board". Die Kontrolle in HASP besteht aus einer Zweistufen-Hierarchie von Kontrollmodulen. Auf der obersten Stufe steht die "Strategy knowledge source". Ihr unterstehen vier Manager: "Clock event", "Expectation", "Problems" und "Event". Jedem dieser Manager ist als lokale Datenhaltung eine Liste zugeordnet, die unter demselben Namen geführt wird. Zusätzlich kommt noch eine "History list" hinzu, in der alle vergangenen Ereignisse protokolliert sind. In der "Event list" sind die Änderungsmöglichkeiten auf der Tafel dokumentiert, so daß über sie der Focus festgelegt wird. In der "Expectation list" sind erwartete Ereignisse enthalten, die z.B. der Benutzer einträgt. Hinweise auf fehlende Informationen, die zur Stützung von aktuellen Hypothesen nutzbar sind, stehen in der "Problems list". Die "Clock event list" bietet die Möglichkeit, mit Zeitmarken versehene Ereignisse zu definierten Zeitpunkten zu aktivieren. Grundsätzlich kann aber gesagt werden, daß alle Aktivitäten von der "Strategy knowledge source" ausgehen.

CRYSALIS: CRYSALIS dient der Ermittlung dreidimensionaler Strukturen von Eiweißmolekülen. Die Basisdaten sind beschreibende Merkmale von Elektronendichtekarten. Das Blackboard teilt sich in zwei "Blackboard panels", die wiederum eigene Hierarchien beinhalten. Im "Density panel" wird ein Bottom up-Ansatz verfolgt und versucht, aus den Grunddaten immer höhere Beschreibungsformen zu finden. Die Vorgehensweise im "Hypothesis panel" ist dagegen Top down orientiert. Die Lösung ist dann erreicht, wenn jedes Atom eines Proteins über Teillösungen im "Hypothesis panel" auf die 3D-Ebene des "Density panels" abgebildet ist. Die Kontrolle von CRYSALIS besteht aus einer dreistufigen Hierarchie an deren Spitze eine Strategie-Wissensquelle steht. Sie enthält eine Menge von Strategieregeln, die den Focus auf eine Region setzen können. Die zweite Stufe der Kontrolle, die "Task"-Wissensquellen, agieren in einer gewählten Region, selektieren einen Knoten und aktivieren die "Object"-Wissensquellen. Diese bilden die unterste Stufe der Hierarchie und arbeiten auf dem "Hypothesis panel". Die Kontroll-Wissenquellen werden wie bei HASP von Listen unterstützt. Es ist die "Feature list", in der der aktuelle Lösungsstand repräsentiert ist, und die "Event list", in der alle Veränderungen dokumentiert sind.

BB-1: Die komplexeste und allgemeinste Kontrollstruktur aller vorgestellten Konzepte weist BB-1 [HAY85] auf. Dies liegt daran, daß dieses Konzept nicht für eine spezielle Anwendung entworfen wurde. Die Kontrollstrategie wird in einer eigenen Kontroll-Tafel entwickelt. Es existieren also Kontroll-Wissensquellen, die sich mit der Lösung des Kontrollproblems beschäftigen. Sie bilden dynamisch aus Heuristiken einen vorläufigen Kontrollplan, benutzen dabei dieselben Methoden wie für die Datentafel. Die Kontrolltafel gliedert sich in sechs weitgehend problemunabhängige Ebenen, die in Tabelle 2.1 dargestellt sind. Die Wissensquellen kontrolliert wiederum ein Scheduling-Mechanismus, der drei Wissensquellen enthält: Update-To-Do-Set, Choose-KSAR und Interpret-KSAR. Sie bilden einen Zyklus in der angegebenen Reihenfolge und verwalten die Wissenquellen und den jeweiligen Planungsebenen zugeordnete Listen. Die Stärke des Konzeptes ist seine große Flexibilität, die aber durch hohen Rechen- und Zeitaufwand erkauft wird.

Ebene	Objekte
6. Problem	Beschreibung des Problems mit Zerlegung in Teilprobleme
5. Strategie	Sequentieller Grobplan zur Problemlösung
4. Focus	lokale oder temporäre Lösungsziele
3. Politik	globale feste Planungskriterien
2. Warteliste	getriggerte und aktionsbereite Aktivierungs programme für die Wissensquellen
1. Aktionswahl	zur Ausführung bestimmte Aktivierungsprogramme

Tabelle 2.1: Ebenen der Kontrolltafel von BB-1

2.3.4.3 Das Blackboard-Entwicklungssystem GBB

Das System GBB [COR86] [JOH87] wurde an der Universität Amherst/Massachusetts entwickelt. Es ist als Entwicklungswerkzeug für Anwendungsblackboards konzipiert. Mit BB1 wurde bereits der Weg zu allgemeineren Strukturen gegangen und GBB stellt eine Weiterentwicklung dar. Die Implementierungssprache von GBB ist Common Lisp. Wegen der guten Portabilität existieren Versionen für die gängigsten Rechner im KI-Bereich. Das System zeichnet sich durch seine effizienten Datenbankstrukturen aus, die einen schnellen Zugriff auf die Blackboardobjekte ermöglichen. Im Gegensatz zu der in Bild 2.6 gezeigten Struktur des Blackboard-Frameworks, in der eine Aufteilung in Datentafel, Wissensquellen und Kontrolle vorgenommen ist, sind bei GBB die Kontrolle und die Wissensquellen in einem Werkzeug zusammengefaßt.

Die beiden Hauptkomponenten von GBB sind der Blackboard database compiler und ein Satz generischer Control shells. Dadurch ist die Datenbasis von der Kontrolle und den Wissensquellen explizit getrennt und dadurch ist ein modulares Entwickeln beider Bereiche möglich.

Der Compiler beinhaltet wiederum zwei Module. Der Application implementer erzeugt aus der Definition der Blackboard und der Objekte den anwendungsspezifischen Code. Der Blackboard administrator verwaltet die Datentafel bzw. -tafeln und die darauf stehenden Objekte. Mit Hilfe der Control shells lassen sich die Wissensquellen und ihre Kontrolle definieren. Als Beispiel und für erste Erfahrungen bietet GBB zwei vordefinierte Kontrollrahmen, den Simple shell- und den GBB1-Rahmen.

Der Simple shell-Kontrollrahmen besitzt nur sehr eingeschränkte Möglichkeiten für einfache Beispielimplementierungen. Zur Auslösung eines Ereignisses steht nur der Objekttyp HYP zur Verfügung. Die Wissensquellen sind LISP-Makros und bestehen aus einem Namen, den zwei Funktionen für Aktions- und Bedingungsteil und zwei Ebenenlisten. Die Listen enthalten diejenigen Ebenen, auf denen Triggerereignisse für die Wissensquelle auftreten können und auf denen die Wissensquelle Änderungen vornehmen können.

Der Ablauf einer Anwendung beginnt damit, daß eine Wissensquelle Objekte auf der Datentafel etabliert und diese die Bedingungsteile von anderen Wissensquellen triggern. Diese liefern Prioritäten zurück anhand derer Aktivierungsroutinen, sogenannte KSIs (Knowledge source instantiation), in eine Warteschlange eingereiht werden. Der Ablauf wird beendet, wenn eine der folgenden Bedingungen erfüllt ist:

- die Warteschlange leer ist
- alle Prioritäten unter einer definierten Schwelle liegen
- die Ausführung einer Wissensquelle liefert den Wert *:stop*

Die eigentliche Kontrolle ist in den Bedingungsteilen der Wissensquellen enthalten, in denen die Prioritäten berechnet werden.

Der GBB1-Kontrollrahmen geht auf die Kontrollarchitektur von BB1 zurück. Der Rahmen besteht aus drei Schichten, der ES-Shell (Exekution shell), der KS-Shell (Knowledge source shell) und der KB-Shell, wobei letztere nicht implementiert ist. Sie sieht "lernende" Wissensquellen vor.

Die ES-Shell verwaltet die Aktivierungsroutinen (Knowledge source activation records (KSARs)) für die Wissensquellen und führt den Grundzyklus aus:

- die Aktivierung des KSARs mit der höchsten Priorität
- das Aktualisieren der Verwaltungslisten für die KSARs
- die Berechnung der Prioritäten aller getriggerten KSARs

Die KS-Shell enthält Kontroll-Wissensquellen und Objekte auf einem Kontroll-Blackboard. Ähnlich der Auflistung in Tabelle 2.1 sind dies Heuristik-, Focus- und Strategie-Objekte, die die Berechnung der Prioritäten beeinflussen. In der KS-Shell sind bereits drei Kontrollwissensquellen etabliert und können vom Anwender benutzt werden. Sie heißen Vorschriften-Wissensquellen (Prescription knowledge sources). Davon wird die erste durch ein neues Strategie-Objekt getriggert. Es setzt ein Attribut des Strategie-Objektes auf diejenigen Brennpunkte, die die Strategie realisieren sollen, wodurch die zweite Wissenquelle ausgelöst wird. Sie erstellt die zugehörigen Brennpunkt-Objekte und instanziiert deren Attribute. Die dritte Wissensquelle wird dann getriggert, wenn ein Attribut auf eine bestimmte Heuristik hinweist und erstellt diese als Objekt. Dies geschieht, um die ausführbaren KSARs zu bewerten und um die geeignetste für die aktuelle Strategie zu finden. Der gesamte Zyklus ist sehr aufwendig und kann deswegen vom Anwender beeinflußt werden, daß er nur teilweise abläuft.

Neben der Kontrollarchitektur ist der Aufbau der Datentafel bei Blackboard-Systemen der zweite charakterisierende Faktor. Die Wissensquellen können folgende Aktionen auf der Tafel ausführen:

- Daten von Objekten lesen
- Daten von Objekten verändern
- Objekte und deren Daten erstellen
- Objekte löschen
- Objekte nach festgelegten Kriterien suchen

Die Tafel selbst ist baumförmig gegliedert, wobei die organisatorische Möglichkeit besteht, mehrere Blackboards aufzubauen und diese wieder in Ebenen zu gliedern. Die Blätter des Baums, die konkreten Speicherräume, werden "spaces" genannt. Eine günstige Eigenschaft der Tafeldefinition in GBB ist die Möglichkeit, in den Ebenen Wertebereiche festzulegen, die mit den Attributen der Objekte korrespondieren. Speziell dieser Mechanismus unterstützt eine effiziente Suche in der Tafel. Um einen uniformen Zugriff auf Objekte mit verschiedenen Repräsentationen und unterschiedlichem Kontext zu ermöglichen, ist in GBB das Konzept der Dimensions-Indizes (dimensional indexes) realisiert, das nachfolgend noch erläutert wird.

Zur Definition der Blackboard-Ebenen und der Blackboards selbst stehen LISP-Makros zur Verfügung. Sie sind für die Anwendung mit Parametern zu belegen. Als Beispiel sei hier die Definition einer Blackboard-Ebene für die Merkmale von Teilen des European Benchmark gezeigt:

```
(define-space merkmale_benchmark
     " Die Merkmale von Benchmarkteile, die von den Sensoren
       extrahiert werden, sind Objekte auf dieser Ebene. Sie
       sind  nach ihren Koordinaten geordnet. "
     : units (loch-unit linien_unit eck_unit)
     : dimensions
         ( (x   :ordered  (0  512))
           (y   :ordered  (0 512)))
);end space
```

Auf der Ebene der Merkmale können drei Arten von Objekten etabliert sein. Es sind dies die Beschreibungen von Löchern, Kanten und Ecken von Werkstücken. Sie sind nach ihren Koordinaten geordnet, d.h. es kann leicht festgestellt werden, welche Merkmale sich in einem Koordinatenintervall befinden. Die Suchfunktion ist ebenfalls als Makro vorhanden und heißt *find_units*.

Diese kurze Beschreibung soll nur einen oberflächlichen Eindruck über das Werkzeug GBB geben. Der interessierte Leser sei auf das Manual [JOH87] hingewiesen. Inzwischen existiert bereits eine zweite, erweiterte Version.

Zur Diagnose eignen sich Blackboard-Systeme sehr gut. Sie müssen allerdings die Echtzeitanforderungen besser erfüllen, wenn sie für Roboteranwendungen eingesetzt werden sollen. Die durch das Konzept vorgegebene Modularität läßt leicht Erweiterungen zu. Dieser Aufbau ist bei technischen Systemen sehr wichtig und kann in Zukunft bei Anwendung von Lernalgorithmen noch mehr an Relevanz gewinnen. Andere Systemansätze zeigen ähnliche Strukturen, so daß die Grundidee des Konzeptes als richtungsweisend gelten kann. Man findet sie entweder in ähnlichen Anwendungen [SAG85], in der eine tafelähnliche Konstruktion als "Ergebnisdatenbank" geführt wird oder auch in einem allgemeineren Rahmen, wie etwa in der Expertensystemschale OPS5 [KRI87] in der ein "Common memory" existiert.

2.4 Modellierung von Unsicherheiten

Um in einer nicht genau bestimmbaren Arbeitsumgebung von Robotern eine Interpretation durchführen zu können, reichen die gemessenen Sensordaten nicht aus. Sie müssen mit zusätzlichem Wissen belegt werden. Dies geschieht mittels Bewertungen der Daten. Die wichtigsten Techniken hierfür sind in [BUC84] aufgeführt. Es handelt sich dabei um Methoden, die auf Fuzzy sets, dem Certainty factor-Modell und der Dempster-Shafer-Theorie basieren. Der grundlegende mathematische Apparat ist die Wahrscheinlichkeitsrechnung. Deswegen wird hier zum besseren Verständnis noch auf die bedingte Wahrscheinlichkeit eingegangen. Die aufgeführten Methoden eignen sich auch, um die Verschmelzung von Sensordaten zu unterstützen.

2.4.1 Modell der bedingten Wahrscheinlichkeit

Die Wahrscheinlichkeitsrechnung ist eine bereits seit langer Zeit bekannte mathematische Disziplin. Pascal und Fermat benutzten sie schon Mitte des 17. Jahrhunderts zur Vorhersage von unsicheren Ereignissen beim Glücksspiel. Mit ihrer Weiterentwicklung sind die Namen von großen Mathematikern verbunden, wie Laplace, Gauß, Poisson und Tschebyschew, um nur einige zu nennen. Die Wahrscheinlichkeitsrechnung ist heute als Bestandteil statistischer Auswertungen in allen Anwendungsgebieten fest etabliert.

Für die Sensordatenverarbeitung ist die bedingte Wahrscheinlichkeit von Interesse, da mit ihr aufgrund bereits aufgetretener Ereignisse weitere vorhergesagt werden können. In diesem Fall sind sie Meßdaten, die die Sensoren liefern. Nach einer Aufbereitung, die im wesentlichen in einer Datenkompression besteht, lassen sie sich als Merkmale bezeichnen. Aufgrund der Existenz von Merkmalen soll in einer Objekterkennung auf Objekte geschlossen werden. Die bedingte Wahrscheinlichkeit $P(Ob_i|Me_k)$ für die Objekthypothese Ob_i, wenn ein Merkmal Me_k aufgetreten ist, kann durch folgende Beziehung angegeben werden:

$$P(Ob_i|Me_k) = \frac{P(Ob_i \cap Me_k)}{P(Me_k)} \tag{2.5}$$

Hierzu müssen die absoluten Wahrscheinlichkeiten $P(Ob_i \cap Me_k)$ und $P(Me_k)$ berechnet werden. Dies ist in der Regel nicht möglich, da sich die Gesamtzahl aller Ereignisse nicht ermitteln läßt. Es hilft der Satz von Bayes weiter:

$$\begin{aligned} P(Ob_i|Me_k) &= \frac{P(Me_k|Ob_i)P(Ob_i)}{P(Me_k)} \\ &= \frac{P(Me_k|Ob_i)\,P(Ob_i)}{\sum_j P(Me_k|Ob_j)\,P(Ob_j)} \end{aligned} \tag{2.6}$$

Er gibt eine Umformung für die bedingten Wahrscheinlichkeiten in eine Form an, in der sie besser oder überhaupt erst zu bestimmen sind. Sehr oft wird aber nicht nur mit der Auswertung eines einzelnen Merkmals zu einer Objekthypothese beigetragen, sondern man verwendet eine größere Anzahl von Merkmalen. Ein Satz von Gorry und Barnett (1968) zur Reduktion komplexer bedingter Wahrscheinlichkeiten kann hier benutzt werden. Er lautet:

$$P(Ob_i|\,Me_1 \cap Me_2 ... \cap Me_k) = \frac{P(Me_k \mid Ob_i \cap Me_1 \cap Me_2 .... \cap Me_{k-1})\,P(Ob_i)}{\sum_j P(Me_j|\,Me_1 \cap Me_2 \cap Me_{k-1})\,P(Ob_j)} \tag{2.7}$$

In dieser Form ist er wegen seiner Komplexität schlecht anwendbar. Für den Fall, daß die Ereignisse Me_i voneinander stochastisch unabhängig sind, gilt folgender Satz:

$$P(Ob_i|\,Me_1 \cap Me_2 .... \cap Me_k) = \frac{\prod_{r=1}^{k} P(Me_r|Ob_i)\;\;P(Ob_i)}{\sum_j \prod_{r=1}^{k} P(Me_r|Ob_j)\;\;P(Ob_j)} \tag{2.8}$$

Natürlich ist die Annahme der stochastischen Unabhängigkeit eine grobe Annäherung, da verschiedene Meßergebnisse vom gleichen Sensor bereits diese Bedingung nicht erfüllen. Es ist im Anwendungsfall deswegen genau zu prüfen, ob die Annahme der stochastischen Unabhängigkeit zulässig ist.

Unsicherheiten von Sensordaten mit der Methode der bedingten Wahrscheinlichkeit für die Multisensordatenverarbeitung aufzubereiten, stellt eine einfache und leicht verständliche Vorgehensweise dar. Der mathematische Apparat hierfür ist gut bekannt. Bei komplexen Daten und umfangreichen Datenmengen führt das Verfahren aber zu langen Rechenzeiten, da sehr viel a priori Wissen (die Auftretenswahrscheinlichkeiten aller Objekte und Merkmalskombinationen) einbezogen werden muß. Näherungsverfahren helfen zwar weiter, können aber andererseits zu großen Fehlern führen. Ihr Einsatz muß in jedem konkreten Fall genau überprüft werden.

Ein weiteres Problem ist die Unterstützung des Komplementärereignisses durch das Ausdrücken einer Wahrscheinlichkeit. Es gilt der Zusammenhang:

$$P(A) + P(\neg A) = 1 \tag{2.9}$$

Es ist somit nicht mehr möglich, die Beiträge von direkt bestätigenden Aussagen von denen, die aus dem Komplementärergebnis anderer Aussagen stammen, zu unterscheiden. Besonders bei der Kombination vieler Merkmale ist später nicht mehr nachzuvollziehen, ob sich das Endergebnis hauptsächlich nur auf direkte Bestätigungen stützt oder durch Verwerfen von Komplementärereignissen zustande kommt. Die Wahrscheinlichkeiten für einzelne Aussagen können desweiteren erheblich verfälscht werden, wenn Aussagen mit sehr kleinen bestätigenden Wahrscheinlichkeiten in die Gesamtbewertung mit einbezogen werden.

2.4.2 Certainty factor-Modell

Das Certainty factor-Modell (CF-Modell) entstand im Laufe der Entwicklung des Expertensystems MYCIN [SHO84], nachdem der anfängliche Versuch, bedingte Wahrscheinlichkeiten zur Modellierung von Unsicherheiten einzusetzen, zu unbefriedigenden Ergebnissen führte.

Grundlegende Begriffe für das CF-Modell sind ein Maß für die Glaubwürdigkeit einer Aussage MB (Measure of Belief), sowie das Gegenteil, also ein Maß für die Unglaubwürdigkeit MD (Measure of Disbelief) und der Sicherheitsfaktor CF (Certainty-Factor). Nach [HAR88] können sie folgendermaßen definiert werden:

Definition: Der Ausdruck MB[Aussage, Voraussetzung] beschreibt das Maß für die Erhöhung der Glaubwürdigkeit der Aussage unter der Voraussetzung des Eintritts eines Ereignisses. Es gilt folgender Ausdruck für MB:

$$MB[Aus,Vor] = \frac{P(Aus|Vor) - P(Aus)}{1 - P(Aus)} \tag{2.10}$$

Definition: Der Ausdruck MD[Aussage, Voraussetzung] beschreibt das Maß für die Erhöhung der Unglaubwürdigkeit der Aussage unter der Voraussetzung des Eintritts eines Ereignisses. Es gilt folgender Ausdruck für MD:

$$MD[Aus,Vor] = \frac{P(Aus) - P(Aus|Vor)}{P(Aus)} \tag{2.11}$$

Definition: Es seien MB[Aussage, Voraussetzung] und MD[Aussage, Voraussetzung] die Maße für die Erhöhung der Glaubwürdigkeit bzw. Unglaubwürdigkeit einer Aussage unter der Bedingung des Eintritts der Voraussetzung. Der Certainty factor CF, der ein Maß für die Erhöhung der Sicherheit der Aussage ist, ist durch folgende Beziehung festgelegt:

$$CF[Aus, Vor] = MB[Aus, Vor] - MD[Aus, Vor] \tag{2.12}$$

Die Wertebereiche für diese Maße sind:

$$0 \leq MB,MD \leq 1 \qquad (2.13)$$

$$-1 \leq CF \leq +1 \qquad (2.14)$$

Die oben angegebenen Gleichungen für MB und MD versagen in den Fällen P(Aus) = 1 bzw. P(Aus) = 0. Deswegen müssen die Definitionen noch ergänzt werden. Sie haben danach folgende Form:

$$MB[Aus,Vor] = \begin{cases} 1 & \text{für } P(Aus) = 1 \\ \dfrac{\max\{P(Aus|Vor),P(Aus)\} - P(Aus)}{\max\{1,0\} - P(Ob)} & \text{sonst} \end{cases} \qquad (2.15)$$

bzw.

$$MD[Aus,Vor] = \begin{cases} 1 & \text{für } P(Aus) = 0 \\ \dfrac{\min\{P(Aus|Vor),P(Aus)\} - P(Aus)}{\min\{1,0\} - P(Ob)} & \text{sonst} \end{cases} \qquad (2.16)$$

Die Identifikation von Objekten beruht aber nicht nur auf der Messung eines Merkmales, sondern einer Vielzahl von Mermalen. Diese müssen zu einer gemeinsamen Bewertung verbunden werden. Aus der Schwierigkeit heraus, daß es keine direkte Beziehung zwischen $MB[Aus,Vor_1]$ und $MB[Aus,Vor_2]$ gibt, aus der sich $MB[Aus,Vor_1 \cap Vor_2]$ berechnen läßt, und der mögliche Umweg über die Bedingten Wahrscheinlichkeiten wieder die Unterstützung der Komplementärereignisse bedingt, deren Vermeidung ja zu der Einführung des CF-Modelles geführt hatte, wurde ein Näherungsverfahren entworfen. Es basiert auf einem pragmatischen Ansatz und benutzt nachfolgend beschriebene Kombinationsregeln. Eine ausführlichere Beschreibung des Näherungsverfahrens findet sich in [HAR88]. Die Beziehungen für die Kombination von Sicherheitsfaktoren lauten:

$$MB[Aus,Vor_1 \cap Vor_2] = \begin{cases} 0 & \text{für } MD[Aus,Vor_1 \cap Vor_2] = 1 \\ MB[Aus,Vor_1]+MB[Aus,Vor_2]\,(1-MB[Aus,Vor_1]) & \text{sonst} \end{cases}$$

(2.17)

und

$$MD[Aus,Vor_1 \cap Vor_2] = \begin{cases} 0 & \text{für } MB[Aus,Vor_1 \cap Vor_2] = 1 \\ MD[Aus,Vor_1]+MD[Aus,Vor_2]\,(1-MD[Aus,Vor_1]) & \text{sonst} \end{cases}$$

(2.18)

Diese Definitionen erlauben die Verbindung von zwei elementaren Glaub- bzw. Unglaubwürdigkeiten und aufbauend auf diesen Beziehungen die Zubindung weiterer Voraussetzungen, so daß in der Anwendung eine Vielzahl von Merkmalen zu einer Objektidentifikation beitragen kann.

Das Certainty factor-Modell stellt gegenüber den bedingten Wahrscheinlichkeiten eine wesentliche Verbesserung dar, da der Beitrag zur Unglaubwürdigkeit einer Aussage explizit mit MD ausgedrückt wird. Damit fällt die direkte Verknüpfung von Ereignis und Komplementärereignis weg. Eine Untersuchung von Clancey und Cooper in [SOL86] zeigt das robuste Verhalten des aus pragmatischen Ansätzen entstandenen Modells bei Variation der einzelnen Certainty-Faktoren auf. Selbst innerhalb des Intervalls ±0.2 um den ursprünglichen Wert änderte sich die Reihenfolge der Identifikationssicherheiten nicht.

Eine wesentliche Schwierigkeit, die Annahme der Unabhängigkeit, ist aber noch nicht beseitigt. Deswegen führt die Kombination von zwei Vorraussetzungen, die bei gemeinsamem Auftreten eine sichere Aussage ergeben, z.B. sichere Identifikation, wider Erwarten nicht dazu. Eine relative Aussage ist dagegen sehr gut möglich. Weiterhin bietet das Modell keinen Ansatz für die Bewertung vom Sollwert leicht abweichender Daten.

2.4.3 Dempster-Shafer-Theorie

Die Dempster-Shafer-Theorie [SHA75] geht von einer endlichen Menge von Ereignissen q aus. Sie stellt den Rahmen dar, innerhalb dessen eine Entscheidung getroffen wird. Aus θ lassen sich $2^{|\theta|}$ Teilmengen bilden. Es kann dann eine elementare Wahrscheinlichkeitszuordnungsfunktion definiert werden.

Definition: m heißt elementare Wahrscheinlichkeitszuordnung für den Entscheidungsrahmen θ:

$$m: 2^{\theta} \rightarrow [0,1] \qquad (2.19)$$

wenn gilt:

1. $m(\emptyset) = 0 \qquad (2.20)$
2. $\sum_{A_i \subset \theta} m(A = 1) \qquad i = \{0,1,\ldots, 2^{|\theta|}\} \qquad (2.21)$

A_i ist dabei eine beliebige Teilmenge von q, für die gilt: $A_i \cap A_j = \emptyset$ für $i \neq j$. Alle m(A) > 0 heißen fokale Elemente von θ.

Der Wert m(A) besagt, daß die gesuchte Menge mit der Wahrscheinlichkeit m(A) in der Menge A enthalten ist. Zur Berechnung der Gesamtwahrscheinlichkeit der Menge A, einschließlich der Wahrscheinlichkeiten aller Teilmengen von A, werden die elementaren Wahrscheinlichkeiten von A und ihrer Teilmengen addiert. Die Funktion, die die Zuordnung der Glaubwürdigkeit zur Menge A beschreibt, heißt Glaubwürdigkeitsfunktion (belief function):

Definition: Im Entscheidungsrahmen θ heißt

$$\mathrm{Bel}: 2^{\theta} \rightarrow [0,1] \qquad (2.22)$$

Glaubwürdigkeitsfunktion, wenn die folgenden Bedingungen erfüllt sind:

1. $\mathrm{Bel}(\emptyset) = 0 \qquad (2.23)$
2. $\mathrm{Bel}(\theta) = 1 \qquad (2.24)$

3. $Bel(A_1 \cup ... \cup A_n) \geq \sum_{I} (-1)^{|i|+1} \cdot Bel(\bigcap_{i \in I} A_i)$ wobei $I \in \{1,....,n, n \leq 2^{|q|}$

(2.25)

Zur Verbindung mehrerer elementarer Wahrscheinlichkeitszuweisungen wird die Regel von Dempster angewendet. Sie lautet:

Definition: 1. $m(\emptyset) = 0$ (2.26)

$$2.\ m(A) = \frac{\sum_{\substack{i,j \\ A_i \cap A_j = A}} m_1(A_i) \cdot m_2(A_j)}{1 - \sum_{\substack{i,j \\ A_i \cap A_j = \emptyset}} m_1(A_i) \cdot m_2(A_j)} \qquad (2.27)$$

Wird der Menge A eine elementare Wahrscheinlichkeit zugewiesen, dann unterstützt diese Zuweisung gleichermaßen alle in A enthaltenen Teilmengen. Eine Schranke für die maximal mögliche Wahrscheinlichkeit kann durch die sogenannte Plausibilität Pl angegeben werden:

Definition: $Pl: 2^{\theta} \rightarrow [0,1]$ (2.28)

und $Pl(A) = 1 - Bel(\neg A)$ (2.29)

Den Wert Pl(A) nennt man die Plausibilität der Menge A. Er fixiert die Obergrenze der Glaubwürdigkeit, die einer Menge zugeordnet werden kann. Das Pendant, die Untergrenze, ist durch die bereits oben definierte Glaubwürdigkeitsfunktion Bel(A) festgelegt. Man kann somit ein Glaubwürdigkeitsintervall für die Menge A in einem Entscheidungsrahmen q definieren:

Definition: $[Bel(A), Pl(A)] = [Bel(A), 1 - Bel(\neg A)]$ (2.30)

Betrachtet man nun das Modell der bedingten Wahrscheinlichkeit, so kann man sehen, daß das Glaubwürdigkeitsintervall zu Null wird. Insofern kann die bedingte Wahrscheinlichkeit als Sonderfall des Dempster-Shafer-Modells angesehen werden.

Das Certainty factor-Modell weist Ähnlichkeiten mit dem Dempster-Shafer-Modell auf. Die Maße MB, MD und CF entsprechen den Funktionen Bel, Pl und dem Glaubwürdigkeitsintervall [Bel,Pl].

Die Dempster-Shafer-Theorie stellt das umfassendste Werkzeug unter den bisher vorgestellten Modellen dar. Es weist einen sehr soliden mathematischen Rahmen auf. Dies zeigt sich schon daran, daß sowohl das Modell der bedingten Wahrscheinlichkeiten als auch das Certainty factor-Modell als Sonderfälle eingeschlossen sind. Für die Sensordatenverarbeitung besteht der gravierende Nachteil der Dempster-Shafer-Theorie im Unvermögen, vom Nominalwert abweichende Meßwerte bewerten zu können.

2.4.4 Fuzzy set-Theorie

Die Fuzzy set-Theorie versucht, vage Ausdrücke, die im täglichen Sprachgebrauch häufig vorkommen, mit einer Erweiterung der klassischen Mengentheorie zu erfassen. Sie wurde erstmals von Zadeh [ZAD65] im Jahre 1965 formuliert. Die Diskussion zu der Theorie ist sehr kontrovers [SCH80] [HAA79] [BIE85], insbesondere da mit Hilfe der Fuzzy set-Theorie beschriebene Konzepte auch mit anderen mathematischen Hilfsmitteln behandelt werden können. Neben der sehr umfangreichen Auseinandersetzung auf theoretischer Basis zeigt die Breite der Anwendungen in den Gebieten Soziologie, Medizin, Wirtschaftswissenschaften, Mathematik und Informatik das große Interesse an der Theorie und weist auf einen hohen Bedarf für eine Methode zur Erfassung und Behandlung von vagen bzw. unsicheren Daten hin.

Anwendungen, in denen die Fuzzy set-Theorie bisher benutzt wurde, sind im wesentlichen durch zwei Charakteristika gekennzeichnet:

- das Problem läßt sich nicht geschlossen beschreiben
- der betrachtete Prozeß konnte erfolgreich unter manueller Kontrolle betrieben werden

Im technischen Bereich tritt der erste Punkt häufig auf. Dies liegt zum einen daran, daß die notwendigen Daten zur Beschreibung nicht verfügbar sind, oder daß die Verhältnisse derart komplex sind, daß sie mit den heute zur Verfügung stehenden Rechnern nicht bewältigt werden können. Wesentlich interessanter ist aber, daß menschliches Bedienpersonal in der Lage ist, den Prozeß, von dem nicht alle Parameter explizit bekannt sind, aufgrund von Erfahrungen handhaben zu können. Die Fuzzy set-Theorie gibt mit dem Konzept der Linguistischen Regelvariablen [WEI87] ein Werkzeug in die Hand, um vage Angaben des menschlichen Bedienpersonals in das Regelsystem einbauen zu können. In der Literatur beschriebene Anwendungen sind z.B. die Regelung eines Warmwassertauschers [KIC76] oder die automatische Landeanflugsteuerung von Flugzeugen [LAR84].

Im Rahmen dieser Arbeit soll die Fuzzy set-Theorie nur im Hinblick auf die Erfassung und Bewertung ungenauer Daten von Sensoren in einem Montageprozeß betrachtet werden. Besonders in der Bildverarbeitung fand die Idee, ungenaue Daten mit Hilfe der Fuzzy set-Theorie zu bewerten, starken Anklang [BUN85] [GRE86] [HUN86] [NIE85] [OHT85] [SAG85].

Zur weiteren Verarbeitung der Daten sind Logiken und Sprachen, basierend auf der Zadeh'schen Theorie, entworfen worden. Von Zadeh selbst wurde 1975 [ZAD75] eine Fuzzy-Logik beschrieben. Die Programmiersprache FUZZY [LEF74] erlaubt es, vages Wissen darzustellen und unterstützt die Verarbeitung von Fuzzy-Mengen und -Relationen. Eine ausführlichere Darstellung findet sich in [WEI87].

Im folgenden soll eine kurze Einführung in die Fuzzy-Mengentheorie gegeben werden, soweit dies für das Verständnis späterer Ausführungen notwendig ist. Ansonsten sei auf die umfangreiche mathematische Literatur zu diesem Thema verwiesen [CHA73] [DUB80] [KAN86] [ZAD73] etc.

Der wichtigste Unterschied zwischen klassischen Mengen und Fuzzy-Mengen besteht in der Tatsache, daß bei letzteren die Zugehörigkeit zu einer Menge nicht nur durch die binäre Entscheidung $\in$ oder $\notin$ geschieht, sondern über eine komplexere Zugehörigkeitsfunktion definiert ist. Somit kann die charakteristische Zugehörigkeitsfunktion der klassischen Mengentheorie als Sonderfall betrachtet werden.

klassische Mengentheorie		Fuzzy-Mengentheorie	
$m_A: U \rightarrow \{0, 1\}$	(2.31)	$m_{\underline{A}}: U \rightarrow [0, 1]$	(2.33)
$m_A(x) = \begin{cases} 1 & \text{für } x \in A \\ 0 & \text{für } x \notin A \end{cases}$	(2.32)	$m_{\underline{A}}(x) \in [0, 1] \subset R$	(2.34)

A, U sind klassische Mengen, für die gilt $A \subseteq U$. Die Menge $\underline{A}$ stellt eine Fuzzy-Menge dar, die zur Unterscheidung unterstrichen ist. m ist dabei die Zugehörigkeitsfunktion und x sei ein Element aus A bzw. $\underline{A}$.

Jedem Element x fügt die Funktion $m_{\underline{A}}(x)$ einen Wert $[0,1] \subset R$ zu, der den Grad der Zugehörigkeit des Elementes x zur Menge $\underline{A}$ angibt.

Somit sind die Elemente der Menge $\underline{A}$ sogenannte Fuzzy singletons $(m_{\underline{A}}(x)/_x)$ in einer in [ZAD73] eingeführten Schreibweise. Die Menge $\underline{A}$ besteht dann aus der Vereinigung "+" all ihrer Singletons:

$$\underline{A} = \{(m_{\underline{A}}(x_1)/x_1) + (m_{\underline{A}}(x_2)/x_2) + \cdots + (m_{\underline{A}}(x_n)/x_n)\} \qquad (2.35)$$

wobei gilt: $X = \{x_1, x_2, \ldots, x_n\}$, $n \in N$

Für eine kontinuierliche Trägermenge X wird die Fuzzymenge $\underline{A}$ dargestellt als:

$$\underline{A} = \int_X m_{\underline{A}}(x)/x \qquad (2.36)$$

Als Beispiel soll die Zugehörigkeit von Abständen im Bereich von 1-10 cm zu der Fuzzymenge $\underline{G}$ (große Abstände) graphisch für drei Fälle dargestellt werden:

a) diskrete Darstellung
b) kontinuierliche, linearisierte Darstellung
c) kontinuierliche, parametrische Darstellung

Das betrachtete Intervall soll [0,10] in cm sein. Für Fall a ist die Funktion dann:

$$\underline{G} = \{ 0/0 + 0/1 + 0.1/2 + \cdots + 0.9/8 + 1/9 + 1/10 \} \qquad (2.37)$$

Die linearisierte Funktion für Fall b kann folgendermaßen definiert werden:

$$\underline{G} = \int_X s(x)/x \quad \text{wobei} \quad s = \begin{cases} 0 & \text{für} \quad x<a \\ 0.1x-0.1 & \text{für} \quad a<x<b \\ 1 & \text{für} \quad x>b \end{cases} \qquad (2.39)$$

In der parametrisierten Form (Fall c) sind die Übergänge zwischen den einzelnen Teilintervallen glatt:

$$\underset{\sim}{G} = \int_X s(x)/x \qquad \text{wobei} \quad s(x,a,b,g) = \begin{cases} 0 & \text{für} \quad x<a \\ 2\left(\frac{x-a}{g-a}\right)^2 & \text{für} \quad a<x<b \quad \text{mit } b = \frac{a+g}{2} \\ 1-2\left(\frac{x-a}{g-a}\right)^2 & \text{für} \quad b<x<g \\ 1 & \text{für} \quad x>b \end{cases} \tag{2.40}$$

Leichter verständlich werden die Zusammenhänge, wenn sie in graphischer Form dargestellt werden. Bild 2.7 zeigt dies für die oben beschriebenen Funktionen:

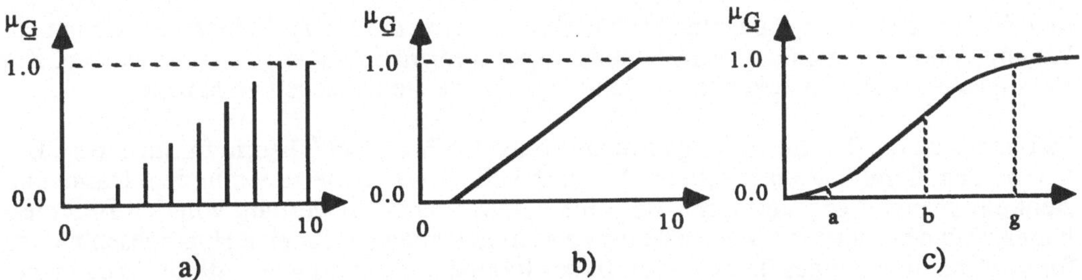

Bild 2.7: graphische Darstellung der Fuzzymenge $\underset{\sim}{G}$ nach den obigen Funktionen a) diskrete Darstellung b) kontinuierliche, linearisierte Darstellung c) kontinuierliche, parametrisierte Darstellung

In technischen Anwendungen wird meist aus Aufwandsgründen die kontiniuerliche linearisierte Darstellung der parametrisierten vorgezogen [SAG85] [HAR88]. Ist die Auflösung der Sensoren nicht hoch, dann kann auch die diskrete Form gewählt werden.

Die Eigenschaften von Fuzzymengen werden im wesentlichen in [WEI87] dargestellt. Zwei Verknüpfungen, die aber eine große Rolle in der Verarbeitung von Fuzzymengen spielen, seien hier explizit angegeben. Es sind dies die Vereinigung und der Durchschnitt von Fuzzymengen.

Definition: Die Vereinigung zweier Fuzzymengen $\underset{\sim}{A}, \underset{\sim}{B} \subset X$ ist gegeben durch:

$$\underset{\sim}{A} \cup \underset{\sim}{B} = \int_X \max(m_{\underset{\sim}{A}}(x), m_{\underset{\sim}{B}}(x))/x \tag{2.41}$$

Daraus folgt: $m_{\underset{\sim}{A} \cup \underset{\sim}{B}}(x) = \max(m_{\underset{\sim}{A}}(x), m_{\underset{\sim}{B}}(x)) \quad \text{mit } x \in X$

Definition: Der Durchschnitt zweier Fuzzymengen $\underline{A}$, $\underline{B}$ $\subset X$ ist gegeben durch:

$$\underline{A} \cap \underline{B} = \int_X \min(m_{\underline{A}}(x), m_{\underline{B}}(x))/x \tag{2.42}$$

Daraus folgt: $m_{\underline{A} \cap \underline{B}}(x) = \min(m_{\underline{A}}(x), m_{\underline{B}}(x))$ mit $x \in X$

Die Operationen min und max können als grundlegend in der Fuzzy-Mengentheorie bezeichnet werden. Dies wird auch deutlich durch die Bestrebungen, eine Fuzzy-Inferenz-Maschine auf einem VLSI-Chip [TOG85] zu implementieren, bei der diese beiden Operatoren eine Hauptrolle spielen.

Mit Hilfe der Fuzzy-Mengentheorie ist es gut möglich, vages bzw. unsicheres Wissen darzustellen. Im Bereich des Schließens innerhalb der Fuzzy-Mengentheorie treten allerdings große Schwierigkeiten auf [WEI87]. Infolge des heuristischen Ansatzes der gesamten Theorie muß mit problemabhängigen Näherungen gearbeitet werden. Es ist z.B. nicht möglich, die Übereinstimmung zweier Fuzzy-Mengen allgemein exakt zu entscheiden. Die Operationen min und max haben innerhalb der Inferenzmechanismen einen generalisierenden Charakter und wirken wenig differenzierend.

Innerhalb eines fest abgegrenzten Problemkreises kann die Fuzzy-Mengentheorie gut zur Lösung von Problemen der Verarbeitung vager Informationen angewendet werden. Zur Verallgemeinerung der Erkenntnisse fehlt aber das mathematische Fundament.

Es bietet sich an, den Bewertungsmechanismus der Fuzzy set-Theorie für unsichere Daten mit den Kombinationsregeln der Dempster-Shafer-Theorie zu verbinden. Damit entsteht ein zweistufiges Verfahren, das eine durchgehende Bewertung von den Beschreibungsdaten der einzelnen Merkmale bis zu Merkmalsmengen für eine Hypothesenbildung für die Erkennung eines Teils zuläßt. In der Realisierung wird genau dieser Weg eingeschlagen. Das Verfahren ist Teil des Diagnoseprozesses, der später in den Kapiteln 4 und 5 beschrieben ist.

2.5 Zusammenfassung

Im zweiten Kapitel sind die wesentlichen Methoden und Techniken beschrieben, die für die Multisensordatenverarbeitung und insbesondere für das in dieser Arbeit beschriebene Konzept relevant sind. Für die einzelnen Gebiete werden die notwendigen Grundlagen eingeführt und damit auch die Begriffsbestimmung erweitert.

Die Mustererkennung bildet ein Gerüst für die perzeptiven Techniken. Sie gibt die Vorgehensweise an, anhand derer die rohen Signalmuster von den physikalischen Sensoren durch Transformationen zu immer höheren Beschreibungsformen gewandelt werden. Dabei hängt es von der Anwendung ab, welche Stufen dieser Prozeß umfaßt. Um ein Beispiel aus dem ersten Kapitel aufzugreifen, umfaßt die Meßtechnik nur die Aufnehmerstufen und diejenigen Umformungsschritte, die notwendig sind, um das Meßergebnis für einen Menschen darzustellen. Die Sensorik dagegen geht weiter und beinhaltet auch die Interpretation der Meßergebnisse. In dem später vorgestellten Konzept finden an verschiedenen Stellen die Methoden der Mustererkennung Anwendung. Deswegen wurde hier ein kurzer Überblick gegeben.

Ein wichtiger Punkt ist auch die Art der Weltmodellierung. Es wurden die verschiedenen Ansätze einer geometrischen Modellierung dargestellt, die zum Teil aus dem CAD-Bereich stammen, oft aber auch schon bei modellgestützten Bildverarbeitungssystemen Eingang fanden. Natürlich beschränkt sich die Beschreibung der Welt nicht auf die geometrischen Daten der in ihr enthaltenen Körper. Sie bilden aber das Gerüst, in das noch zusätzliche Attribute eingefügt werden können. Aus den aufgeführten Techniken eignen sich Oberflächenbeschreibungen am besten, um die notwendigen Referenzdaten für die Messungen zu liefern. Damit scheiden die volumenorientierten Verfahren aus. Zu berücksichtigen ist auch noch die industrielle Umgebung, für die das Konzept entwicklt wurde. CAD-Modelle haben dort inzwischen eine weite Verbreitung gefunden. Für die geometrische Modellierung von Körpern wird deswegen ein polygones CAD-Modell benutzt, das durch einige nichtgeometrische Attribute ergänzt wird. Einzelne Sensoren wären zwar besser mit einem speziell auf sie zugeschnittenen Modell bedient, da aber von der Systemebene her eine einheitliche Modellierung zu fordern ist, wurde die Begrenzungsflächenbeschreibung als zentrale Methode gewählt, von der spezifische Abzüge für die einzelnen Sensoren abgeleitet werden.

Die Interpretation von Sachverhalten ist das Thema der Künstlichen Intelligenz (KI). In dem Teilkapitel zur KI erfolgte eine Übersichtsdarstellung der wichtigsten Mechanismen. Dies sind die Wissensrepräsentation, die Wissensnutzung und die Suchproblematik. Diese Gebiete wurden kurz abgehandelt, wobei nicht so sehr die Theorie im Vordergrund stand, sondern vielmehr die praktische Anwendbarkeit innerhalb der Sensorik. Weiterhin wurde auf Expertensysteme eingegangen und hier insbesondere auf Blackboardsysteme, die als Analyseinstrument für die Multisensordatenverarbeitung sehr geeignet erscheinen. An dem Beispiel einiger implementierter Systeme ließen sich sehr gut die verschiedenen Kontrollmechanismen darstellen, die das Hauptproblem bei der Nutzung dieses Konzeptes darstellt. Das Blackboardentwicklungssystem GBB, das auf seine Tauglichkeit für die Sensordatenverarbeitung untersucht wurde, wird einführend beschrieben.

Speziell für die Sensordatenverarbeitung ist die Behandlung von Unsicherheiten wichtig. Diesem Punkt kommt deswegen auch noch eine sehr starke Bedeutung zu, da sich diese Methoden für die wissensbasierte Objekterkennung mit einem Sensor eignen. Dies läßt sich als Fusion von Merkmalen zu einer Objekthypothese betrachten. Dabei können die einzelne Merkmale gestört sein. Die Merkmale von unterschiedlichen Sensoren lassen sich auf dieselbe Art und Weise verschmelzen. Die meisten betrachteten Theorien kommen aus dem Bereich der Wahrscheinlichkeitsrechnung. Es sind dies die Bedingte Wahrscheinlichkeit, das Certainty Factor-Modell und die Dempster Shafer-Theorie. Die letztere stellt eine Obermenge dar und beinhaltet die beiden anderen Modelle. Ein anderer Ansatz stammt aus der Mengentheorie, die Fuzzy Set-Theorie. Sie stellt eine Erweiterung des klassischen Mengenbegriffs dar, und es lassen sich damit vage Informationen verarbeiten. Zusammen stellen diese Techniken sehr mächtige Werkzeuge zur Behandlung von Unsicherheiten und gestörten Daten dar. Sie verlangen keine frühzeitigen "harten" Entscheidungen, sondern diese sind erst dann zu treffen, wenn der Wissensstand über das Problem entsprechend hoch ist.

3 Sensorunterstützte Montage mit Industrierobotern

Roboter sind laut [VDI82] frei programmierbare Manipulatoren und werden heute in drei Generationen eingeteilt [RAC86] [SPU84] [VOL85]. Die wichtigsten Charakteristika sind dabei die Art der Steuerung, der Programmierung und des Einsatzes von Sensoren. Die folgende Tabelle gibt einen Überblick über die drei Generationen.

	STEUERUNG	PROGRAMMIERUNG	SENSOREINSATZ
Robotergeneration I	Bewegungssteuerung mit unterlagerten Regelkreisen für die einzelnen Gelenke, sequentieller Ablauf	Teach-Verfahren, explizite Formulierung der geometrischen Bahnen mit Sprachen auf niedrigem Niveau	interne Sensoren für die Lageregelkreise der einzelnen Gelenke und Motorstromüberwachung
Robotergeneration II	wie Generation I, jedoch Verzweigungen im Ablauf in Abhängigkeit von Sensordaten, Offsetaufschaltung von Sensorwerten auf einzelne Parameter	explizite Programmierung wie Generation I mit zusätzlicher Einbindung von Sensormeldungen	Einzelne externe Sensoren eingebunden, Bildverarbeitungssysteme, Abstandsmesser mit Ultraschall auf kapazitiver/induktiver Basis usw. Kraftsensoren für Greif- und Fügekräfte etc.
Robotergeneration III	intelligente Steuerungen, die selbst die Aktionsfolgen planen anhand eines zielgerichteten Handhabungsauftrages, adaptive Verhaltensweisen mit Lernstrategien	implizite Programmierung, d.h. auf das Ziel ausgerichtete Aufträge mit Angabe von Optimierungskriterien	Multisensoreinsatz, d.h. Integration verschiedener Sensoren zu einem Erfassungs- und Überwachungssubsystem, welches in der Lage ist, die Sensoriinformationen unter Berücksichtigung des Handhabungsauftrages zu beurteilen

Tabelle 3.1: Übersicht über die drei Generationen von Industrierobotern

Für die Sensorik in externer Form, wie sie in dieser Arbeit betrachtet wird, spielt die Robotergeneration I keine Rolle, da nur interne Wegaufnehmer innerhalb der Gelenkregelkreise benutzt werden und ihre Meßwerte normalerweise nicht zugänglich sind. Die programmierten geometrischen Bahnen werden vom System abgefahren, ohne Rücksicht auf die herrschenden Umweltbedingungen. Dem Steuerrechner werden allenfalls Abweichungen von der Sollbahn oder Überschreiten der maximalen Motorströme als Fehlermeldungen [UNI80] mitgeteilt. Aus solchen Meldungen ist es aber unmöglich, die Art der Störung abzuleiten und problemspezifische adaptive Verhaltensweisen des Systems zu initiieren. Sie können nur dazu dienen, größere Zerstörungen am Effektorapparat und am Handhabungsgut durch Unter- oder Abbrechen der Aktion zu vermeiden.

In der zweiten Generation ist der Einsatz von Sensoren während bestimmter Handhabungsschritte möglich. Bestimmung von Position und Lage von Werkstücken, Kraftmessungen für eine definierte Bearbeitung von Werkstückoberflächen (z.B. Entgraten), einfache Anwesenheitskontrollen usw. sind Aufgaben, die Sensoren für Roboter dieses Typs erfüllen. Wichtig ist bei ihnen die Tatsache, daß der Programmierer der Handhabungssequenz festlegt, wann der Sensoreinsatz erfolgt und wie die

Ergebnisse zu interpretieren sind. Weiterhin findet keine Verschmelzung von Sensordaten statt, sondern die Daten von verschiedenen Sensoren werden disjunkt gehandhabt. Es sei hier auf die Robotersprachen verwiesen, die in Kapitel 1 bereits kurz angesprochen wurden.

Roboter der dritten Generation sind dagegen durch weitgehende Autonomie gekennzeichnet. Sie sollen einen Auftrag auch unter Schwierigkeiten selbständig erfüllen können. Ihre Struktur unterscheidet sich von der ersten und zweiten Generation sehr stark. Wesentlich ist dabei, daß sie eine aufwendige Planung beinhalten und mit einem umfangreichen sensoriellen Apparat [BRA85] ausgestattet sind. Nach [GIR84] sind zwei hervorstechende Applikationen, an denen viele Aspekte dieser Generation erkennbar werden, die *flexible Fertigungszelle mit Mehrarmkonfiguration* [DIL87] und die *autonomen mobilen Robotersysteme* [REM88]. Da viele Funktionen, die bisher menschliche Entwickler und Bediener von Robotersystemen ausführten, von der Maschine selbst übernommen werden müssen, wird das System entsprechend komplex.

Beim Einsatz von Industrierobotern kann unterschieden werden in:

- Werkzeughandhabung
- Werkstückhandhabung

Es können natürlich auch Mischformen auftreten. Diese sind aber sehr selten. Tabelle 3.2 zeigt eine Aufteilung der wesentlichen Anwendungsgebiete von Industrierobotern sowohl nach diesem Kriterium als auch nach der Art der Steuerung.

<table>
<tr><th></th><th>Punktsteuerung</th><th colspan="2">Bahnsteuerung</th></tr>
<tr><td>Handhaben von Werkstücken</td><td>- Be- und Entladen von Maschinen
- Verkettung</td><td>- Entgraten
- Polieren
- Montage</td><td rowspan="2">- Handhaben von Werkstücken und Werkzeugen mit kombinierten Greifer/Werkzeughalter (z.B. Greifer und Schweißelektrode</td></tr>
<tr><td>Handhaben von Werkzeugen</td><td>- Punktschweißen
- Bohren</td><td>- Lackieren
- Entgraten
- Bahnschweißen
- Montage (z.B. Handhabung eines Schraubers)</td></tr>
</table>

Tabelle 3.2: Anwendungsgebiete von Industrierobotern aus [SCH84b]

Die häufigste Anwendung von Industrierobotern findet man heute im Bereich Schweißen. Laut einer Prognose des Batelle-Instituts [KAE84] soll sich dies aber ändern. Als Hauptanwendungsgebiet soll die Montage mit Industrierobotern diese Stellung ab etwa 1992 übernehmen.

Die größten Probleme bei der Montage liegen einerseits im Fehlen von Roboterperipherie und andererseits in der nur sehr langsam fortschreitenden Integration von Sensoren in

Robotersysteme. Insbesondere seit ca 1980 schreitet die Entwicklung von Sensoren sehr stark voran, so daß die oben angesprochene Prognose tendenziell richtig sein dürfte.

3.1 Fehler bei der Montage

Sensoren sind technische Vorrichtungen, mit deren Hilfe der aktuelle Zustand eines Weltausschnittes feststellbar ist. Hier steht für Weltausschnitt die Arbeitszelle eines Handhabungssystems (Roboters) in einer industriellen Montageumgebung.

Warum muß dieser Status ermittelt werden? Der Grund sind Abweichungen in der realen Arbeitszelle gegenüber einem Modell, in dem eine "ideale" Zustandsbeschreibung repräsentiert ist. Die Intervalle der potentiellen Abweichungen sind laut [VDI73] Unsicherheiten. In der Robotik ist ein Fehler eine Abweichung, die den Handhabungsablauf derart beinflußt, daß das Handhabungsziel ohne Korrektur nicht erreicht wird. Nach [KUI86] sind die Fehler in Roboterarbeitszellen wieder in mehrere Unterklassen unterteilbar:

Unter *Steuerfehlern* versteht man Abweichungen in Parametern, die die Steuerprogramme instanziieren. Ein Beispiel wäre die Nutzung einer Positionskonstanten in einer Steuertask des Handhabungssystems, die mit der aktuellen Position nicht übereinstimmt.

Eine weitere Fehlerklasse stellen die *Systembeschreibungsfehler* dar. Sie kommen bei komplexen Robotersystemen vor, die mit einer expliziten Beschreibung von Systemteilen arbeiten. Ist diese unvollständig oder falsch, so kann die Ausführung von Anweisungen fehlerbehaftet sein. Abhilfe können hier Lernstrategien schaffen.

Unter *Funktionsfehler* ist das fehlerhafte Ausführen von normalerweise korrekt arbeitenden Funktionen des Systems zu verstehen. Beispiele sind etwa das Verlieren oder Verrutschen von gegriffenen Teilen aufgrund der Abnutzung des Greifers oder eine gestörte Kommunikation zwischen Systemteilen.

In dieser Abhandlung sollen nur Systembeschreibungs- und einige Funktionsfehler, die in engem Zusammenhang mit ersteren stehen, betrachtet werden. Die Systembeschreibungsfehler sind hier nur auf Abweichungen der Handhabungsobjekte bezogen. Dies sind im wesentlichen Positionsabweichungen der Teile und die Existenz von unbekannten bzw. fehlerhaften Teilen in der Szene. Die Funktionsfehler umfassen diejenigen Fehler, die aus einer unzureichenden Funktion des Sensors resultieren. Darunter sind Effekte wie etwa das Rauschen des Sensors oder ein zu geringes Auflösungsvermögen zu verstehen.

Die betrachteten Fehler können in Bezug auf ihre Bedeutung für den Handhabungsvorgang als parametrisch oder als strukturell klassifiziert werden.

parametrische Abweichungen: Bei ihrem Auftreten findet keine Veränderung der Sequenz des Handhabungsablaufes statt. Lediglich die Parameter einzelner Suboperationen ändern ihre Werte. Ein Beispiel hierfür ist etwa eine translatorische Verschiebung von Werkstücken gegenüber der erwarteten Lage und damit verbunden die Verlängerung des Anrückweges.

strukturelle Abweichungen: Zur Erfüllung der Aufgabe muß der Handhabungsablauf bzw. Teilsequenzen desselben durch andere Sequenzen ersetzt werden. Als Beispiel wäre folgende Situation denkbar: Ein Teil liegt in einer anderen stabilen Lage als erwartet. Nun muß entweder der Greif- und Fügevorgang völlig anders gestaltet, oder das Teil in die vorgesehene stabile Lage gebracht werden, um es dann mit der bekannten Sequenz zu fügen.

Speziell für die Montage mit Handhabungssystemen sind Verschiebungen der Teile aus einer erwarteten Lage relevant, sowie Berühren und Überlappen der Teile. Auf solche Szenen, deren Analyse große Schwierigkeiten bereitet, wird später noch eingegangen.

Ein weiterer wichtiger Fehler, der speziell in der Montage auftreten kann, ist das Greifen neben dem berechneten Greifpunkt. Dies kann beim späteren Fügen zum Verkanten des gegriffenen Teils führen. Diese Abweichungen resultieren aus der ungenügenden Auflösung der Sensoren, die zur Bestimmung der Lage des Teils benutzt wurden. Wie aus den beiden oben angeführten Beispielen deutlich wird, muß sich die Fehlerbetrachtung immer an konkreten Situationen orientieren. Deswegen wird später noch auf die Fehler bei dem gewählten Beispiel der Benchmarkmontage eingegangen.

3.2 Die Montageaufgabe

Zur Darstellung der Funktionsweise des gesamten Robotersystems und damit auch des Überwachungsmoduls wird ein Szenarium benutzt, in dem beispielhafte Montageabläufe stattfinden, wie sie in industriellen Arbeitszellen auftreten. Um zwischen verschiedenen Ansätzen Vergleiche ziehen zu können, wurde als standardisiertes Montageproblem der 'European Benchmark' [COL85] geschaffen, der aus dem Zusammenbau eines Pendels besteht. Bild 3.1 zeigt die Montageplatte samt des fixierten Werkstückes und der Montagevorrichtung. Ursprünglich konzipiert für den Vergleich von Roboterprogrammiersprachen, dient er in Erweiterung des Einsatzspektrums zur Evaluierung von Steuer- und Sensorkonzepten.

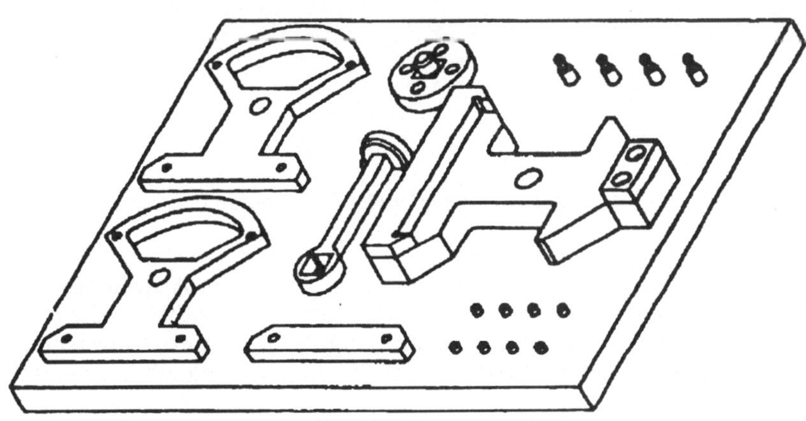

Bild 3.1: Der vollständige European Benchmark zur Evaluierung von Roboterprogrammiersprachen

Die einfachste Montage stellt das Montieren von oben mit Einstecken des Werkstückes in eine Montagevorrichtung bzw. Aufstecken auf bereits gefügte Werkstücke dar. Das Ausgleichen von Abweichungen ist dann als ebenes Problem zu lösen. Ein seitliches

Einstecken, etwa der Stifte des Benchmarks, stellt ein größeres Problem dar, da die Montageebene nicht mehr parallel zur Grundebene des Roboterkoordinatensystems orientiert ist. Diese Art der Montage muß als dreidimensionales Problem gelöst werden.

Alle Handhabungsoperationen können ohne Sensoren ablaufen, wenn die Benchmark-Montageplatte benutzt wird und *alle* Teile durch Halterungen an ihren Plätzen fixiert sind. Sensoren werden in allen Situationen eingesetzt, in denen Abweichungen von einem definierten Sollzustand in der Handhabungswelt zu verzeichnen sind und diese derart sind, daß sie nicht mit einfachen Mittel behoben werden können. Eine Alternative etwa zum aktiven Fügen mit Unterstützung eines taktilen Sensors wäre die Nutzung einer Compliance [WHI82] im Endeffektor. Bild 3.2 zeigt das zusammengebaute Pendel in seiner Montagevorrichtung, um eine Vorstellung zu geben, wie das montierte Endprodukt aussieht. Aus dem Bild geht auch intuitiv der Montageablauf in groben Zügen hervor.

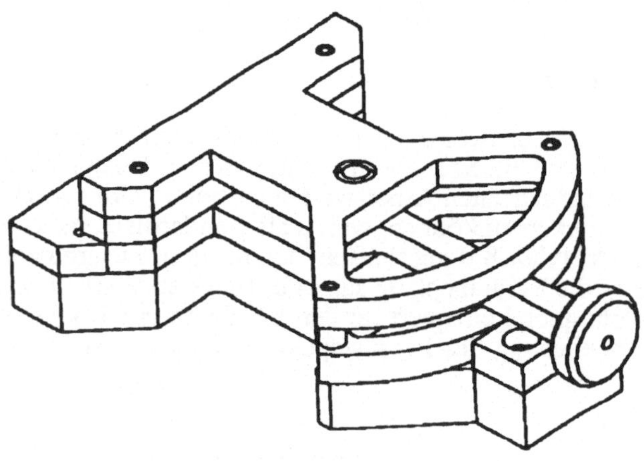

Bild 3.2: Das zusammengebaute Pendel des European Benchmark in der Montagevorrichtung

Für die Montage können unterschiedliche Arten von Abweichungen von einem vordefinierten Zustand der Roboterarbeitszelle festgestellt werden. Die nachfolgenden Betrachtungen sind ein Ansatz zur Beschreibung der potentiell auftretenden Fälle, die während eines Montageablaufes auftreten können. Eine Montage läuft in verschiedenen Phasen ab:

1. *Sichten der Szene:* Darunter ist die Eingangsanalyse für eine Handhabungssequenz zu verstehen. Es muß festgestellt werden, ob sich die zu handhabenden Teile in dem definierten Eingangsfeld der Sequenz befinden und in welchem Status.
2. *Annähern des Endeffektors:* Zum Greifen des Teiles muß der Greifer in den Objektbereich hineinfahren. Es besteht die Gefahr einer Kollision mit den Handhabungsobjekten und, falls sich die Arbeitsbereiche mehrerer Manipulationsarme überdecken, mit anderen Roboterarmen.
3. *Greifen des Objektes:* Auch hier besteht die Gefahr einer Kollision. Ein weiterer Gesichtspunkt ist ein zentriertes Positionieren des Greifers über der Greifstrecke,

damit es während der Greifbewegung nicht zu einem undefinierten Verschieben des Teiles kommt.

4. *Abrücken mit Objekt:* Hierbei ist weniger die Kollision des Endeffektors mit anderen Objekten zu befürchten, als die Kollision des gegriffenen Objektes mit ihnen.
5. *Transport zum Montageort:* Aufgrund zu hoher Beschleunigungen kann eine Verschiebung des Teils im Greifer stattfinden.
6. *Anrücken an den Montageort:* Ähnlich, wie bei den Punkten 2 und 4 können Kollisionen des gegriffenen Objektes mit Teilen der Roboterzelle und anderen Handhabungsobjekten stattfinden.
7. *Einfügen:* An dieser Stelle ist ein taktiler Sensor unabdingbar. Verkantungen führen zu Fügekräften, die Beschädigungen der Montageteile bzw. das Nichterreichen des Ziels der Handhabungsoperation durch Verklemmen nach sich ziehen können.

Diese Sequenz stellt allgemein den Ablauf einer Teilmontage dar. Für alle aufgezählten Punkte läßt sich der Sensoreinsatz identifizieren. An den verschiedenen Meßvorgängen läßt sich gut sehen, daß diese Aufgaben entweder nicht oder nur sehr ineffektiv mit einem einzelnen Sensor lösbar sind. Potentielle Fehler während der oben beschriebenen Montagesequenz und der Sensoreinsatz zu ihrer Erkennung sind in Tabelle 3.3 aufgeführt.

Operations-Nr.	Fehler bzw. Unsicherheit	Sensoren
1	Existenz, Lage und Orientierung von Werkstücken	global: Überkopfsichsystem lokal: Abstandssensoren taktile Sensoren
2	Kollisionsgefahr mit Werkstücken bzw. Teilen der Roboterarbeitszelle	taktile Sensoren Handsichtsystem
3	Positionsfeinbestimmung der Greifflächen	opt. Abstandssensoren
4	Anstoßen des gegriffenen Werkstücks Verrutschen im Greifer	taktile Sensoren Sichtsysteme
5	wie 4.	wie 4.
6	wie 2.	wie 2.
7	Verkanten des Werkstücks	taktile Sensoren Handsichtsystem

Tabelle 3.3: Potentielle Fehler bei Montageoperationen und der zugehörige Sensoreinsatz

Besonders schwierig ist dabei der Sensoreinsatz für die Suboperationen 1 und 7. Der Einsatz mehrerer Sensoren ist hier entweder erforderlich oder zumindest günstig. Aus diesem Grund werden sie in dieser Arbeit näher untersucht.

3.2.1 Sichten der Szene

Wie bereits oben aufgezeigt wurde, ist der Einsatz von Sensoren nicht notwendig, wenn die Welt "in Ordnung" und und sie ausreichend beschrieben ist. Im Fall der Benchmarkmontage trifft dies zu, wenn sich alle Werkstücke des Montagesatzes in ihren definierten Positionen auf der Montagegrundplatte befinden. Sobald die Werkstücke aber frei auf einem Tisch der Arbeitszelle liegen, können sie verschiedene Ordnungsklassen einnehmen. Tabelle 3.4 zeigt die Ordnungsstufen der Teile des Benchmarks und den zugehörigen Sensoreinsatz.

Klasse	Situation	Reaktion
1	Die Teile des Benchmark liegen alle auf der Montageplatte in ihren Halterungen	Kein Sensoreinsatz nötig
2	Es sind nicht alle Teile des Benchmarks auf der Montageplatte vorhanden	Existenz mit einfachen Sensoren feststellen, eventuell mit den internen Sensoren des Greifers
3	Teile liegen vereinzelt auf dem Montagetisch, aber in beliebigen Positionen	Lage der einzelnen Teile mit einzelnen Sensoren, z.B. Sichtsystemen feststellen
4	Teile stoßen aneinander, überlappen sich nicht, so daß alle Merkmale sichtbar bleiben	wie bei Klasse 3, aber erweiterter Algorithmensatz zur Auswertung der Szene (z.B. Kontur)
5	Teile liegen parallel übereinander, jedoch nicht ganz verdeckt, einzelne Merkmale der unten liegenden Teile sind sichtbar.	wissensbasierte Auswertung von Daten mehrerer Sensoren unter Verwendung einfacher Modelle
6	Lage der Teile beliebig im dreidimensionalen Raum Untenliegende Teile können ganz verdeckt sein.	wissenbasierte Auswertung von Daten mehrerer Sensoren unter Verwendung eines 3D-Modells

Tabelle 3.4: Freiheitsgrade von Montageteilen und notwendiger Sensoreinsatz

Für die Betrachtungen in der vorliegenden Arbeit sind die Klassen 1 und 2 nicht relevant, da entweder kein oder ein nur sehr einfacher Sensoreinsatz erforderlich ist. Die auftretenden Probleme sind mit den heute gängigen Systemen zu lösen. Die Klasse 6 entspricht der Problemkonfiguration 'Griff in die Kiste', welche bis heute nicht generell gelöst ist und in der näheren Zukunft wohl auch nicht gelöst wird. In dieser Arbeit soll insbesondere die Klasse 5 mit ihren Anforderungen betrachtet werden und in diesem Rahmen die Klassen 3 und 4 als einfache Sonderfälle.

Bild 3.3 zeigt eine solche komplexe Szene, bei der mehrere Teile des 'European Benchmark' in einem Teilehaufen an- und übereinander liegen. Dies stellt in einer Roboterarbeitszelle einen irregulären Zustand dar. Erwartet werden im Normalfall vereinzelt liegende Montageteile, die, zumindest grob, in Position und Lage ausgerichtet sind.

Die Sichtung der Szene mit einer Kamera ergibt als Ergebnis, daß sich anstelle der erwarteten vereinzelten Montageteile ein unbekanntes Teil auf dem Montagetisch befindet. Die beabsichtigte Operation des Handhabungssystems kann daher nicht wie geplant ablaufen.

Das Sensorsystem gibt ein Signal an die Steuerung ab, daß die vorgesehenen Handhabungsoperationen nicht ausgeführt werden. Anschließend ist der Zustand der Arbeitszelle festzustellen. Diese Analyse kann auf den Meßdaten eines einzelnen Sensors basieren, falls dieser in der Szene bewegt werden kann. Sinnvoll ist aber die Nutzung der unterschiedlichen Fähigkeiten verschiedener Sensoren und eine Kombination ihrer Daten zu einer konsistenten, aussagekräftigen Beschreibung. Für das hier gezeigte Beispiel bietet sich die Fusion der Daten eines Sichtsystems mit denjenigen eines entfernungsmessenden Sensors an.

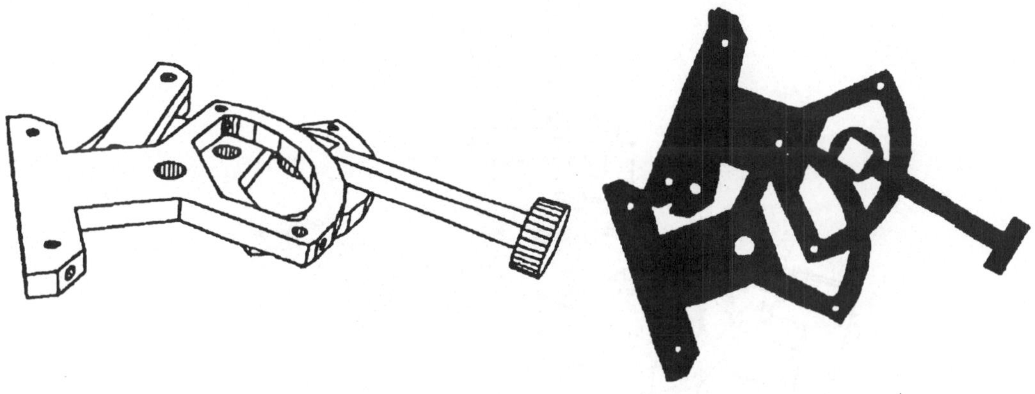

Bild 3.3: Montageteile des European Benchmark in einem ungeordneten Zustand (Ordnungskl. 5)

3.2.2 Einfügen

Sobald Teile im Montageablauf miteinander in Kontakt kommen, treten Kräfte auf. Infolge der geringen Toleranzen des Benchmarks von ± 0.2mm und der für diese Größenordnung zu geringe Auflösung der Sensoren, sowie der Toleranzen des Effektorsystems ist beim Einfügen der Teile in die Montagevorrichtung mit Verklemmen zu rechnen. Eine besonders schwierige Sequenz ist das Einfügen des ersten Sideplate in die Montageunterlage, da diese starr montiert ist, wohingegen der Aufbau, wenn mehrere Teile schon übereinandergefügt sind, eine gewisse Beweglichkeit aufweist. Erschwert wird die Aufgabe noch dadurch, daß die komplexe Form des Sideplate eine Vielzahl von Fehlermöglichkeiten zuläßt. Bild 3.4 zeigt eine graphische Darstellung des Fügevorganges.

Die nachfolgenden Betrachtungen gehen vom ebenen Fall aus. Er gilt dann, wenn sich das Sideplate im Greifer parallel zur Hauptebene der Montagevorrichtung befindet. Die zu Verklemmung führenden Abweichungen sind Translationen in x,y-Richtung und Rotationen um die z-Achse. Im allgemeinen Fall überlagern sich diese Verschiebungen. Die Parameter der Abweichung lassen sich allerdings auf eingegrenzte Intervalle einschränken. Bei der Translation handelt es sich dabei um ± 2mm und bei der Rotation um ± 5°.

Die Unsicherheitsintervalle sollten soweit wie möglich eingeschränkt werden. Dies kann z.B. während des Greifvorganges geschehen, zumindest bezüglich der Achse zwischen den Greifflächen. Als Ansatz für die Unterstützung des Fügens bietet sich der Linguistische Regelansatz [WEI87] aus der Fuzzy set-Theorie an. Die notwendigen Informationen sind die Kräfte und Momente und deren Änderung. Eine Regel könnte lauten:

WENN M_x= *groß* UND *mögliche Verschiebung in y-Richtung mittel*
DANN *Korrektur in x-Richtung = klein*

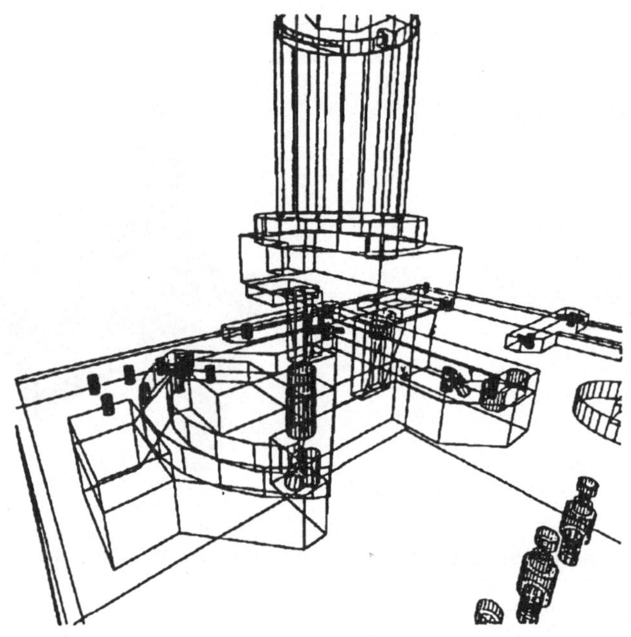

Bild 3.4: Fügen des Sideplate des European Benchmark in die Montageunterlage aus [WEI87]

Zur genauen Bestimmung der Regeln müssen ausführliche Meßreihen durchgeführt werden. An dieser Stelle wäre ein Lernalgorithmus gut plaziert. Anhand der Ergebnisse der Meßreihen kann man eine Regelmenge ableiten, die der intuitiven Vorgehensweise eines Menschen entspricht.

3.3 Sensorklassifikationen

In Kapitel 1 wurde schon zum Thema Sensoren für die Robotik Stellung genommen. Die Ausführungen sollen an dieser Stelle vertieft werden. Insbesondere im Hinblick auf die gewählte Montageaufgabe muß eine Bewertung von Sensoren anhand eines Klassifikationsschemas stattfinden.

Die Klassifizierung von Sensoren ist wie jede Klasseneinteilung willkürlich, folgt aber einem vorher festgelegten Grundprinzip. In der Fachliteratur [NTG79] [NAT83] [PRO83] [SCH85] sind verschiedene Klassifizierungen zu finden. Da aber noch keine

Standards für Sensoren bestehen, sind die wenigen existierenden Sensorklassifikationen nur in Bezug auf eng begrenzte Anwendungsbereiche als befriedigend anzusehen.

Als zusätzliches Problem kommt noch hinzu, daß die Sensorunterstützung von Industrierobotern erst am Anfang steht. Wegen der fehlenden Forschungsgrundlagen und Erfahrung wurden anfängliche Sensorklassifikationen für Industrieroboter unter den Gesichtspunkten der älteren Ingenieurdisziplinen Meß- und Regelungstechnik durchgeführt. Im Zuge der weiteren Entwicklung wurden immer wieder neue Ideen und Sensorprototypen mit herausragenden Eigenschaften vorgestellt, die sich nur schwer mit den bis dato bekannten Kriterien erfassen ließen. Es ist auffallend, daß zum Beispiel nicht an eine allgemeine Anpassung von Sensoren an programmierbare Automatisierungssysteme gedacht wurde.

In [WEL86] findet sich eine Auflistung von Kriterien, anhand derer Sensoren für den industriellen Einsatz einteilbar sind:

Verwendung. Die Sensoren sind nach der Art ihres Verwendungszweckes zu klassifizieren. So wäre denkbar, Gesichtspunkte einzuführen, wie etwa:

- Überwachung der Ausführungserfüllung
- Nachführunterstützung
- Sicherheitsaspekte in der Arbeitszelle
- Koordinierung der Roboterperipherie

Meßprinzipien: .Diese Einteilung erfaßt wie die einzelnen Teilsysteme zu betreiben sind:

- stetig linear
- nicht linear
- unstetig in Stufen
- unstetig Grenzwert/Hysterese

Daten (Meßgrößen): Hiermit sind ist die physikalische Bedeutung der erfassten Informationen gemeint, d.h. der Einfluß bzw. die Interpretation der Daten: Weg, Moment, Druck, Kraft, Beschleunigung, Position, Winkel, Frequenz etc.

Art der Wechselwirkung: zwischen Sensor und Umwelt (Wirkprinzip), wobei im wesentlichen zu unterscheiden ist, ob die Meßgröße berührend (taktil) oder berührungslos (nicht taktil) erfaßt wird.

Aufnahmeprinzip: d.h. die physikalische Funktionsweise des Sensors. Es wird hierbei erfaßt, welche physikalischen Eigenschaften erforderlich sind bzw. auch als störend wirken. Es gehören Aspekte hinzu wie magnetisch, kapazitiv, optisch, elektromechanisch etc.

Die Wahl einer Klassifikation hängt entscheidend von der angestrebten Anwendung ab. Für den Bereich der Robotik ist wohl das wesentliche Kriterium, wie Abweichungen der realen Umwelt bezüglich der idealen Vorstellungen im Kopf eines Planers bzw. in einem Rechner abgespeicherten Weltmodell feststellbar sind. Letztendlich können solche Abweichungen als Störungen aufgefaßt werden. Handhabungsvorgänge werden Störanalysen unterworfen, die dann Hinweise auf den Einsatz von notwendigen Sensoren geben. Auch wenn sich zukünftig das Anwendungsspektrum von Robotern wesentlich erweitert, kann der Sinn der Sensorik für Roboter immer auf diesen Aspekt reduziert werden. Ein Kriterium ist deswegen, welche Information ein Sensor über die Umwelt liefern kann und wie dies bewerkstelligt wird. Hier greifen die klassischen Einteilungen, die sich mit den physikalischen Aspekten von Sensoren [HEY83] beschäftigen.

In [SCH84b] ist ein mehrstufiges Schema für eine Klassifikation nach den Bedürfnissen der Montage mit Handhabungsgeräten angegeben. Die Klassifikation korrespondiert mit den Erfassungsbereichen für die Montage mit Robotern:

- Sichtung der Szene mit Übersichtssensoren. Dies sind bildaufnehmende Sensoren; für den Robotikbereich Kamerasysteme
- Vermessung von Abständen im mittleren Bereich (5....200cm) mit Laufzeit- und Triangulationssystemen (Ultraschall, Laserscanner, usw.) und im Nahbereich (0.1....50mm) mit Amplituden- und Triangulationsmessungen (optische, magnetische, kapazitive Sensoren)
- Erfassung von Berührungen (Ort, Zeitpunkt usw.) und den auftretenden Kräften.

Mit diesem Schema lassen sich Sensoren für die Robotik schon besser einteilen. Es ist aber noch sehr grob und sagt nichts über den Einsatz von bestimmten Sensoren in definierten Handhabungsabläufen aus.

Eine Klasseneinteilung für Multisensorsysteme in der Robotik muß von den Handhabungsoperationen in der Roboterarbeitszelle ausgehen. Für sie sind der Normalzustand und die abweichenden Fehlersituationen zu spezifizieren. Das Ziel von Sensoroperationen ist es, diese Abweichungen zu "Messen" und sie im Hinblick auf die Handhabung zu interpretieren. Dies führt zu einem Informationsbedarf als abstrakter Meßaufgabe, die mit einer Untermenge der zur Verfügung stehenden Sensoren lösbar sein sollte. Ein wichtiges Beurteilungskriterium ist der Aufwand, die Meßaufgabe mit einem bestimmten Sensor oder einer Sensorkombination durchzuführen. Die Betrachtungen sind die Grundlage für eine Sensoreinsatzplanung, deren Problematik innerhalb dieser Arbeit nicht gelöst werden soll und kann. Bild 3.5 zeigt die Vorgehensweise.

Innerhalb eines abgegrenzten Problemfeldes sind die Einflüsse auf eine Multisensorstruktur aber anhand einer Fallstudie erfaßbar. Das spezielle Problemfeld, welches in dieser Arbeit betrachtet werden soll, ist die Montage des `European Benchmark`. In [HOE88] sind die Aktionen des Robotersystems für die Montage in sogenannte Elementare Operationen (EOs) zerlegt. Auf diesen basieren die nachfolgenden Überlegungen. Für die Montage sind folgende EOs definiert:

TRANSFER	Verfahrbewegung des Endeffektor zwischen zwei Raumpunkten entlang einer definierten Trajektorie
MEASURE	Aufnehmen einer Szene, Position von Teilen finden für die Greifplanung
GRASP	Zusammenfahren der Greiferbacken zum Greifen eines Teils
DETACH	Auseinaderfahren der Greiferbacken zum Loslassen eines Teils
CLOSE	Zusammenfahren der Greiferbacken ohne Teil
DETACH	Auseinaderfahren der Greiferbacken ohne Teil
JOIN	Fügen eines Teiles
DISJOIN	Lösen eines Teiles

Zur Überwachung dieser EOs stehen als Sensoren folgende konkrete Systeme (siehe hierzu auch Kapitel 4.5.1) zur Verfügung:

- Ein Sichtsystem als **Überkopfsystem**, mit dem die Szene global überwacht werden kann. Die Kamera ist fest montiert.

- Ein Sichtsystem als **Hand-Auge-System**, das in der Szene mit den Roboterarmen bewegt wird. Mit ihm lassen sich lokale optische Inspektionen durchführen.

- **Ultraschallsensoren** in einem abstandsmessenden System für den mittleren Entfernungsbereich

- **Optische Schwellwertsensoren**, die anzeigen, wenn ein bestimmter Abstand zu einer Objektoberfläche unterschritten wurde.

- Eine **Kraftmeßdose** zur Bestimmung auftretender Kräfte im "Handgelenk" des Roboters als indirekter taktiler Sensor.

Die Verbindung zwischen den Sensoren mit den von ihnen gelieferten Informationen und den Elementaren Operationen mit ihrem Informationsbedarf bildet eine Bewertungsmatrix (Bild 3.5). In ihr werden die Informationen bezüglich des Informationsbedarf anhand eines Kriterienkataloges beurteilt. Ein beispielhafter Katalog sieht folgendermaßen aus:

- Ableitbarkeit (Ist die gewünschte Information aus Meßdaten ableitbar?)
- Auflösung der Meßdaten
- Materialrestriktionen
- Aufwand (aktive Bewegungselemente notwendig, z.B. zum Abscannen?)

An einem kleinen Beispiel sei die EO Transfer mit niedriger Geschwindigkeit, die ein Anrücken an ein Werkstück darstellt, für zwei Sensoren näher untersucht:

$$\text{Transfer}\begin{cases}\text{Informationsbedarf}_1\text{:} & \text{Lage und Orientierung des Werkstücks}\\[2ex] \text{Informationsbedarf}_2\text{:} & \text{Hindernis auf Anrückweg}\end{cases}$$

Die Sensoren seien der optische Schwellwertschalter und die Kraftmeßdose. Sie liefern als Informationen:

Optischer Schwellwertschalter:	feste Schaltdistanz zwischen 0.5 ... 50mm (DIST)
Kraftmeßdose:	Kräfte in x,y,z-Richtung F_x, F_y, F_z
	Momente in x,y,z-Richtung M_x, M_y, M_z

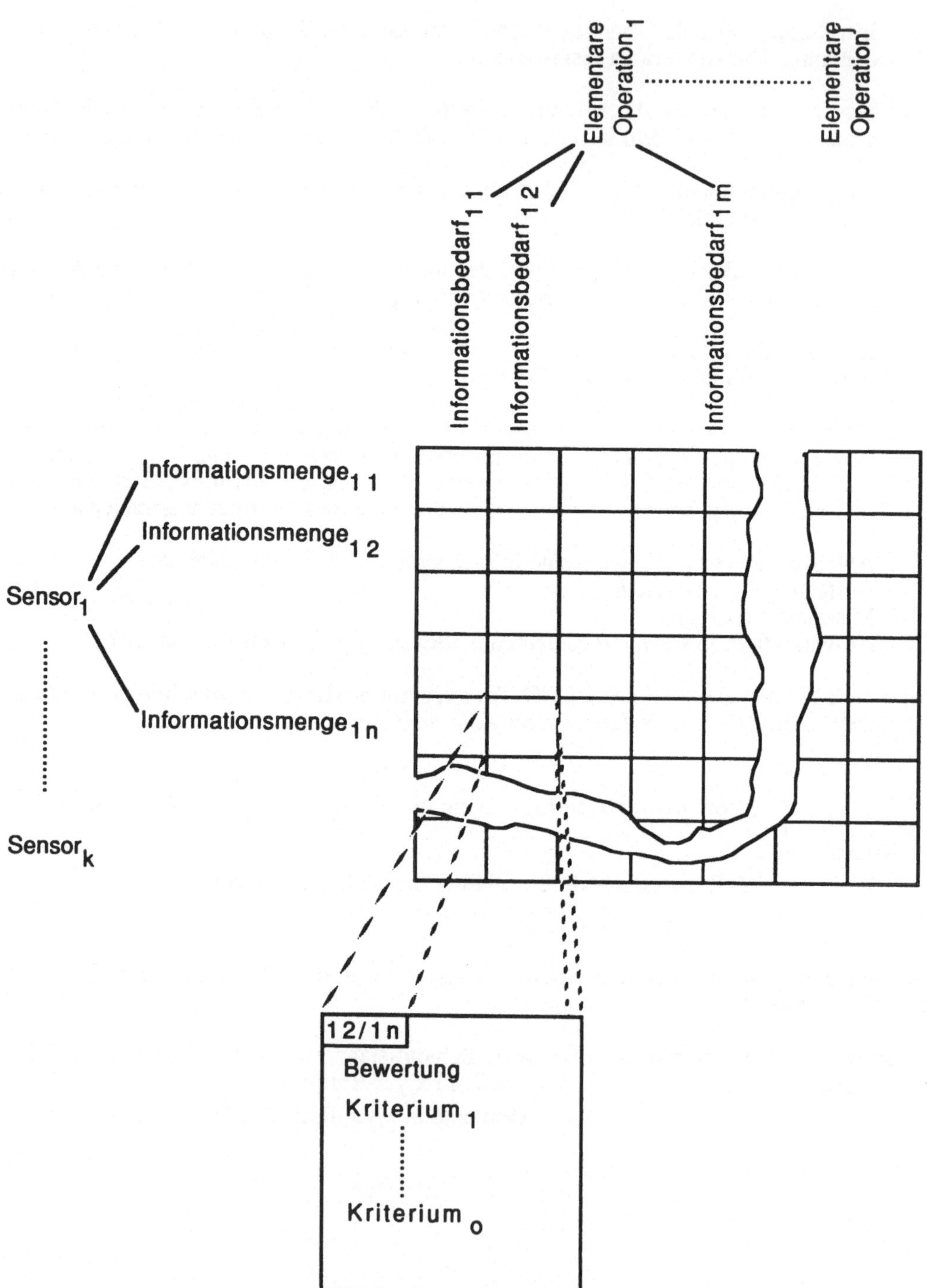

Bild 3.5: Klassifikationsschema für Sensoren in der Robotik nach dem Informationsbedarf und -angebot

Mit diesen Eingabedaten sieht dann das Schema folgendermaßen aus:

	Inf_bedarf_1	Inf_bedarf_2
DIST	Ableitbarkeit: ja Auflösung: 0.1mm Materialrest.: Refl.koeff. Aufwand: hoch	Ableitbarkeit: ja Auflösung: 0.1mm Materialrest.: Refl.koeff Aufwand: gering
F_x, F_x, F_x	Ableitbarkeit: ja Auflösung: 0.1mm Materialrest.: Steifigkeit Aufwand: hoch	Ableitbarkeit: ja Auflösung: 0.1mm Materialrest.: keine Aufwand: gering
M_x, M_y, M_z	Ableitbarkeit: ja Auflösung: 0.1mm Materialrest.: Steifigkeit Aufwand: hoch	Ableitbarkeit: ja Auflösung: 0.1mm Materialrest.: keine Aufwand: gering

Tabelle 3.5: Klassifizierung von Sensoren für die EO Transfer

Für eine reale Anwendung muß die Klassifizierung noch erheblich erweitert werden. Aus der Spalte für den jeweiligen Informationsbedarf läßt sich ablesen, ob ein Sensor allein die gewünschten Kriterien erfüllt, andernfalls sind noch andere Sensoren auszuwählen, die alle zusammen die gewünschten Informationen liefern. Der Vorschlag ist die Grundlage für eine weitergehende Einsatzplanung von Sensoren, die in dieser Arbeit nur aus Gründen der Vollständigkeit und des Verständnis der Sensorproblematik behandelt wird.

3.4 Fusion von Sensordaten in Roboteranwendungen

Der Einsatz von Sensoren bei Robotern ist der erste Schritt, Unsicherheiten in der Arbeitszelle zu berücksichtigen. Das Spektrum der Sensoren ist sehr groß. Es existieren einerseits Sensoren mit sehr lokaler Sicht, z.B. binäre Kontaktschalter, und andererseits hochentwickelte Sensorsysteme mit einem globalen Überblick, z.B. Sichtsysteme. Zwischen diesen beiden Extrema gibt es sehr viele Zwischenstufen.

Das wesentliche Kriterium für die Auswahl von Sensoren für ein Robotersystem ist der Informationsbedarf der Anwendung. Werden keine Sensoren eingesetzt, so muß der Ordnungsgrad in der Arbeitszelle 100% betragen. Die dabei entstehenden Kosten sind sehr hoch. Das Ziel der Sensoreinsatzplanung ist es, das Optimum zwischen den Kosten der Sensoren und den Einsparungen durch das Senken des Ordnungsgrades zu finden .

Bei gegenwärtigen Anwendungen sind daher die Handhabungsvorgänge in Sequenzen mit und ohne Sensoreinsatz unterteilt. Eine der Hauptschwierigkeiten der Nutzung eines einzelnen Sensors ist, daß sehr oft nicht alle notwendigen Daten aus der Umwelt mit ihm erlangt werden können oder dies nur mit sehr hohem Aufwand zu bewerkstelligen ist. Deswegen wird schon seit einiger Zeit an verschiedenen Forschungseinrichtungen am

Problem der Fusion der Daten unterschiedlicher Sensoren gearbeitet. Erst mit einer Lösung dieses Problems ist die sogenannte Multisensorik sinnvoll. Ansonsten existieren eine Menge von Sensoren quasi unabhängig voneinander in einem System.

Das Verschmelzen von Sensordaten zu einer widerspruchsfreien Beschreibung des für die Sensoren zugänglichen Weltausschnittes ist beim Einsatz von multisensoriellen Systemen zu einem evident wichtigen Problemkreis geworden. In bisherigen Sensoranwendungen fand eine Zuordnung unterschiedlicher Sensorinformationen zu einer Gesamtsicht bereits schon statt. Allerdings war die Form der Interpretation und die Art der Verbindung der Daten über einen definierten mathematischen Zusammenhang gegeben bzw. durch den Programmierer implizit im Programm festgelegt.

Als Verbindung über einen festen mathematischen Zusammenhang zählt z.B. die geometrisch definierte Anordnung von Sensorelementen zu einem Sensorfeld, welches dann wieder als ein Sensor mit neuen Qualitäten angesehen werden kann. Ein bekanntes Beispiel hierfür ist der Halbleiteraufnehmer einer Kamera. Die Intensitätswerte der Einzelsensoren, als Bildpunkte (pixel) auf einen Speicher abgebildet, werden über die Bildfunktion $g(x,y)$ (Grauwertbildfunktion) miteinander verbunden. Sowohl der Regionen- als auch der Kantenansatz in der Bildverarbeitung [FOI81] sind Verschmelzungsalgorithmen der Werte von Einzelsensoren zu einer höherwertigen Beschreibung von Objekten.

Eine andere Art der Verbindung (das Wort Verschmelzung wird hier bewußt vermieden) stellt die sequentielle Verknüpfung von Sensordaten dar. In den herkömmlichen Programmiersprachen für Roboter (AL, VAL usw.) [BLU83] werden dabei die Sensordaten wie Daten von einer Standardperipherie behandelt. Wie oben bereits schon gesagt, ist die Art und Weise der Interpretation implizit im behandelnden Programm enthalten. Sehr oft wird der Datenwert nicht zwischengepuffert, so daß er zu einer wiederholten Nutzung nicht zur Verfügung steht. Desweiteren existiert keine Dokumentation über den Entscheidungsablauf. Dieser ist damit nur sehr schwer oder überhaupt nicht nachvollziehbar.

Die Fusion von Sensordaten kann auf zwei Ebenen (low oder high) und weiterhin simultan oder sukzessive geschehen. Ellis [ELL85] gibt für alle vier Fälle jeweils ein Beispiel an:

1. *low level:* gleichzeitiger Gebrauch von Gelenkwinkelposition und einem taktilen Sensor um ein Merkmal zu lokalisieren, z.B. Ecke, Kante usw.
2. *low level:* sukzessiver Einsatz eines Sichtsystems zur Groblokalisierung eines Objektes und Vermessung seiner Eigenschaften, z.B. Eckenradien
3. *high level:* simultane Information von einem Sichtsystem und einem taktilen Sensor z.B. Verrutschen eines Teiles im Greifer während eines Transportvorganges
4. *high level:* sukzessive Verbindung der Daten eines Sichtsystems mit einem taktilen Sensor für das Lokalisieren eines Loches mit anschließendem Einfügen eines Stiftes

Diese Betrachtungsweise korrespondiert weitgehend mit den Vorstellungen von Harmon [HAR86b]. Es werden vier Klassen des Multisensoreinsatzes identifiziert:

a) Erfassung komplementärer Informationen aus der Szene durch physikalisch unterschiedliche Sensoren. Beispiel: von einem Bildverarbeitungssystem (BVS) erhält man die zweidimensionale Projektion der Regionen einer Szene (Abbildung von Objekten in stabilen Lagen) Von einem Ultraschallentfernungssensor kommt der Abstand der Sensoren zu Objektoberflächen [RUO86].

b) redundante Erfassung derselben Szenenmerkmale durch Sensoren unterschiedlichen physikalischen Wirkprinzips

c) sukzessive Messung und auf den Vorergebnissen basierende, gezielte Messungen von Subregionen bzw. Merkmalen. Beispiel: grobe Erfassung von Objektlagen mit einem BVS und Feinbestimmung einzelner Merkmale, wie Kanten, Ecken usw., mit einem taktilen Sensor.

d) Ergebnisse von Vormessungen mit deren Fehlercharakteristik beeinflussen die Interpretation von Meßvorgängen in den nächsten Handhabungsschritten. Beispiel: bekannte Ungenauigkeiten der Vermessung von Werkstücken mit einem Bildverarbeitungssystem beeinflussen die Interpretation der Daten eines Kraft-Momenten-Sensors im nachfolgenden Fügevorgang.

Die Fälle c und d erfordern immer einen Zwischenspeicher für die Daten, da die nachfolgenden Messungen jeweils erst zu einem späteren Zeitpunkt erfolgen.

zu Fall a: Die unterschiedlichen Daten werden einem Objekt zugeordnet. Solange sich die Einzelaussagen über die Szene nicht widersprechen, ist die Zuordnung sehr einfach. Selbst fehlende Merkmale stellen keine größere Problematik für eine Interpretation dar. Sie kann gelöst werden, indem die Daten mit den in Kapitel 2.4 vorgestellten Methoden zur Modellierung von Unsicherheiten für die Stützung einer Hypothese bewertet werden. Beispielhaft wurde dies gezeigt durch das Zufügen von "Dummy-Kandidaten" [GRE86] .

zu Fall b: Die redundante Erfassung von gleichen Szenenmerkmalen mit physikalisch unterschiedlichen Sensoren spielt derzeit in der Robotik noch eine untergeordnete Rolle. Denkbar ist aber das mehrmalige Messen aus Sicherheitsgründen oder um das Signal/Rausch-Verhältnis des Meßsignals zu verbessern.

zu Fall c: Die in dem konzipierten Multisensorsystem benutzten Einzelsensoren unterscheiden sich stark durch ihren Erfassungsbereich und die Auflösung der Meßgröße. Hierbei bestehen die größten Unterschiede zwischen den Sichtsystemen, die eine Szene großflächig überblicken können, und den anderen Sensoren, mit denen sich genaue, lokale Einzelmessungen durchführen lassen. Die sukzessive Vermessung wird in den meisten Fällen immer mit der Szenensichtung mit einer Kamera beginnen, deren Beschreibung der Szene dann zum Festlegen der anderen Meßvorgänge dient.

zu Fall d: Der Fall d unterscheidet sich durch eine größere zeitliche Verschiebung der Datengewinnungszeitpunkte der einzelnen Messungen. In einem fortgeschrittenen System würden die Daten der Einzelmessungen in einem Weltmodell mit den durch die Randbedingungen der Messungen bedingten Unsicherheiten festgehalten, um bei Bedarf jederzeit darauf zugreifen zu können. In einem heutigen Systen sind die Meßergebnisse als spezifisches Taskwissen einer Handhabungsoperation in einem Kurzzeitgedächtnis gespeichert. Dies kann zu Problemen führen, wenn etwa die laufende Aktion abgebrochen wird und im Zuge der Fehlerbehandlung die Daten verloren gehen.

In [GIR83] ist das Multisensorsystem von HILARE (ein mobiles Robotersystem) beschrieben. Die Sensorausrüstung besteht aus einer Kamera und einem Laserabstandsmesser als Hauptsensor. Es sind 14 Ultraschallwandler für Entfernungsmessungen bis 2m integriert. Mit dem Lasersystem kann entweder die Umgebung abgescannt, oder der Abstand zu Objekten, die mit der Kamera erfasst wurden gemessen werden. Zur Feststellung der Position des Fahrzeuges wird ein Triangulationverfahren mit Infrarotleuchtfeuern benutzt. Zwei optische Radencoder können ebenfalls zur Positionsbestimmung herangezogen werden. Die Sensoren werden im System in drei Modi betrieben:

1. *kooperativ:* Darunter ist die Verbindung der Daten der Kamera und des Laserabstandsmessers zur 3-D Analyse einer Szene zu verstehen.
2. *überwachend:* Der Verlauf eines sensorgeführten Vorganges, z.B. Führen des Fahrzeuges anhand der Daten der Ultraschallsensoren, wird mit einem anderen Sensor mitverfolgt, z.B. die Positionüberwachung mit Triangulation.
3. *cross checking:* Zur Erlangung derselben Informationen können Daten von zwei oder mehreren unterschiedlichen, unabhängigen Messungen benutzt werden. Nach einer Bewegungsoperation liefert sowohl das Lasersystem, als auch der Radencoder Daten zur Position des Roboters.

In der Literatur sind weitere Anwendungen der Verschmelzung von Sensordaten in der Robotik beschrieben. In [ALL84], [BAJ84] und [LUO88] z.B. findet die Fusion von Daten eines Sichtsystems mit denen eines taktilen Sensors statt. Es sollen damit Oberflächendaten von Objekten ermittelt werden. Mit Hilfe der Daten des Sichtsystems wird eine Hypothese über das Objekt gebildet, die mit dem taktilen Sensor verifizierbar ist.

Fusion von Sensordaten auf niedrigem Niveau:

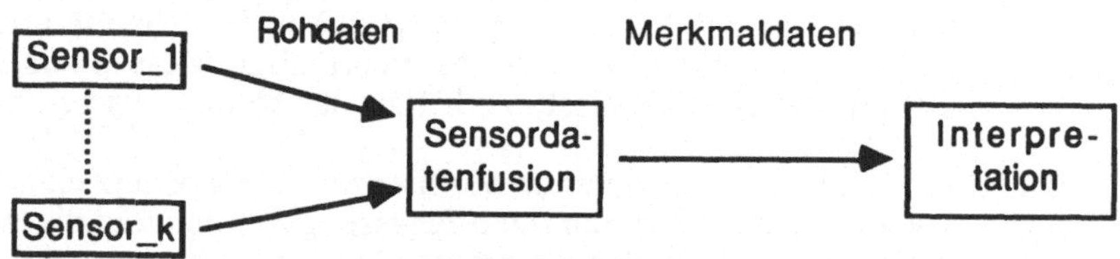

Fusion von Sensordaten auf hohem Niveau:

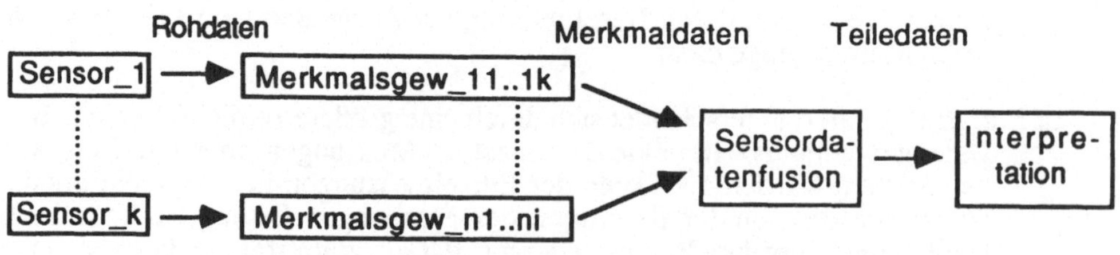

Bild 3.6: Möglichkeiten der Fusion von Sensordaten

Zusammenfassend betrachtet kann die Sensordatenfusion bereits mit Rohdaten geschehen, die dann in einem festen Modell zu einer höheren Beschreibung des Szeneninhalts transformiert werden. Anwendung findet sie z.B. in geregelten Roboteraktionen mit Multisensordatenerfassung [WAH88]. Des weiteren kann die Fusion auf einer höheren Ebene stattfinden, in der Merkmale zu Objekt- bzw. Szenenbeschreibungen zusammengefügt werden. Bild 3.6 zeigt die beiden Möglichkeiten.

Wie noch später in Kapitel 4 ausgeführt wird, ist für die Überwachung nur die Fusion der Sensordaten auf dem Merkmalsniveau sinnvoll. Weiterhin ist für den zugrundegelegten Anwendungsfall, die Montage mit Robotern, festzustellen, daß sich die Fusion der Sensordaten auf zwei Vorgehensweisen einschränken läßt:

* **komplementäre Erfassung** von unterschiedlichen Objektmerkmalen mit verschiedenen Sensoren

* **sukzessive oder geleitete Erfassung** von Szenen; zuerst mit einer groben Übersicht und dann gezielt Messungen anhand der Grobdaten in interessierenden Regionen der Szene

Im ersten Fall lassen sich die bereits in Kapitel 2 beschriebenen Methoden (Fuzzy set-, Dempster-Shafer-Theorie) zur Fusion der Daten verwenden. Im zweiten dagegen sind geometrische Überlegungen relevant. Anhand der später beschriebenen Implementierung wird die genaue Vorgehensweise deutlich.

3.5 Zusammenfassung

Das dritte Kapitel beschäftigte sich mit der Arbeitsumgebung des Überwachungskonzeptes. Es werden kurz die allgemeinen Randbedingungen für die Montage mit Industrierobotern eingeführt. Dabei wird aufgezeigt, daß sich der vermehrte Einsatz von Sensoren sehr stark auf die Anwendungshäufigkeit in den einzelnen Einsatzfeldern auswirkt.

Sensoren haben die Aufgabe, Abweichungen festzustellen, die zu Fehlern führen; d.h. das Handhabungsziel kann ohne Korrektur nicht erreicht werden. Deswegen wurden die möglichen Fehler klassifiziert und eine Einschränkung auf die für das hier entwickelte Konzept relevanten Fehler vorgenommen.

Die Aufgabe, deren Lösung von der Überwachung zu unterstützen ist, ist die Montage des European Benchmark. Innerhalb der gesamten Montagesequenz werden zwei besonders schwierige Situationen identifiziert.

Einer physikalischen Einteilung der Sensoren, in der die einzelnen Klassen mit einigen repräsentativen Vertretern beschrieben werden, folgen Klassifikationen, die sich stärker an der Anwendung orientieren. Da alle vorgestellten Einteilungen unbefriedigend sind, wird ein neues Klassifikationsschema entworfen. Es ist auf die speziellen Belange der Montage ausgerichtet, kann aber noch im Rahmen einer weiterführenden Arbeit verallgemeinert werden.

Zuletzt wurden die Möglichkeiten des Multisensoreinsatzes angesprochen und die Arten der Fusion von Sensordaten anhand einiger Beispiele diskutiert. Daraus ergaben sich dann die Rahmenbedingungen für den im nächsten Kapitel ausführlich beschriebenen Konzeptvorschlag.

4 Das Konzept der Überwachung

Sensoren spielen bei der Weiterentwicklung von Robotersystemen eine entscheidende Rolle. Die Frage, wie sie in die Systeme einzubinden sind, ist so alt wie die Robotik selbst. Die damit verbundenen Probleme sind aber noch nicht gelöst. In der Industrie beschränkt sich der Einsatz derzeit auf einfache Anwendungen, wie Nachweis von Teileexistenz mit binären Sensoren oder solchen, die der klassischen Regelungstechnik im Sinne einer parametrischen Korrektur von Bahnverläufen zuzuordnen sind. In diesem Kapitel wird eine multisensorielle Struktur vorgestellt, die einen Leistungsumfang vom einfachen Meßauftrag bis hin zur Interpretation von komplexen Szenen umfaßt. Die Ergebnisse der Interpretation werden nicht direkt auf den Echtzeitprozeß rückgekoppelt, sondern dienen Planungsstrukturen als Basisdaten, die eine "intelligente" Reaktion auf veränderte Umweltverhältnisse zulassen.

Die Aspekte der drei Robotergenerationen wurden bereits in Kapitel 3 kurz angesprochen. Das in diesem Kapitel beschriebene Konzept ist ein wesentlicher Bestandteil von Robotern der dritten Generation, an deren Konzeption und Realisierungen weltweit gearbeitet wird. Ihre Eigenschaften können wie folgt kurz beschrieben werden:

- zielgerichtete Eingabe von Aufträgen (implizite Programmierung)
- automatische Planung der Aktionen
- umfangreiche Anwendungen von Sensoren
- autonome Auftragsbearbeitung, besonders bei Roboterfahrzeugen
- Einsatz eines Weltmodells

Aus dieser Aufzählung, die leicht um einige Punkte erweiterbar ist, zeigen sich die hohen Anforderungen an ein Systemkonzept. Da das Problemgebiet Robotik sehr komplex ist, werden Systeme zumeist hierarchisch gegliedert [ALB81] [DIL85].

In diesem Kapitel wird ein Systemkonzept für eine Überwachungskomponente eines fortgeschrittenen Robotersystems vorgestellt. Die dabei besonders in Betracht gezogene Anwendung ist die Montage, die (in Kapitel 3 beschrieben) einen immer größeren Bereich innerhalb der Robotik einnehmen wird.

Ausgehend von einem Gesamtkonzept für ein Robotersystem wird die Einbettung in das System anhand von Ablaufbeschreibungen und Schnittstellendefinitionen vorgenommen. Dann erfolgt eine Aufgliederung in die Unterkomponenten der Überwachung und basierend auf heutigen Sensorfunktionen der Entwurf eines Ansatzes zu einem integrierten System.

Innerhalb dieses Systems lassen sich fünf Funktionsbereiche identifizieren, deren Arbeitsweiseim folgenden ausführlich beschrieben wird:

- Kontrolle und Kommunikation
- Weltmodell
- Vorverarbeitung der Sensordaten
- lokaler Vergleich der Meßdaten mit Modelldaten
- Diagnose

Das Konzept ist so ausgelegt, daß es auf einem heterogenen Rechnernetz realisiert werden kann. Dies wird insbesondere durch die objektorientierte Kontrollstruktur unterstützt. Bereits in der Entwicklungsphase wurden für Einzelimplementierungen unterschiedliche Werkzeuge auf verschiedenen Rechnern benutzt. In einem Zielsystem sieht die Konfiguration ähnlich aus.

4.1 Einbindung der Überwachung in ein Robotersystem

Eine Übersicht über das Gesamtkonzept einer komplexen Planungs- und Steuerstruktur eines Robotersystems gibt Bild 4.1. Im wesentlichen gibt es vier Funktionsblöcke, nämlich die Planung, die Exekutive, die Überwachung und die Steuerung. Weiterhin findet noch eine Aufteilung der Struktur in den *Off-line-* und den *On-line*-Bereich statt, also eine Trennung in Komponenten, die während der Laufzeit inaktiv bzw. aktiv sind. Die in Bild 4.1 gezeigte Zuordnung der Funktionsblöcke zu diesen Bereichen entspricht den heutigen Konzepten. Es besteht die Absicht, auch die Planung, zumindest in Teilkomponenten, *On-line* durchzuführen. Dies scheitert jedoch daran, daß es bisher nicht gelungen ist, das Zeitverhalten der Planungsmodule eines fortgeschrittenen Roboters derart zu gestalten, daß sie sich in den *On-line*-Prozeß einbinden lassen.

Der gesamte Ablauf einer Handhabung beginnt mit einem Auftrag. Dieser geht an das Planungsmodul. Zur Durchführung der Planung sind Informationen über den Zustand der Roboterarbeitszelle (im folgenden kurz Welt genannt) entweder aus einem Modell oder über Messungen mit Sensoren zu gewinnen. Die Aktionspläne gehen dann an das Exekutivmodul, welches ihn nach einer Untergliederung in Ausführungs- und Überwachungsaufträge an die in der Hierarchie darunterliegenden Module Steuerung und Überwachung weitergibt.

Die Funktionsblöcke der in Bild 4.1 gezeigten Struktur werden im folgenden erläutert:

Planung:
Ein implizit formulierter Handhabungsauftrag [FRO88] wird vom Benutzer an die Planung gegeben. Diese versucht, ihn dann in Aktionspläne zu zerlegen. Der Status der Welt, in diesem Fall ist dies die Roboterarbeitszelle, ist dabei zu berücksichtigen. Entweder kann er aktuell über Sensoren ermittelt werden, oder die Orientierung findet anhand eines Umweltmodelles [MOH86] statt, in dem die ideale Roboterarbeitszelle repräsentiert ist. Die Aktionspläne müssen Daten für eine globale Überwachungsstrategie enthalten, die den darunterliegenden Schichten als Planungsgrundlage für detailliertere Einsatzsequenzen dienen. Die Exekutive gibt alle vom On-line-System (Exekutive, Überwachung und Steuerung) nicht lösbaren Aufträge als Reports zurück. Sie enthalten Situationsbeschreibungen, anhand derer Aktionen, die aufgrund von Fehlern abgebrochen wurden, neu geplant werden können.

Exekutive:
In der Exekutive findet die Zerlegung der Aktionspläne in *Elementare Operationen* (EO) [HOE88] statt. Aus der globalen Überwachungstrategie werden Sensoreinsatzpläne für die EOs generiert. Die Exekutive gibt die Bewegungspläne an die Steuerung und bekommt Statusmeldungen über gelungene bzw. mißlungene Operationen. Ähnliches gilt für die Überwachung. Sie erhält mit den Bewegungsplänen korrespondierende Überwachungsaufträge und gibt Reports zu den einzelnen Aktionen zurück.

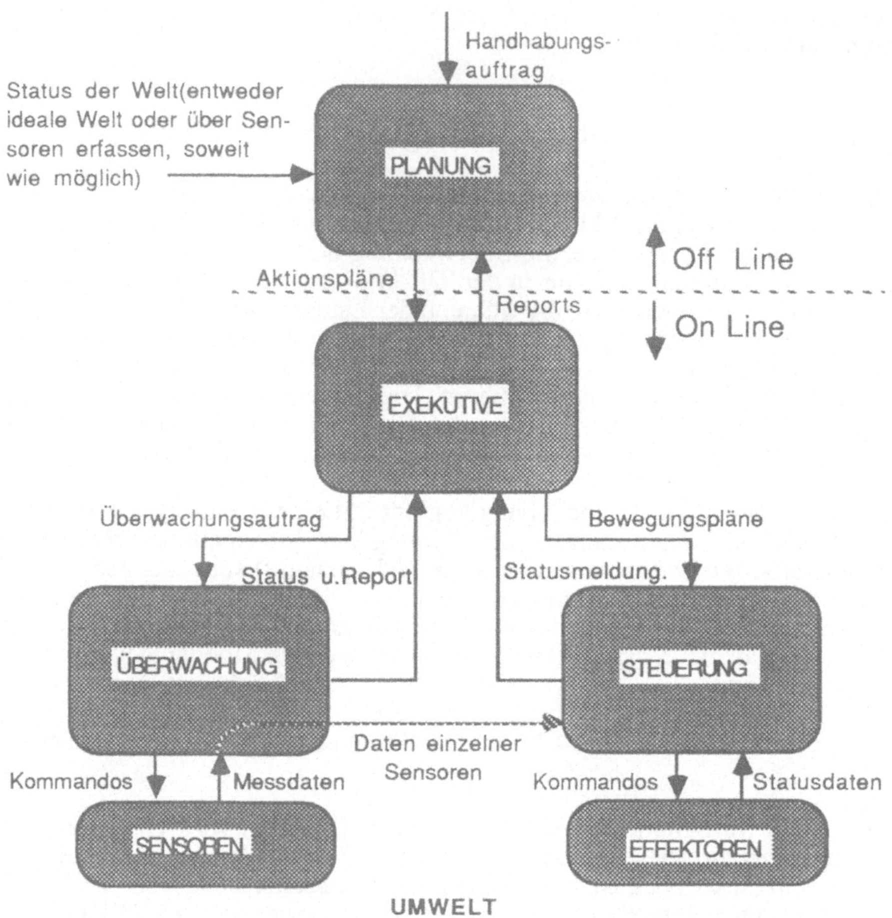

Bild 4.1: Struktur eines komplexen Robotersystems

Überwachung:

Ihr unterliegt die Verarbeitung der Sensorrohdaten bis hin zur Interpretation der aufgenommenen Eindrücke für den aktuellen Handhabungsvorgang. Dabei läuft dieser Prozeß synchron zur Handhabung ab. Er wird also hauptsächlich nur überwacht und nicht sensorgeführt im klassischen Sinn der Regelungstechnik. Für spezielle Handhabungssequenzen, etwa Abfahren einer Oberfläche mit einer definierten Kraft, ist allerdings die direkte Kopplung von vorverarbeiteten Sensordaten an die Steuerung vorgesehen. Dies ist durch den gestrichelt dargestellten Datenfluß von den Sensoren über eine Vorverarbeitung direkt zur Steuerung dargestellt. Die direkte Kopplung entspricht einer klassischen Regelung, die an dieser Stelle aus Echtzeitgründen notwendig ist. Die Hauptaufgabe des Moduls ist aber die Überwachung von Bewegungsvorgängen und die Entscheidung, ob diese weiterlaufen können, abgebrochen werden oder zu modifizieren sind. Von der Exekutive gehen Überwachungsaufträge direkt an das Überwachungsmodul parallel zu den Bewegungsbefehlen an die Steuerung. Die Überwachungsanweisungen setzen sich aus verschiedenen Komponenten zusammen. Im Sensoreinsatzplan sind Angaben enthalten wie z.B. Sensorname, Meßart, Meßzeitpunkt (Trajektorienpunkt), Gütekriterien für die Messung und weitere Randbedingungen.

Steuerung:
Die Steuerung übernimmt die Zergliederung der Elementaren Operationen in die geometrischen Bewegungsprimitive und gibt die Daten an die Effektoren weiter. An die Exekutive gehen Statusmeldungen zurück, ob und wie Aufträge ausgeführt wurden. Des weiteren stellt die Steuerung aktuelle Statusdaten (Position der Gelenkwinkel, aktuelle Task-ID usw.) für die Überwachung zur Verfügung. Für das Überwachungsmodul sind diese Informationen wichtig, da zum Zeitpunkt einer Messung die Position und Orientierung der mit dem Roboterarm verbundenen Sensoren bekannt sein muß.

4.2 Die Überwachungskomponente

Der wesentliche neue Aspekt an diesem Konzept, der in den bisherigen Robotersystemen fehlte, ist die Überwachungskomponente. Sie besteht aus einem Multisensorsystem, also mehreren meist auch physikalisch unterschiedlichen Sensoren, und mehreren Verarbeitungskomponenten für die Sensordaten. Sensoren können im Montageprozeß prinzipiell auf zwei Weisen benutzt werden:

- direkte Rückkopplung von Sensordaten in die Prozeßsteuerung
- Auswerten der Sensordaten zur Beurteilung der Prozeßsituation und Durchführung einer neuen Planung

Die zuerst erwähnte direkte Rückkopplung findet sich in Robotersystemen der zweiten und dritten Generation. Die Verarbeitung beschränkt sich auf die Wandlung des Sensormeßwertes in eine Darstellung, die für das Steuerprogramm anhand einer einfachen Modellvorstellung direkt interpretierbar ist. Umfangreiche Verarbeitungsschritte können in der Regel nicht zugelassen werden, da die Echtzeitanforderungen sonst nicht eingehalten werden können.

Sehr komplex gestaltet sich die Auswertung von Sensordaten zur Beurteilung der Prozeßsituation, im folgenden kurz Überwachung (Bild 4.1) genannt. Ausgangspunkt für die Handhabung ist eine von einem Planungsmodul erstellte Aktionssequenz. Dabei wird von einer in einem Weltmodell festgeschriebenen Prozeßsituation ausgegangen. Aufgabe der Überwachung ist es, mit Hilfe von Sensormessungen, die als Aufnahme von Momentanwerten der realen Welt anzusehen sind, festzustellen, ob die Situation in der Arbeitszelle auch der Modellvorstellung entspricht und ob etwaige Abweichungen zu groß sind, so daß die vorgesehene Ausführungssequenz nicht zum Erfolg führt.

Eine wichtige Randbedingung dabei ist, daß der Handhabungsablauf des Effektorsystems unter der Vorraussetzung idealer Verhältnisse ohne Verzögerung vollzogen werden soll. Erst das Erkennen einer Diskrepanz zwischen Modell und Realität führt zu entsprechenden Analyseschritten, die Zeit kosten. Dabei wird es gegenwärtig wegen mangelnder Rechengeschwindigkeit zu einem kurzfristigen Stillstand (Zögern) des Effektorapparates kommen. Um ein möglichst verzögerungsfreies Verhalten zu erreichen, sind folgende Maßnahmen zu treffen:

parallele Verarbeitungsstrukturen: Die notwendigen Rechenleistungen können nur erreicht werden, wenn die einzelnen Prozesse, die zur Informationsbildung beitragen, unabhängig voneinander sind. Diese Unabhängigkeit bietet die Möglichkeit der Parallelverarbeitung. Dies ist besonders auf den Stufen günstig, auf denen der Informationsgehalt pro Datum sehr gering ist. Natürlich kann das Verknüpfen von Daten in den Vorverarbeitungsebenen in einzelnen Fällen Vorteile bieten; dies führt aber zu einer heterogenen Systemstruktur mit einer großen Zahl von Speziallösungen für bestimmte Fehlerfälle.

stufenweises Vorgehen: Die Sensordaten werden mit bekannten konventionellen Verfahren prozedural vorverarbeitet und damit konzentriert. Über Modelle der Umwelt geschieht auf der nächsten Stufe ein schneller Zugriffe auf Referenzdaten. Diese Ebene ermöglicht den Vergleich zwischen den Meßdaten eines speziellen Sensors und den Daten seines spezifischen Modells. Werden auf dieser Ebene Abweichungen entdeckt, die nicht lokal mit den Informationen dieses Sensor beschreibbar sind, so gehen die Informationen an die nächsthöhere Schicht, in der wissensbasierte Mechanismen benutzt werden. An dieser Stelle sind mit den heutigen Rechnern und Verfahren die Echtzeitbedingungen nicht mehr zu erfüllen.

Die Verarbeitung von Sensordaten sollte auf verschiedenen Ebenen ablaufen. Gründe hierfür sind die Menge der anfallenden Daten und die Echtzeitanforderungen. Ansätze zur Lösung sind in einer weitgehenden Parallelisierung der Verarbeitungsschritte und in einer Beschränkung auf notwendige Stichproben [GRI86] aus der Umwelt zu sehen. Auf beide Punkte wird in den folgenden Kapiteln über die Sensordatenverarbeitungsmodule näher eingegangen.

Eine Darstellung der benötigten Komponenten für das Überwachungsmodul ist in Bild 4.2 zu finden. In einer Übersicht zu funktionellen Komponenten des Überwachungsmoduls setzt sich dieses aus unabhängigen Einzelsensorsystemen zusammen. Zur Integration dieser nebeneinander stehenden Sensormodule sind globale Komponenten notwendig. In diesem Fall ist es eine globale Kontrolle, die sie mit Kommandos und Parametern versorgt und die lokalen Ergebnisse interpretiert und eine globale Datenbank, in der eine Beschreibung der Roboterarbeitszelle zur Erzeugung sensorspezifischer lokaler Daten zur Verfügung steht. Reichen die Daten eines einzelnen lokalen Sensorsystems nicht aus, um den Zustand der Roboterarbeitszelle ausreichend zu beschreiben, dann kann das globale Kontroll- und Interpretationsmodul weitere Daten von anderen lokalen Sensorsystemen anfordern.

Die Diagnose zur Bestimmung des Zustandes der Roboterzelle findet dann im Interpretationsteil des Blocks Kontrolle und Interpretation (Bild 4.2) statt. Hier können die Daten unterschiedlicher Sensoren miteinander verschmolzen werden, wenn es nicht möglich ist, das Problem mit den Daten eines Einzelsensorsystems zu klären. Die zur Fusion benutzten Techniken wurden schon in den Kapiteln 2 und 3 angesprochen. Die Einzelsensorsysteme entsprechen in ihrer Komplexität heutigen Bildverarbeitungssystemen. In ihnen werden die Meßdaten lokal vorverarbeitet. Die so aufbereiteten und konzentrierten Daten enthalten, verbal formuliert, beispielhaft folgende Aussagen:

Die Region $\boldsymbol{O_k}$ *enthält* ***m*** *Löcher*

oder

Die ***Distanz*** *zwischen Ultraschallsensor* $\boldsymbol{US_i}$ *zu der nächsten reflektierenden Fläche beträgt* ***k*** *cm*

usw.

Aus einer globalen Wissensbasis, die das komplette statische Weltmodell beinhaltet, können für die Einzelsensoren spezifische Daten als Referenzdaten der idealen Welt über den Sichtenmechanismus [KAL87] bezogen werden. In den Vergleichseinheiten der einzel-

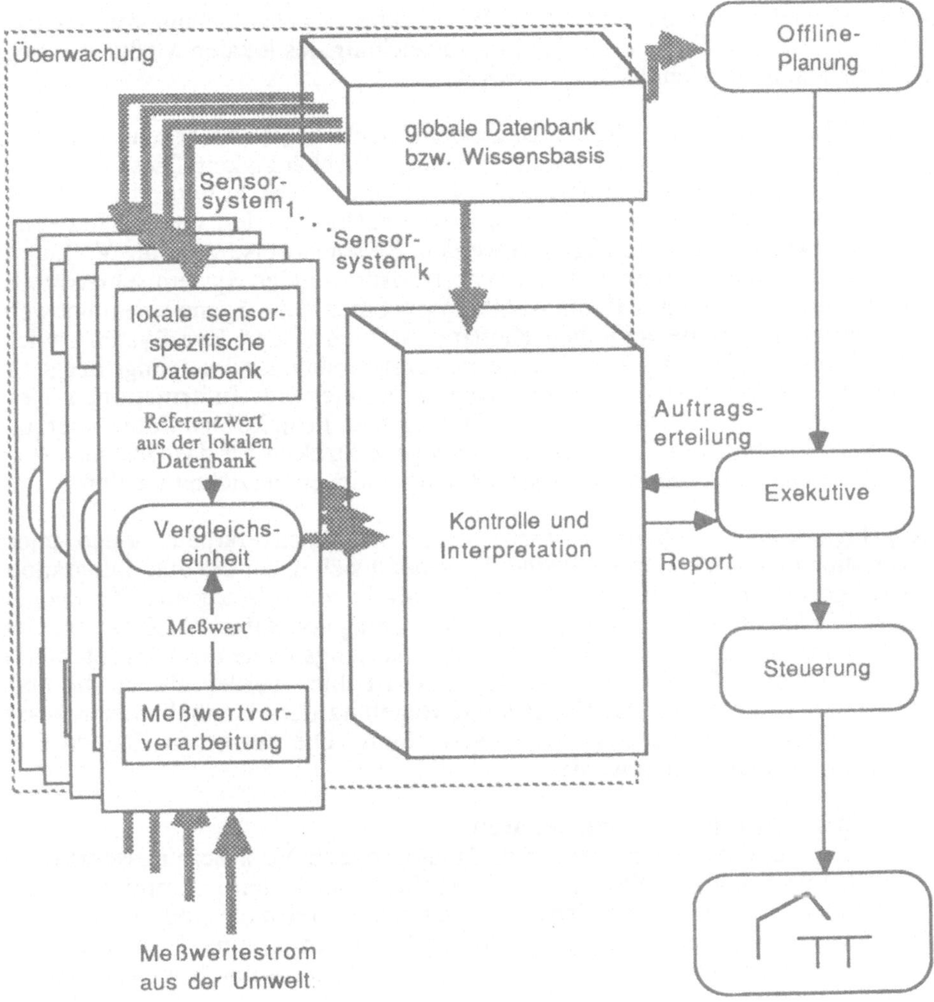

Bild 4.2: **Übersicht über die grobe Struktur des Überwachungsmoduls**

nen Sensorsysteme findet die lokale Untersuchung der gemessenen Daten anhand der Referenzdaten statt. Eine einfache Klasseneinteilung ist:

$$\text{Messung ist} \left\{ \begin{array}{c} \text{innerhalb} \\ \text{ausserhalb} \end{array} \right\} \text{der Toleranz}$$

Wird die Messung als gut bewertet, d.h. die Stichprobenmessungen der Einzelsensoren liegen im Toleranzband um den Idealmeßwert, dann kann der parallel dazu laufende Handhabungsprozeß ungestört weitergeführt werden. In diesem Fall soll sich das sensorüberwachte Handhabungssystem wie eine rein gesteuerte Konfiguration verhalten.

Liegt das Ergebnis der Messung dagegen außerhalb der Toleranz, d.h. es kann ein Fehler vorliegen, so kann das lokale Modul in der Regel nicht entscheiden, welchen Einfluß dieser Meßwert auf den Ablauf des gesamten Handhabungsvorganges hat. Die erzielten Ergebnisse und die jeweilige lokale Interpretation muß an die globalere, 'intelligentere'

Ebene weitergegeben werden. Dort ist das Wissen über das Handhabungsziel vorhanden, anhand dessen entscheidbar ist, ob sich die Abweichung des lokalen Meßwertes negativ auf die aktuell laufende Handhabung auswirkt.

Der Grund, die Verbindung zwischen Daten der Einzelsensoren nicht schon in der unteren Ebene herzustellen, liegt in der damit verbundenen Abhängigkeit. Diese würde die im jetzigen Konzept enthaltene Parallelität zerstören. Zwar könnte die frühzeitige Verknüpfung der Daten von Einzelsensoren in einzelnen Fällen von Vorteil sein, sie müßten aber jeweils speziell konfiguriert werden. Beispielsweise wäre die Verknüpfung eines Bildverarbeitungssystems mit einem abstandsmessenden System sehr vorteilhaft. Aus den Abstandsdaten kann z.B. die Abbildungsgeometrie der Szene berechnet werden. Dies ist besonders bei beweglichen Kamerasystemen (Hand-Eye-System) wichtig. Außerdem ist es möglich, mit einem kompletten Höhenbild oder über einige ausgewählte Höhenpunkte von interessierenden Regionen weiterreichende Informationen über die Szene zu erhalten. Teile können z.B. die gleichen Projektionsbilder, aber unterschiedliche Höhen besitzen. Um aber eine homogene Struktur für das Gesamtsystem zu erreichen, soll auf solche sehr spezialisierte Konfigurationen verzichtet werden.

Das vorgelegte Konzept sieht drei Ebenen für die Sensordatenverarbeitung und -interpretation vor, die in Bild 4.3 dargestellt sind. Es handelt sich dabei um eine Integration der in Bild 4.2 gezeigten Einzelkomponenten. Die direkt sensorbezogenen Komponenten gliedern sich in ähnlicher Weise wie in einem Vorschlag von Albus [ALB81]. Im Gegensatz zu dem dort beschriebenen Konzept finden allerdings keine direkten Interaktionen mit Steuermodulen auf jeder Ebene statt, sondern Fehler werden alle an die übergeordnete Exekutive gemeldet. Es findet keine Regelung der Handhabungsprozesse im klassischen Sinne statt, sondern eine Überwachung. Die einzelnen Ebenen können folgendermaßen charakterisiert werden:

I. Vorverarbeitung der Sensordaten
Auf dieser Ebene sind prozedurale, datenbezogene Verarbeitungsschritte angesiedelt. Das benötigte Wissen zur Verarbeitung der Daten ist implizit in den Algorithmen und deren Kontrollstrukturen enthalten. Beispiele sind die Algorithmen zur Auswertung von Entfernungsdaten und Hüllkurven eines Ultraschallsensors oder die Algorithmen in der Bildverarbeitung zur Kanten- und Regionenanalyse.

II. Vergleich mit Referenzdaten aus dem Weltmodell
Die einzelnen Sensoren werden, ähnlich dem Konzept der "logical sensors" [HEN84a] in sogenannte Informationseinheiten funktionell aufgegliedert. Diese liefern jeweils eine Untermenge der Daten eines Sensors, z.B. alle Regionenschwerpunkte aus einem Bild. Den Informationseinheiten sind Zugriffsmechanismen auf das Weltmodell nach dem sogenannten Sichtenmodell des relationalen Datenbankschemas [SCH83] zugeordnet. Auf der Basis dieser Daten und der aktuellen Sensorposition zum Meßzeitpunkt können Referenzdaten für eine aktuelle Messung berechnet werden. Der Vergleich der Meß- mit den Referenzdaten in speziellen Vergleichseinheiten liefert als Ergebnis die Aussage, ob eine Übereinstimmung des Weltmodells mit der realen Welt festzustellen ist. In diesem Fall kann der Handhabungsvorgang ohne Zeitverlust weitergeführt werden. Stellt das System dagegen eine nicht mehr tolerierbare Abweichung fest, so muß die aktuelle Handhabung verlangsamt, eventuell gestoppt und gegebenenfalls durch eine andere Sequenz ersetzt werden. Ist eine lokale Analyse nicht vollständig möglich, so sind die gewonnenen Daten an die Ebene III weiterzugeben.

III. Diagnose mit wissensbasierten Techniken

Auf dieser Ebene findet eine weitergehende Analyse der Situation in der Arbeitszelle statt. Im Gegensatz zu den beiden unteren Ebenen sind hier die Echtzeitanforderungen nicht mehr so strikt gegeben, da der Handhabungsablauf bereits unterbrochen ist. Wichtig ist eine umfassende Analyse der Fehlersituation, um mit diesen Daten eine Neuplanung des aktuellen Handhabungsvorganges entweder auf Exekutivebene (Wunschvorstellung) oder in der Off-line-Planung (Realität) durchführen zu können. Aus Optimierungsgründen sollte die Analysezeit allerdings so minimal wie möglich sein.

Die gewählte Struktur entspricht dem Blackboardkonzept [HAY85] [NII86] (siehe Kapitel 2.3). Man trifft dieses Konzept häufig an, wenn regelbasierte Methoden für technische Anwendungen benutzt werden sollen. Es empfiehlt sich für Systeme, die sich in der Entwicklungsphase befinden oder sehr komplex sind, da es eine hohe Modularität zuläßt. Erste Ansätze für den Bereich Robotik sind in Parallelstrukturen [SHA86] [VEL87] zu sehen. Der Speicher des Blackboardkonzeptes eignet sich sehr gut als Kommunikationsmechanismus für eine Sensordateninterpretationseinheit und kann als "Kurzzeitgedächtnis" angesehen werden im Gegensatz zum "Langzeitgedächtnis", welches im Weltmodell des Systems enthalten ist. Unter dem Namen "Ergebnisdatenbank" findet sich ein ähnliches Konzept bei Niemann [NIE85]. Die Daten der Einzelsensoren, meist bereits mit den Referenzdaten des Weltmodelles abgeglichen, sind die Eingangsdaten für das Blackboard. Auf sie greifen die voneinander unabhängigen Bearbeitungsmodule (Wissensquellen oder Knowledge sources genannt) zu. Die Reihenfolge der Aktivierung der einzelnen Wissensquellen erfolgt über eine problemklassenabhängige Kontrollstruktur.

In Bild 4.3 ist die aufgegliederte Struktur der Überwachung gezeigt. Außer den bereits oben beschriebenen Komponenten für die Verarbeitung der Sensordaten in den drei Ebenen sind noch die Module "Weltmodell" und "Kontrolle und Kommunikation" enthalten. Im Gegensatz zu der in Bild 4.2 gezeigten Zusammenstellung von Komponenten stellt diese Struktur eine von der Funktionalität her geschlossenere Form dar.

Die Kontrolle und Kommunikation steuert die einzelnen Komponenten und führt die notwendige Kommunikation mit der Exekutive aus. Von dieser kommen Kommandos mit den notwendigen Parametern als Nachrichten an die Überwachung. Als Rückmeldung gehen Status- und Report-Nachrichten an die Exekutive. Das Weltmodell versorgt die Komponenten der Sensordatenverarbeitungsstruktur in den Ebenen II und III mit den notwendigen Modelldaten. In ihm sind alle Daten zur Beschreibung der Roboterarbeitszelle enthalten, die zum Zeitpunkt der Planung des Handhabungsvorganges zur Verfüng standen. Mit ihnen sind die Meßdaten zu vergleichen.

In der untersten Ebene befinden sich die physikalischen Sensoren. Ihnen ist eine Grundhardware und -software nachgeordnet, um die aufgenommenen Meßwerte in eine für einen digitalen Rechner nutzbare Form zu transformieren. Dann teilen sich die Datenwege in die Informationseinheiten auf, die den darüberliegenden Schichten unterschiedliche Daten zur Weiterverarbeitung anbieten.

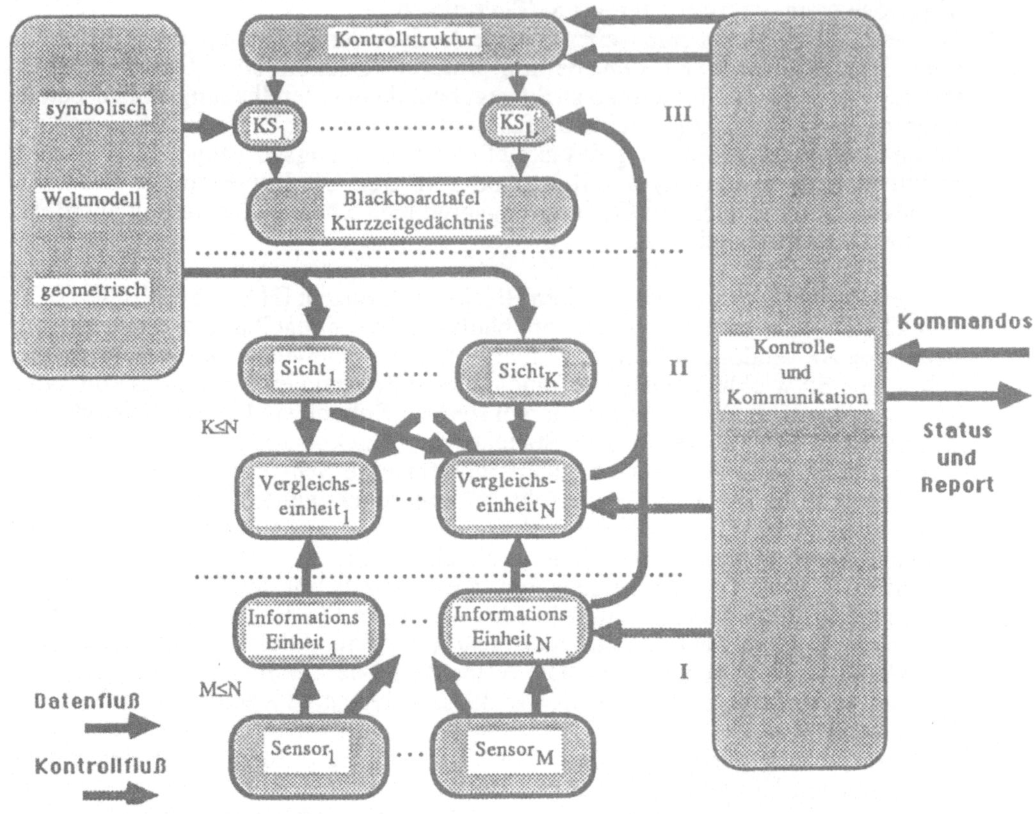

Bild 4.3: Die aufgegliederte Struktur der Überwachung mit den drei Ebenen der Sensordatenverarbeitung. Ebene I: Vorverarbeitung der Sensordaten, Ebene II: Fehlererkennung durch Vergleich mit Referenzdaten aus dem Weltmodell, Ebene III: Diagnose einer als fehlerhaft erkannten Situation mit einem Blackboard-Konzept

Die nächste Ebene enthält die Module für den Vergleich der Meßdaten der Informationseinheiten mit den Modelldaten. Jeder Informationseinheit ist eine Vergleichseinheit zugeordnet, von der sie direkt die Meßdaten erhält. Die Modelldaten erhält sie über spezielle Zugriffsmechanismen auf die Datenbank für das Weltmodell, die sogenannten Sichten. Diese liefern einen Ausschnitt aus dem Gesamtweltmodell, der für den Vergleich mit den Meßdaten relevant ist. Hierbei können mehrere Sichten die Modelldaten für eine Vergleichseinheit liefern. Die gesamte Ebene 2 dient der Fehlererkennung, d.h. während einer zu überwachenden Handhabung werden einzelne Sensoren aktiviert und es wird versucht, mit einer minimalen Anzahl an Stichprobennahme bei den Meßdaten die Situation in der Arbeitszelle ausreichend zu bestimmen. Im Fehlerfall ist dann zu entscheiden, ob die in dieser Ebene zur Verfügung stehenden Mittel ausreichen, um den Fehler soweit zu bestimmen, daß die Handhabung erfolgreich abgeschlossen werden kann, oder ob die Einschaltung der Diagnoseebene notwendig ist.

In der obersten Ebene findet eine Diagnose des Fehlerzustandes statt, wenn die unteren Ebenen nicht in der Lage sind, den Fehler ausreichend zu bestimmen. Sie ist mit einem eingebetteten Expertensystem in Form eines Blackboardsystems realisiert, das sich durch seinen modularen Aufbau auszeichnet. Die den Diagnoseprozeß steuernde Kontrollstruktur erhält von der globalen Kontrolle die notwendigen Kommandos und Parameter. Für den Zugriff auf die Modelldaten sind einige spezialisierte Wissensquellen zuständig. Im Fehlerfall aktiviert die Kontrolle die Diagnose und meldet die fehlerdetektierenden Vergleichseinheiten an die Kontrollstruktur der Blackboard. Diese stößt spezielle Wissensquellen an, die die Daten von den aktiven Vergleichseinheiten lesen. Im Laufe des Diagnoseprozesses kann es notwendig sein, daß weitere Daten von Sensoren erforderlich sind. Eine entsprechende Meldung an "Kontrolle und Kommunikation" löst Meßprozesse aus. Die Ergebnissdaten werden wieder von spezialisierten Wissensquellen gelesen und auf die Tafel geschrieben und stehen damit für den Diagnoseprozeß zur Verfügung.

In den nachfolgenden Kapiteln werden die in der Struktur ablaufenden Prozesse noch ausführlicher beschrieben. Prinzipiell müßte noch ein Mechanismus etabliert werden, der das Weltmodell aktualisiert, falls eine Abweichung festgestellt wird. Da dies aber nicht direkt in den Bereich der Überwachung fällt, soll an dieser Stelle darauf verzichtet werden.

4.3 Kontrolle und Kommunikation

Das gesamte Konzept für die Multisensordatenverarbeitung umfaßt eine große Menge von Komponenten. Die Anforderungen an sie sind sehr unterschiedlich. Somit ist eine starke Modularisierung notwendig, ohne die das Konzept unübersichtlich und gegebenenfalls sogar nicht implementierbar wird. Es bietet sich an, eine objektorientierte Struktur für die Kontrolle zu wählen. Der Datenaustausch zwischen den Objekten beschränkt sich auf Nachrichten. Ansonsten geschehen alle Datenmanipulationen lokal. Somit können die verschiedenartigsten Module miteinander kommunizieren, wenn sie über angepaßte Schnittstellen verfügen. Änderungen in einer Komponente ziehen keine Seiteneffekte nach sich. Im folgenden Unterkapitel wird der Aufbau der Kontrollstruktur gezeigt und die Kommunikation zwischen den Objekten beschrieben.

4.3.1 Die Struktur der Kontrolle

Die Kontrollstruktur legt die Funktionalität des gesamten Überwachungsmoduls fest. Des weiteren werden durch sie die verwendeten Daten definiert. Eine wichtige Randbedingung für die Spezifikation der Kontrollstruktur ist die Art des Zielsystems, für welches das Konzept bestimmt ist. Im Fall der Sensordatenverarbeitung ist dies ein verteiltes System heterogener Rechner, weswegen eine strikte Modularisierung des Entwurfes erforderlich ist. Außerdem sollte wegen zu erwartender Erweiterungen auf die Unabhängigkeit der Module geachtet werden. Alle diese Anforderungen erfüllt der objektorientierte Ansatz [WEG87] [WIL87].

Bild 4.4 gibt eine graphische Darstellung eines Objektes zur Kontrolle korrespondierend mit dem Kontroll- und Kommunikationsblock in Bild 4.3 wieder. Links oben steht der Name des Objektes. Auf die Unterobjekte, die die Daten beinhalten, können die rechtsstehenden Operationen zugreifen. Zu den einzelnen Operationen gehören die Angaben über Ein- und Ausgabedaten.

Für die Exekutive des Robotersystems ist das Überwachungsmodul als Objekt *Überwachung* sichtbar. Die Operationen stellen die Schnittstelle zwischen dem Überwa-

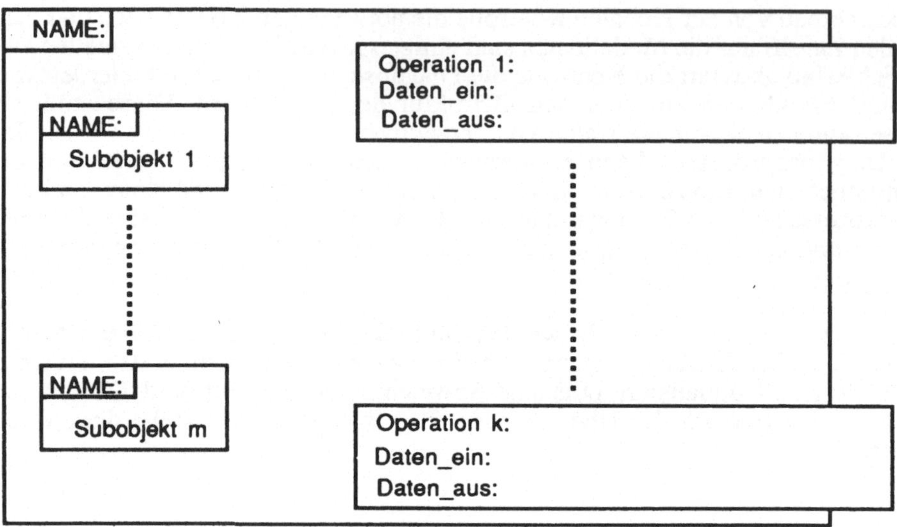

Bild 4.4 : Allgemeine Struktur eines Objektes der Kontrollstruktur des Überwachungsmoduls

chungsmodul und der Exekutive (Bild 4.1) dar. Seine Spezifikation ist deswegen besonders wichtig.

Das Objekt *Überwachung* hat als Unterobjekte *Perzeption* und *Regelung*, wie Bild 4.5 zeigt. Auf diese beiden Objekte greifen die Operationen Überwachungs-, Meß- und Regelungsauftrag zu. Dabei versorgen die Operationen die Objekte mit Parametern und und erhalten Daten zurück, die an die Exekutive gehen.

Der Begriff *Perzeption* versinnbildlicht die Wahrnehmung und Interpretierung von Daten der Sensoren zur Erlangung einer aktuellen Beschreibung der Welt, die den

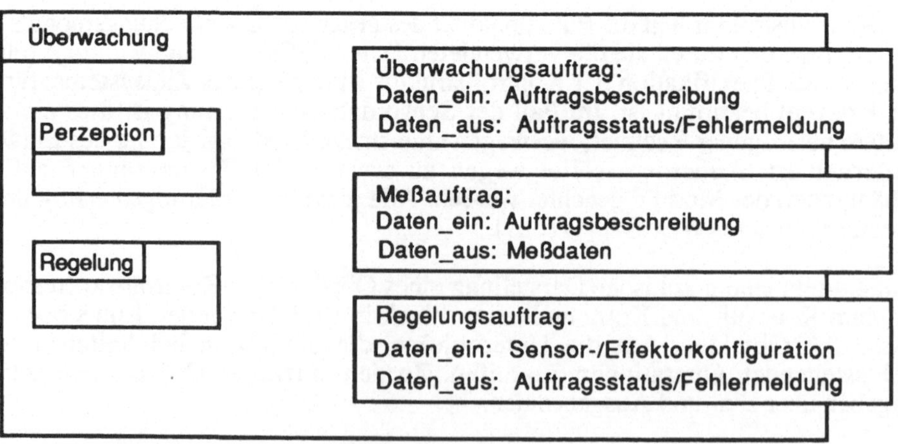

Bild 4.5: Grobe Darstellung der Funktionen und Daten des Objektes Überwachung

Anforderungen der Roboteraktionsebene genügt. Dieses Objekt bildet die Spitze einer Objekthierarchie, die der Kontrolle des Überwachungsmoduls dient. Ihm nachgeordnet sind die Objekte *Fehlererkennung* und *Diagnose*. Das Objekt *Regelung*, ebenfalls der Überwachung untergeordnet, wird in dieser Arbeit nicht näher betrachtet. Der Bereich, in dem es arbeitet, soll nur grob eingegrenzt werden, um diese Betriebsart von derjenigen der Perzeption zu trennen.

Dem Objekt *Regelung* sollen alle direkten Kopplungen zwischen Sensoren und Aktuatoren untergeordnet sein. Anwendungsfälle sind z.B. die Schweißnahtverfolgung oder das Abfahren einer Trajektorie unter definierten Kraftbedingungen. Besonders kennzeichnend dafür sind die hohen Echtzeitanforderungen, die nur eine minimale Sensordatenverarbeitung zulassen. In der Regel werden hierzu einige Signale aus Normierungsgründen umgerechnet. In diesem Bereich kann nur auf Abweichungen in einem sehr eng begrenzten Toleranzrahmen reagiert werden. Wird dieser überschritten, so muß die Aktion unterbrochen werden. Diese direkte Kopplung zwischen Sensoren und Aktuatoren besteht in einem fortgeschrittenen System nur während der Laufzeit der Aktion, in der diese Konfiguration benutzt wird.

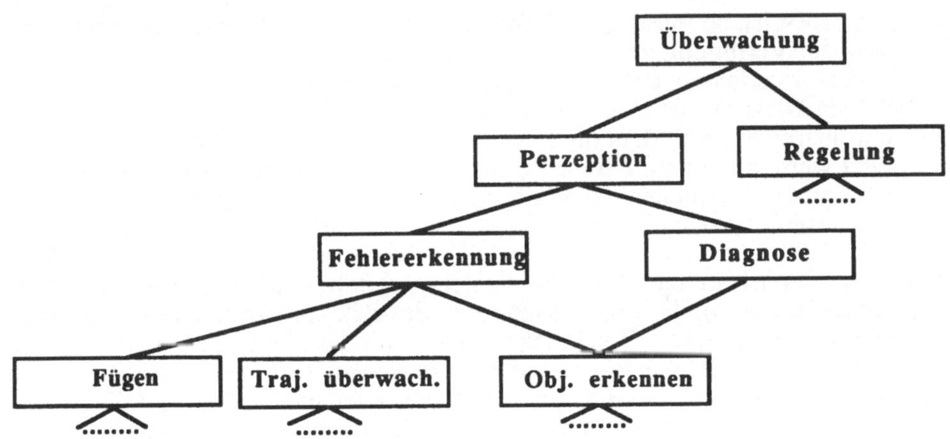

Bild 4.6: Der obere Teil der Objekthierarchie des Überwachungsmoduls

Die der *Perzeption* untergeordneten Objekte sind *Fehlererkennung* und *Diagnose*. Sie unterscheiden sich durch die Echtzeitanforderungen und die Tiefe ihrer Sensordatenverarbeitung bzw. -analyse. Für die Fehlererkennung ist der Aspekt der schnellen Reaktion auf gegenüber dem Weltmodell veränderte Zustände in der Arbeitszelle des Handhabungssystems wichtig.

Der Ausgangspunkt für die Betrachtung der Fehlererkennung ist, daß das Handhabungssystem von einem definierten Weltzustand ausgeht. Basierend auf diesem erfolgt eine Planung der Aktionen, die zur Erfüllung einer Aufgabenstellung notwendig ist. Die Aktuatoren versuchen, diesen Plan rein gesteuert unter Zuhilfenahme ihrer internen Ortssensoren auszuführen. Eine Ausnahme bilden diejenigen Fälle, die in den Bereich der Regelung fallen. Die Aufgabe der Fehlererkennung ist es, die Aktionen zu überwachen und im Fehlerfall eine Reaktion der Exekutive zu stimulieren. Es sind drei Fälle zu betrachten, wie Tabelle 4.1 zeigt.

Zustand	Reaktion
Weltzustand innerhalb der Toleranzgrenzen	**keine Meldung an Exekutive**
Weltzustand außerhalb der Toleranzgrenzen parametrische Abweichung (Struktur der Handhabungssequenz bleibt gleich)	**Fehlermeldung an die Exekutive mit Angabe von Werten zur Korrektur der Aktion**
Weltzustand außerhalb der Toleranzgrenzen strukturelle Abweichung (Struktur der Handhabungssequenz ändert sich)	**Fehlermeldung * Abbruch der Aktion * Neuplanung anhand von Diagnosedaten**

Tabelle 4.1: Reaktion der Überwachung auf verschiedene Weltzustände

Die *Diagnose* befaßt sich mit der Bestimmung des Zustandes der Arbeitszelle bzw. desjenigen Teils, der für die aktuelle Aktion relevant ist. Wird von der *Fehlererkennung* ein Fehler entdeckt, der mit den Daten des fehlermeldenden Sensors allein nicht ausreichend zu beschreiben ist, so müssen die Informationen für diese Neuplanung von dem Objekt *Diagnose* zur Verfügung gestellt werden. Es kommt darauf an, die Szene so vollständig wie möglich zu erfassen. Die Schnelligkeit spielt hier eine untergeordnete Rolle. Für eine umfassende Diagnose ist einerseits ein umfangreiches Wissen notwendig und andererseits ein Instrument, mit dem die Diagnoseinformationen für die Planungskomponente erarbeitet werden können. Dies wird durch die Zuordnung von Objekten zum Objekt *Diagnose* erreicht, in denen das Weltmodell und das Blackboard (Bild 4.7), in dem die Diagnose erstellt wird, enthalten ist.

In der nächsten Ebene unterhalb von *Fehlererkennung* und *Diagnose* sind drei Objekte angeordnet (Bild 4.6), die den Betriebsarten des Effektorsystems innerhalb eines Montageprozesses entsprechen. Von ihnen wird hier nur das Objekt *Erkennen* näher beschrieben. Für die beiden Objekte *Fügen* und *Trajektorienkontrolle* gelten aber ähnliche Zusammenhänge, die aus den Betrachtungen zu *Erkennen* leicht ableitbar sind. Für die Fehlererkennung repräsentieren die drei Objekte alle zu überwachenden Handlungen des Robotersystems, die in den Elementaren Operationen [HOE88] (Kapitel 3) vorkommen können.

Das Objekt *Erkennen* ist sowohl in *Fehlererkennung* als auch in *Diagnose* enthalten. Es hat selbst wieder die Unterobjekte *Sehen*, *Distanz* und *Taktil*. Dies sind die Objekte, über die die physikalischen Sensoren erreichbar sind. In ihrer Bedeutung entsprechen sie den menschlichen Sinnen. Sie greifen ihrerseits auf die konkreten Einzelsensorsysteme und auf Ausschnitte des Weltmodells zu, deren Daten für erstere relevant sind. Bild 4.7 zeigt die komplette Struktur der Kontrolle. Die physikalischen Sensoren mit ihrer Grundhardware und -software zur Signalaufbereitung und Merkmalsbestimmung sind die "Blätter" der Baumstruktur. Je nach Funktion des Sensorsystems bilden sie zusammen mit Beleuchtungskomponenten und Effektoren die Einzelsensorsysteme.

Die in Bild 4.7 dargestellte Kontrollstruktur zeigt die Komponenten des Überwachungsmoduls (siehe Bild 4.3) für ein konkretes System mit Sensoren für die Montage. Die oberen Elemente der Hierarchie bis zur Ebene *Fügen*, *Trajektorie_überwachen* und *Erkennen* sind im Block "Kontrolle und Kommunikation" enthalten. Das *Weltmodell* dagegen, in Bild 4.3 eine globalere Einheit, ist für das Überwachungsmodul bezüglich seiner Funktion ein Blatt in der Objekthierarchie. Der *Diagnose* direkt untergeordnet steht das *Blackboard*, in dem die Diagnose konkret stattfindet.

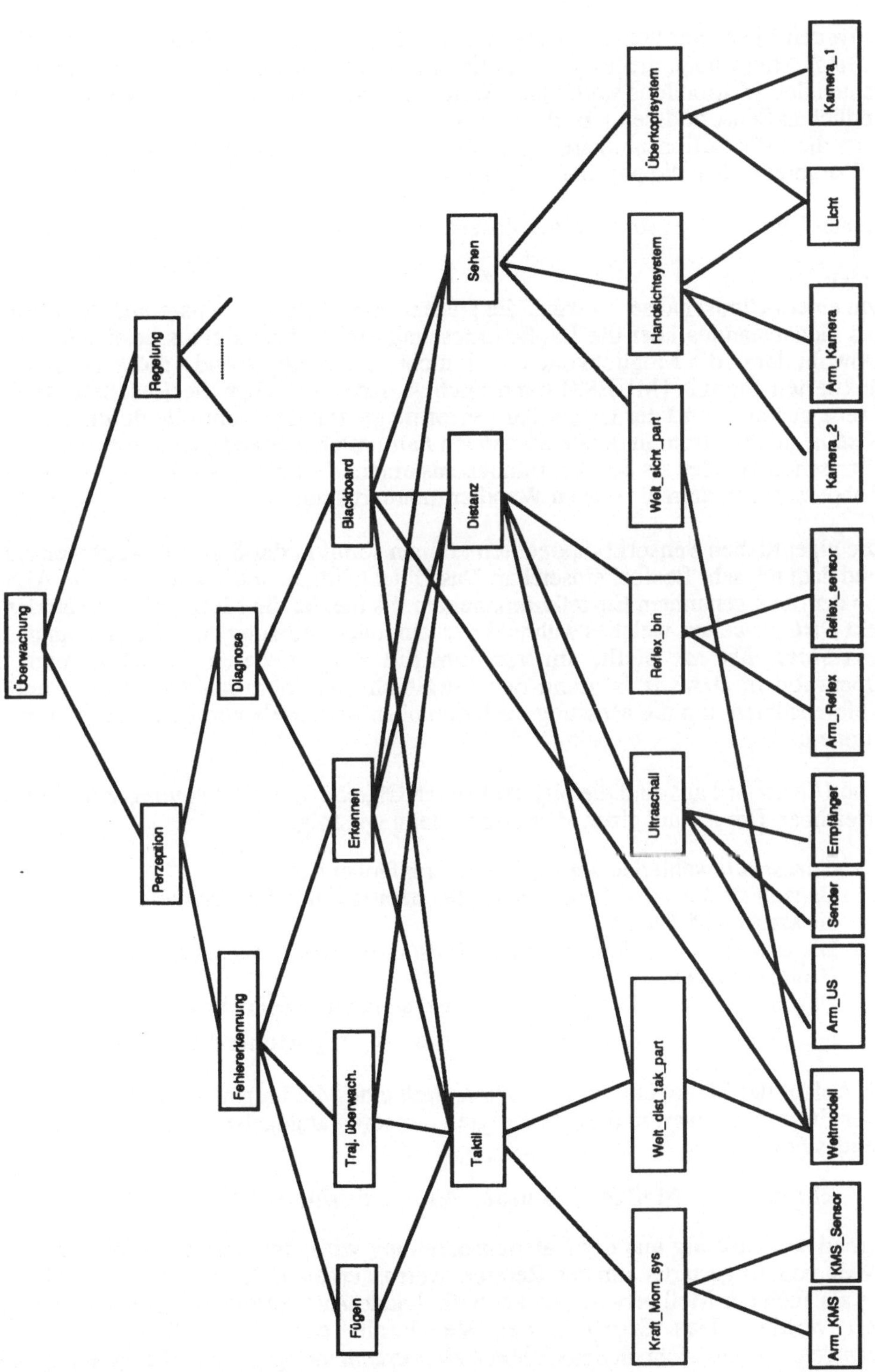

Bild 4.7: Gesamtübersicht über die Kontrollstruktur des Überwachungsmoduls

Der zweiten Ebene der Sensordatenverarbeitung entsprechen die Objekte *Sehen, Distanz* und *Taktil*. Hier finden die lokalen Vergleiche der Meßdaten von Sensoren mit den Modelldaten des Weltmodells statt. Diese Daten liefern einerseits die Sichten für die unterschiedlichen Sensorklassen,z.B. die Objekte *Sicht_sehen* und *Sicht_dist_tak*, und andererseits die Informationseinheiten, z.B. mit den Objekten *Kraft_Mom_sys*, *Ultraschall* usw. Darunter stehen die physikalischen Sensoren als unterste Ebene in der Hierarchie.

Für einen Ultraschallsensor wird der Zusammenhang im folgenden näher erläutert.

Beispiel:

Mit einem Ultraschallsensor kann die Distanz zwischen dem Sensor und der Fläche eines Gegenstandes über die Laufzeitmessung eines Schallsignals bestimmt werden. Obwohl damit die Möglichkeiten noch nicht ausgeschöpft sind - die Analyse des reflektierten Signals [MUE88] kann auch Aufschlüsse über die Beschaffenheit der Szene geben -, wird der Ultraschallsensor insgesamt der Kontrolle durch das Objekt *Distanz* unterworfen. In dem betrachteten Fall besteht der komplette Sensor aus einem Ultraschallwandler als Sender, mindestens einem Wandler als Empfänger und einem Roboterarm, an dem die beiden Wandler montiert sind.

Die eigentlichen Sensorkomponenten können somit in der Szene bewegt werden und sind dadurch sehr flexibel einsetzbar. Das Objekt *Ultraschall* koordiniert alle Aktivitäten der oben genannten Einzelkomponenten. Es meldet die Meßergebnisse an das Objekt *Distanz* weiter, welches während der laufenden Messung eine Anfrage an das Objekt *Sicht_dist_tak* stellt, um von ihm die Referenzdaten zu bekommen. Eine Operation in *Distanz* ist dann der Vergleich zwischen den Meßwerten und den Referenzdaten, um die Messung nach den oben beschriebenen Kriterien bewerten zu können.

Von *Ultraschall* aus sind die physikalischen Objekte *Sender*, *Empfänger* und *Arm_US* erreichbar. Der Ablauf einer Messung ist dann wie folgt:

- *Ultraschall* wählt den vorgesehenen Empfänger aus
- Danach stößt es den Sender und gleichzeitig einen Laufzeitnehmer an und fragt die aktuelle Meßzeit ab.
- Die aktuellen Positionsdaten des Sensors werden ausgelesen und an das Objekt *Distanz* übergeben
- Das reflektierte und empfangene Signal stoppt den Zeitnehmer. Die Laufzeit ist direkt proportional zum Abstand **Sender → Objektoberfläche → Empfänger**.

Nach Ablauf der Meßoperation gibt *Ultraschall* eine Meldung an das Objekt *Distanz*, in der der Entfernungswert und die beteiligten Sensoren angegeben sind. Die Meldung hat folgendes Format:

<Meß.-Nr., Meßzeit, Sender-Nr., Empfänger-Nr., Meßwert>

Während der Messung und der Datenaufbereitung wird eine Anfrage an die Datenbank des Weltmodells gestartet, um den Referenzwert zu erhalten. Liegen sowohl der Referenzwert als auch der Meßwert vor, so kann die lokale Auswertung mit dem Vergleich gestartet werden. Das Ergebnis des Vergleichs wird im Fehlerfall mit einer Unterbrechungsnachricht an das Objekt *Fehlererkennung* geschickt. Liegt dagegen kein Fehler vor, dann kann wieder eine neue Meßsequenz im Rahmen der durch den Überwachungsauftrag gegebenen Parameter stattfinden. Für die anderen physikalischen Sensoren und ihre jeweils darüberliegenden Objekte gilt das hier Gesagte analog.

4.3.2 Kommunikation in der Kontrolle

Für eine objektorientierte Struktur ist eine Kommunikation funktionsnotwendig. In dem hier vorgestellten Konzept ist zwischen modulinterner und -externer Kommunikation zu unterscheiden. Intern findet sie zwischen den Objekten des Überwachungsmoduls statt. Unter externer Kommunikation ist der Datenaustausch zwischen der Überwachung und der Exekutive zu verstehen. Wie in Bild 4.1 gezeigt, gehen Kommandos in Richtung auf die Überwachung. Als Rückmeldung übergibt das Überwachungsmodul Statusdaten und Meldungen an die Exekutive. Die Aufträge an die Überwachung sind parametrisierbare Kommandos. Es muß zwischen zwei Klassen von Sensoraufträgen zur Überwachung differenziert werden, wie bereits in Bild 4.5 gezeigt wurde:

1. Direktes Ansprechen eines Sensors als Meßauftrag
2. Spezifizieren eines Überwachungsauftrages

Diese beiden Klassen unterscheiden sich sehr stark voneinander. Im ersten Fall handelt es sich um einen direkten Meßauftrag von der Exekutive. Das Sensorsystem soll genau spezifierte Daten liefern. Im zweiten Fall dagegen werden die notwendigen Daten angegeben, daß parallel zu einem Handhabungsauftrag die notwendige Überwachung dieses Vorgangs mit Sensoren stattfinden kann. Rückmeldungen geschehen nur im Fehlerfall und es werden die aktuellen Daten zur Beschreibung der Situation in der Arbeitszelle an die Exekutive geliefert, um den Handhabungsvorgang neu ansetzen zu können. Die Überwachung teilt sich noch auf in Fehlererkennung und Diagnose, wobei letztere das eigentlich "intelligente" Modul ist und selbständig Meßaufträge initiieren kann.

4.3.2.1 Die Fehlererkennung

Ein Charakteristikum der Fehlererkennung ist der Einsatz von einzelnen Sensoren zur Verifikation der Situation in der Arbeitszelle aufgrund der Hypothese, daß der Normalzustand in der Arbeitszelle herrscht. Der wesentliche Grund, in diesem Fall auf den Multisensoreinsatz zu verzichten, ist in der Notwendigkeit einer unmittelbaren und schnellen Reaktion auf eine Fehlersituation zu sehen.

Der Ausgangspunkt der Überlegungen ist, daß in der Arbeitszelle keine oder nur tolerierbare Abweichungen des aktuellen Zustandes von der Weltmodellbeschreibung vorliegen. Mit Hilfe von Stichprobenmessungen ist dies nachzuprüfen.

Der Einsatz von Sensoren korrespondiert mit der Handhabungssequenz des Aktuatorsystems. In einem Plan sind die für die einzelnen Schritte notwendigen Randbedingungen für das Gelingen der Handhabungsaktion festgehalten. Daraus ergeben sich direkt die Meßoperationen.

Dem Objekt *Fehlererkennung* werden die für die Sensoren relevanten Daten des Handhabungsplans übergeben. Eine solche Nachricht hat folgendes Datenformat:

ÜBERWACHE <AKTION_NUMMER, EO_LISTE, EO_PARAMETER>

Die Komponenten der Nachricht bedeuten:

AKTION_NUMMER: Unter einer Aktion ist eine Sequenz von Elementaren Operationen (Kapitel 3) zu verstehen, die bezüglich einer Anwendung

EO_LISTE: In dieser Liste stehen die EOs in der Reihenfolge ihrer Abarbeitung. Von den einzelnen EOs gehen Verweise zu den beschreibenden EO-Parametern.

logisch zusammenhängen, z.B. Greifen eines Werkstückes und Einfügen in eine Montagevorrichtung.

EO_PARAMETER: Hier sind die EOs näher spezifiziert mit:

- analytische Beschreibung der Trajektorie
- Geschwindigkeitsverlauf
- Angabe des überwachenden Sensors
- Randbedingung der Messung (z.B. Anfang/Ende der EO, Toleranzwerte, periodisch usw.)

Aus diesen Daten lassen sich die konkreten Steueranweisungen für den Sensor ableiten.

Die Steuerung des Effektorsystems meldet zur Synchronisierung jeweils den Beginn und das Ende einer EO an die Überwachung. Während der EO laufen im Normalfall - die Abweichungen sind tolerierbar - die Steuer- und Sensorprozesse parallel ab, ohne sich zu beeinflussen. Eine Störung ruft den Abbruch der aktuellen Handhabung hervor. *Fehlererkennung* meldet die Abweichung an *Perzeption*. In der fehlermeldenden Vergleichseinheit sind die Daten des Fehlers für die nachfolgende Diagnose protokolliert.

Eine wichtige Randbedingung bei der Fehlererkennung ist die Berücksichtigung von Zeitanforderungen. Hierzu erfolgen einige Betrachtungen im Zusammenhang mit dem Zugriff auf die Referenzdaten des Weltmodells im nachfolgenden Kapitel. Robotersteuerungen haben Taktzeiten von 10-60 ms [HIR85b]. In diesem Rahmen sollten die Vergleiche der Meßdaten mit den Referenzdaten stattfinden. Ist dies nicht der Fall, dann verlangsamen die Sensoroperationen den Handhabungsablauf

4.3.2.2 Die Diagnose

Die Diagnose wird dann aktiviert, wenn ein nichttrivialer Fehler im Handhabungsablauf auftritt. Darunter sind alle diejenigen Fehler zu verstehen, die mit den Meßdaten des fehlererkennenden Sensors allein nicht zu bestimmen sind. Ein Beispiel für einen trivialen Fehler ist die Lageabweichung einer Kante, wobei die Kante aber im Erfassungsbereich des überwachenden Sensors liegt und somit die Korrekturbewegung leicht zu berechnen ist.

Diagnose bekommt von *Perzeption* den Diagnoseauftrag mit Parametern übergeben. Die Nachricht sieht folgendermaßen aus:

DIAGNOSE <DIA_NUMMER, V_EINHEIT>

DIA_NUMMER: Aus Protokollierungsgründen wird jeder Diagnoseauftrag gekennzeichnet.

V_EINHEIT: Der Verweis auf die fehlermeldende Vergleichseinheit ist hier eingetragen. Damit kann auf den Datensatz der Vergleichseinheit zugegriffen werden.

Wenn der Diagnoseprozeß weitere Meßdaten erfordert, so geht ein Meßauftrag direkt an *Perzeption*, von wo aus er an das physikalische System weitergereicht wird. Dies bedingt eventuell eine Anforderung an die Exekutive, falls der Meßauftrag an einen am Roboterarm angebrachten Sensor gerichtet ist und dieser durch eine Bewegung in eine definierte Position gebracht werden soll. Die Nachricht hat die Form:

MESSE <DIA_NUMMER, MESS_AUFTRAG>

Ist der Meßauftrag ausgeführt, dann gibt *Perzeption* an *Diagnose* eine Meldung:

FERTIG <DIA_NUMMER, I_EINHEIT>

In I_EINHEIT steht der Verweis auf eine oder mehrere Informationseinheiten, die die Meßdaten bereithalten.

4.4 Das Weltmodell

Die in Kapitel 2.2 vorgestellten Modellierungsmethoden für die Umwelt sind alle sehr spezifisch auf ihre Anwendung zugeschnitten. Als Sensoren wurden ausschließlich Sichtsysteme verwendet. Allein für sie schien bisher der Aufwand einer expliziten Umweltmodellierung gerechtfertigt.

Eine umfassende automatische Verarbeitung von Sensordaten setzt eine ebenso umfassende Modellierung der Welt (Arbeitszelle) voraus, in der das Robotersystem arbeitet. Sie umfaßt nicht nur die Zielobjekte, die für den Sensoreinsatz am wichtigsten sind - im Rahmen dieser Arbeit sind dies die Teile des European Benchmark - sondern zusätzliche Informationen über alle Teile der Arbeitszelle. Das Gesamtmodell kann in verschiedene Submodelle untergliedert werden. Diese sind nach [MOH86]:

geometrisches Modell: Beschreibung der geometrischen Struktur aller physikalischen Objekte einer Roboterarbeitszelle

kinematisches Modell: Beschreibungen der mechanischen Struktur und Aufbau des Roboters und die Beziehungen und Wechselwirkungen zwischen seinen Achsen und Gelenken

dynamisches Modell: Beschreibung der dynamischen Kräfte und Momente, die sich durch die Kinematik, die Geometrie und die Massen des Roboters und seine Bewegungen ergeben

Sensormodell: Beschreibung der Eigenschaften und Merkmale von Sensoren

Umweltmodell: Beschreibung der Anordnung der Objekte und der Beziehungen unter den Objekten in der Roboterumwelt

Steuermodell: Beschreibung der Aktionen des Roboters. Hier sind auch die Basisoperationen des Roboters enthalten

Diese Informationen stehen dem Robotersystem an verschiedenen Stellen zur Verfügung. Außer der Sensorik benutzen z.B. die Planungsstrukturen eines fortgeschrittenen Robotersystems diese Modelle.

Aus Konsistenzgründen ist eine zentrale Datenhaltung oder zumindest ein zentrales Datenmanagement notwendig. Bei den sehr großen und komplexen Datenmengen bietet es sich an, ein Datenbanksystem für die Datenhaltung zu benutzen. In [DIT85] sind einige Merkmale für Datenbanksysteme aufgelistet:

◊ Datenintegration
◊ Konsistenz
◊ Datenunabhängigkeit
◊ Datenintegrität
◊ Datenschutz
◊ Unterstützung des Mehrbenutzerbetriebes

Erste Anwendungen fanden Datenbanken im administrativ-betriebswirtschaftlichen Bereich. Sie werden aber in zunehmendem Maß auch in ingenieurwissenschaftlichen Anwendungen benutzt. Die Anforderungen an das Datenbanksystem erweitern sich dann wie folgt:

◊ echzeitfähige Antwortzeiten
◊ hohe Verfügbarkeit
◊ hohe Ausfallsicherheit
◊ Prioritätensteuerung
◊ Triggerkonzept

Zur Modellierung von Datenbanksystemen sind grundsätzlich drei Datenmodelle möglich, mit denen die Beziehungen zwischen den Datenobjekten beschreibbar sind:

◊ das hierarchische Modell (Relation 1:N)
◊ das Netzwerkmodell (Relation M:1 und M:N)
◊ das relationale Modell

Das **hierarchische Modell** benutzt eine Baumstruktur als Beziehungsmuster zwischen den Datenobjekten. Jedes Datenobjekt kann mehrere Nachfolger, aber maximal einen Vorgänger haben. Die Baumstruktur ermöglicht eine einfache Implementierung. Als Nachteil ist anzusehen, daß rein hierarchische Beziehungen in den Anwendungen nicht direkt auftreten und die üblicherweise komplexer strukturierten Beziehungen zwischen Datenobjekten entweder nur schwer oder nicht darstellbar sind. Beispielsweise ist keine direkte Abbildung von zyklischen Beziehungen möglich.

Eine Erweiterung stellt das **Netzwerkmodell** dar, in dem sich die Beziehungen zwischen Datenobjekten als Modellstrukturen abbilden lassen. Die Beziehungen zwischen den Objekten werden mit Hilfe von *Sets* modelliert. In der Definition eines Sets ist genau ein Datensatztyp als Besitzer (*Owner*) des Sets spezifiziert. Als Mitglied (*Member*) können dem Set mehrere Datensatztypen zugeordnet werden.

Als Vorteil des Netzwerkmodells ist zu erwähnen, daß aufgrund der Möglichkeit, beliebige Einstiegsstellen in die Struktur zu definieren, effiziente Zugriffe auf die Datenobjekte möglich sind. Die Nachteile des Modells sind zum einen in den komplexen Strukturen zu sehen, die durch die speichernahe Darstellung entstehen, und zum anderen in der schwierigen Programmierung, in der alle Verkettungen explizit anzugeben sind.

An Flexibilität ist das **relationale Modell** den beiden anderen Typen überlegen. Die Beziehungen zwischen den Datenobjekten werden in diesem Modell nicht über feste Strukturen dargestellt. Als Grundlage für das relationale Modell dient das mathematische Konstrukt "Relation" als Teilmenge des Kartesischen Produkts einer Anzahl von Wertemengen (Domänen). Die Relation R über den Domänen $D_1 ..... D_k$ läßt sich also durch $R \in D_1 x\, D_2$ x......x D_k oder als Menge von k-Tupeln $\{d_1, d_2, ..., d_k\}$ mit $d_i \in D_i$, i=1...k darstellen. Veranschaulichen läßt sich eine Relation in graphischer Form als Tabelle. Dabei stellen die Zeilen die Datentupel und die Spalten die Domänen dar. Die Spaltenüberschriften der Tabelle geben die Attribute der Relationen wieder. Beziehungen zwischen den Tupeln ergeben sich durch übereinstimmende Instanziierung von Schlüsselfeldern. Dadurch ist es möglich, die Beziehungen dynamisch zu ändern.

Die Attribute der Relation sind atomar, wenn das relationale Schema der ersten Normalform entspricht. Dies führt oft dazu, daß inhaltlich zusammengehörende Daten auf mehrere Relationen verteilt sind und redundant gehalten werden, so daß die Gefahr von Inkonsistenzen auftritt. Das Wiederauffinden von Daten und Zusammenstellen zu einer temporären Relation bei einer entsprechenden Anfrage an das System sind in der Regel aufwendige Operationen, die als Join-Operationen bezeichnet werden. Der bekannteste Ansatz, diesem Nachteil zu begegnen, ist das NF^2-Modell [GEB87]. Die Attribute einer Relation können wieder Relationen sein, so daß eine Schachtelung stattfindet. Semantische Zusammenhänge lassen sich wieder durch die Struktur des Datenmodells wiedergeben. Die Vorteile sind ein höherer Schutz gegen Inkonsistenzen und eine effiziente Abspeicherung von inhaltlich zusammengehörenden Daten.

Für das in dieser Arbeit beschriebene Konzept wurde als erster Ansatz ein relationales Datenbankmodell der ersten Normalform [DEC87] gewählt, da es:

- eine einfache und klare Struktur in den Relationen besitzt
- leicht änderbar ist

NF^2-Modelle stehen noch nicht als Systeme zur Verfügung. Doch lassen sich die in erster Normalform erstellten Modelle leicht in diese Form überführen. Es ist dann allerdings noch zu überprüfen, ob die Echtzeitanforderungen erfüllbar sind. Sollte dies nicht der Fall sein, dann müßte auf ein, für die Anwendung speziell zugeschnittenes Datenmodell zurückgriffen werden, trotz der Nachteile, die mit einer solchen Maßnahme verbunden sind.

4.4.1 Das spezifische Sichtenmodell für die Sensoren

Zur Gewinnung der Daten aus dem Umweltmodell für die einzelnen Sensoren wird das Sichtenmodell auf das relationale Datenbankschema [ANS75] angewendet. Für die Anwendung im Rahmen eines Konzeptes zur Sensordatenverarbeitung in der Montage mit Robotern entwickelte [KAL87] ein spezifisches Sichtenmodell.

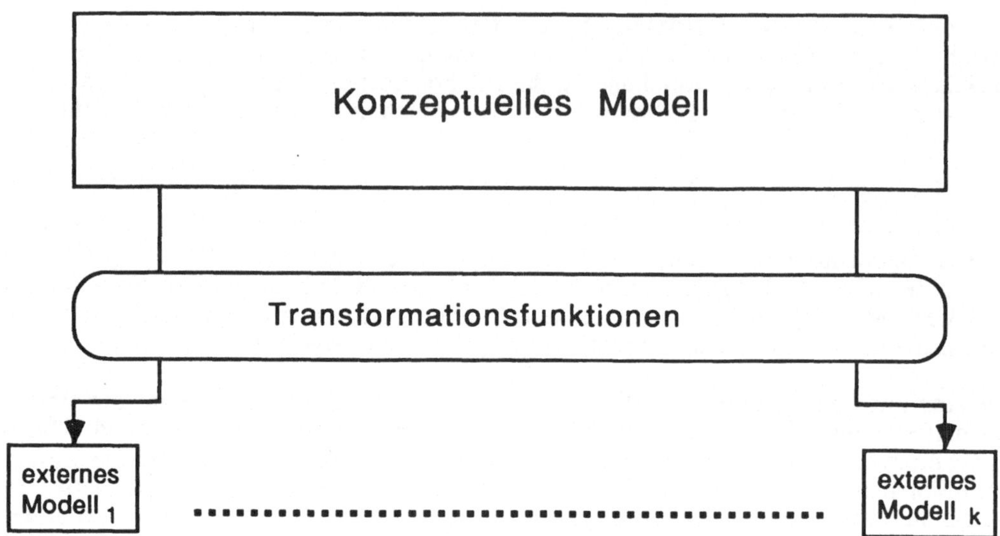

Bild 4.8: Zusammenhang zwischen dem konzeptuellen Modell und den externen Modellen

Es läßt eine "eigene lokale Sicht" (view) des Anwenders, in diesem Fall der Sensoren, auf die ihn interessierenden Daten zu. Für jede Anwendung existiert ein spezielles externes Modell [DAT81] [ALA86] [SCH83], in dem die interessierenden Objekte mit ihren Attributen und Beziehungen erfaßt sind. Alle externen Modelle lassen sich aus einem globalen, konzeptuellen Modell ableiten, welches eine umfassende Sicht auf alle Daten des Systems darstellt. Beim Entwurf der externen Modelle ist auf die Konsistenz mit dem konzeptuellen Modell bezüglich des logischen Inhalts zu achten.

Für die einzelnen externen Modelle werden eigene Schemata beschrieben, in denen Transformationsfunktionen zur Verfügung stehen, mit deren Hilfe alle Informationen des externen Modells aus den Daten der globalen Datenbasis ableitbar sind. Die Transformationen werden über die schon oben angesprochenen Sichten realisiert. Bild 4.8 zeigt den Zusammenhang zwischen dem konzeptuellen Modell und den externen Modellen, in denen die spezifischen Daten der verschiedenen Anwendungen stehen. Als Vorteile eines solchen Konzeptes lassen sich nennen:

1. *Konsistenz der Daten:* Änderungen von Einträgen im Weltmodell geschehen im konzeptuellen Teil. Einträge werden also global geändert. Über die Transformationsfunktionen werden die Änderungen der Daten an die externen Modelle weitergegeben.

2. *Stabilität des globalen Datenbankschemas:* Die globale Datenbasis ist sehr änderungsstabil, d.h. bei einer neuen Anwendung müssen keine Anpassungsmaßnahmen durchgeführt werden. Die Änderungen beschränken sich auf die Erstellung eines neuen externen Modells und eventuell zusätzlicher Transformationsfunktionen.

3. *Datenunabhängigkeit konzeptuelles Modell/Anwendungsprogramm:* Veränderungen am konzeptuellen Datenbankschema führen in der Regel nur zu Änderungen an den Transformationsfunktionen. Die Anwendungsprogramme müssen nicht

geändert werden, da sie nur von den externen Modellen mit Daten versorgt werden, auf die sich die Änderungen nicht auswirken.

4. *Datenunabhängigkeit der externen Modelle untereinander:* Erfährt ein externes Modell eine Änderung, so werden die anderen externen Modelle nicht davon betroffen. Dies entspricht der Unabhängigkeit der Sensorprozesse auf den unteren Ebenen.

5. *Kompakte Datenbereitstellung:* In den externen Modellen werden die Daten in einer kompakten anwendungsbezogenen Form bereitgestellt. Es muß nicht bei jedem Zugriff auf Referenzdaten eine langwierige Suche in der globalen Datenbank stattfinden.

4.4.2 Randbedingungen für den Zugriff

Die Anwendungen, für die die externen Modelle in dem Konzept für die Multisensordatenverarbeitung bereitgestellt werden sollen, sind Vergleiche von gemessenen Daten mit Referenzdaten, die aus den Weltmodelldaten direkt ablesbar oder leicht ableitbar sind. Diese Daten sind im wesentlichen Merkmale aus der Szene, als Beispiele wären Lage, Orientierung eines Werkstückes, Konturbeschreibung aus einer bestimmten Projektionsrichtung usw zu nennen. Den einzelnen physikalischen Sensoren sind ein bis mehrere Sensordatenverarbeitungsprozesse zugeordnet. Sie werden als Informationseinheiten (siehe Kapitel 4.5.1) bezeichnet. Jede dieser Informationseinheiten liefert spezifische Informationen auf der Basis der Roh- und Zwischendaten einer Messung des physikalischen Sensors, zu dem sie gehört.

Um für eine schnelle Bereitstellung der Referenzdaten zu sorgen, ist eine Anzahl von externen Modellen zu schaffen, die das Informationsbedürfnis der im Multisensorsystem integrierten Informationseinheiten der Sensoren befriedigen. Auf diese Aufstellung beziehen sich die nachfolgenden Ausführungen. Erweiterungen auf andere Sensoren sind innerhalb dieses vorgegebenen Rahmens jederzeit möglich.

Eine wichtige Randbedingung ist die Zeit, die für einen Zugriff auf die Daten eines externen Modells zur Verfügung steht. Dieser Zeitrahmen wird durch zwei Vorgaben gesetzt:

1. Die Meßdauer t_M: Darunter soll hier diejenige Zeit verstanden werden, die vom Zeitpunkt des Meßkommandos an den physikalischen Sensor bis zur Bereitstellung der Meßdaten für den Vergleich in den Vergleichseinheiten (Bild 4.3) vergeht. Diese Zeitdauer ist wegen der weitgehend sequentiellen Vorverarbeitungsprozesse entweder genau oder in engen Grenzen bestimmbar.

2. Die Entscheidungsdauer t_E: In einem laufenden Handhabungsprozeß mit Sensorüberwachung ist darunter die Zeitdauer zwischen Initiierung eines Meßprozesses und der von der Aussage des Meßwertes abhängigen Entscheidung im Handhabungsverlauf zu verstehen. Die Entscheidungsdauer läßt sich nur sehr schwer abschätzen. Sie ist nur in denjenigen Fällen vorauszuplanen, in denen die Messung und die nachfolgende Entscheidung in vorher definierbarer Relation zueinander stehen.

Aus den beiden Zeiten t_M und t_E lassen sich die Zeitanforderungen an die Fehlererkennungsmechanismen ableiten. Einzuführen sind noch die Zugriffszeit auf das externe Modell t_Z und die Vergleichszeit von Meß- und Referenzdaten t_V.

Zu fordern ist, daß der Meßprozeß mit einem beliebigen Sensor *i* den Handhabungsprozeß *k* bei der Überwachung nicht verzögert. Es gilt dann:

$$t_{M_i} + t_{V_i} \leq t_{E_k} \quad \text{und} \quad t_{Z_i} + t_{V_i} \leq t_{E_k}$$

Da die Meßdauer und die Zugriffszeit auf die Daten der einzelnen Sensoren bekannt sind und sie nur mit erheblichem Aufwand verändert werden können, ist somit zu fordern, daß sich t_Z an ihnen orientiert. Deswegen muß gelten:

$$t_{Z_i} \overset{!}{\leq} t_{M_i}$$

Für die einzelnen Sensoren muß genauestens untersucht werden, wieviel Zeit für den Zugriff auf ihre spezifischen externen Modelle zur Verfügung steht. Dies hat starke Auswirkungen auf die Struktur und den Umfang der externen Modelle. Eine weitere Konsequenz dieser Betrachtungen sind Einsatzbeschränkungen von Sensoren in der Überwachung, wenn die Entscheidungsdauer t_E für eine Messung auf jeden Fall kleiner als die Summe der Meßdauer t_M und der Vergleichszeit t_V ist.

4.4.3 Darstellung der Daten

Welche Daten über die Umwelt sind nun relevant für das Weltmodell? In der folgenden Aufzählung, die sicherlich noch nicht vollständig ist, sind wesentliche Punkte genannt, die anschließend näher erläutert werden.

- Beziehungen der verschiedenen Koordinatensysteme zueinander
- Anzahl der Objekte in der Arbeitszelle
- Klassifizierung der Objekte
- Attribute der einzelnen Objekte
- Lageinformationen zu den einzelnen Objekten

In einer komplexen Roboterarbeitszelle existieren eine Vielzahl von Koordinatensystemen. Dies sind außer dem Weltkoodinatensystem (im Regelfall kartesisch) noch die einzelnen Koordinatensysteme der Effektoren und Sensoren. Die Verkettungen zwischen den Weltkoordinaten und den einzelnen Sensorkoordinatensystemen sind entweder durch Konstanzfunktionen (bei festen Zuordnungen) oder über die Bahnbeschreibungen der Effektoren beschrieben, an die die Sensoren fest gekoppelt sind.

Angaben über die Anzahl der Objekte und eine grobe Klassifizierung sind ebenfalls vonnöten. Nach [MOH86] kann man zwischen aktiven Elementen (Effektorkomponenten, Sensoren und Beleuchtungsquellen) und passiven Objekten (Handhabungsobjekte, statische Arbeitszellenelemente usw.) unterscheiden. [SOE87] nimmt eine andere Einteilung vor, und zwar in statische, quasistatische und dynamische Objekte. Die Unterschiede in der Betrachtungsweise zeigen sehr deutlich, daß die Klassifizierung stark anwendungsabhängig ist. Im einen Fall handelt es sich um den Entwurf eines Weltmodell für die Montage mit Robotern, im anderen Fall für die Navigation eines mobilen Roboters.

Sehr wichtig für die Erfassung von Objekten ist deren geometrische Attributierung. In ihr stehen im wesentlichen Angaben über Größe und Form. Es bietet sich an, an dieser Stelle CAD-Daten zu nutzen, die im industriellen Rahmen eine immer größere Rolle spielen. Sie entstehen beim Entwurf von Werkstücken und Arbeitsmitteln und stellen eine umfassende Datensammlung über die Objekte in der Arbeitszelle dar. Weitere wichtige Daten, die auch oft zu den CAD-Daten dazugepackt sind, sind Material, Gewicht, Oberflächenbeschaffenheit, Farbe usw. Den Zugriff auf diese Daten gestatten externe Schnittstellen auf die CAD-Datenhaltung, z.B. das FEMGEN-Format.

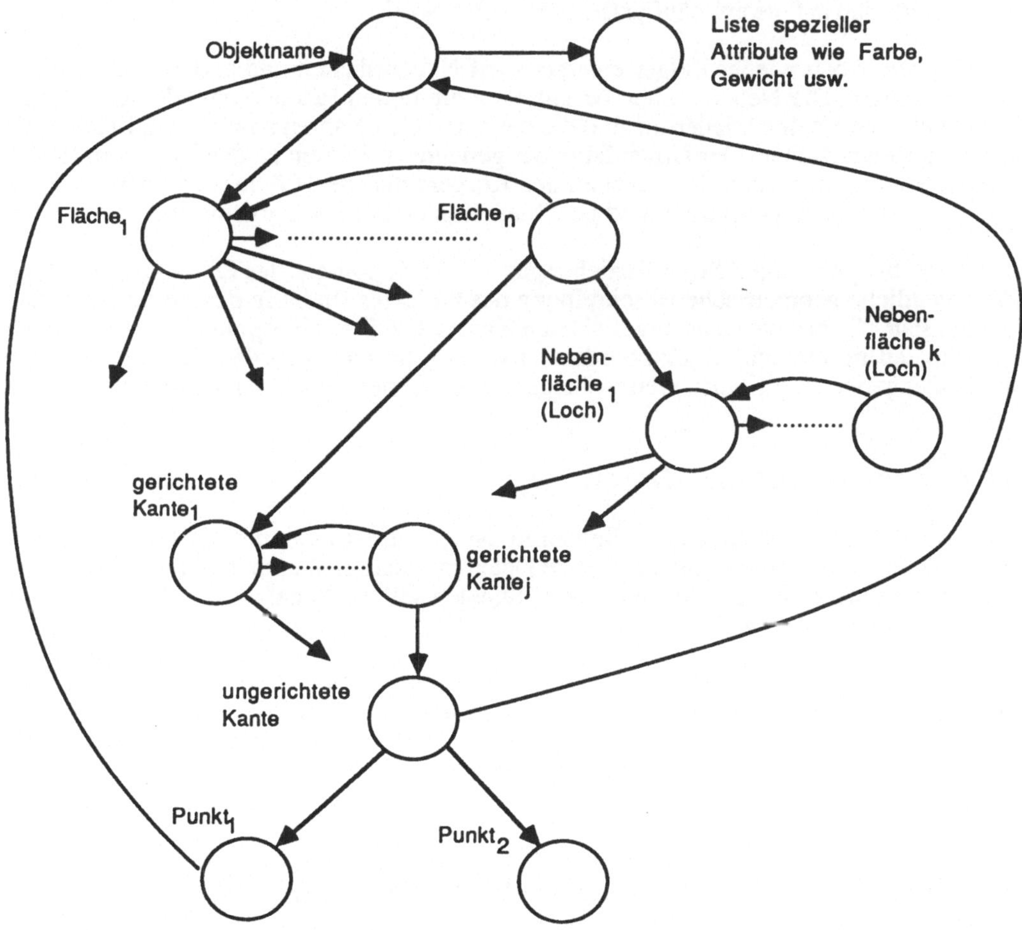

Bild 4.9: Graphische Darstellung einer Objektbeschreibung mit Hilfe des Polygon-Modells

Die Grundlage der Objektbeschreibung bilden die geometrischen Daten des Objekts. In dieser Arbeit wird von starren Körpern ausgegangen. Die Sensoren greifen immer auf die Oberfläche der Objekte zu. Aus diesem Grund wird eine Boundary representation gewählt, die sich im Rechner effektiv darstellen läßt. Des weiteren läßt sich aus ihren Grunddaten leicht die analytische Beschreibung einzelner Flächen, Kanten usw. gewinnen. Zur weiteren Vereinfachung ist die Basis der geometrischen Beschreibung eine

CAD-Modellierung der Objekte durch Polygonzüge. Bild 4.9 zeigt die graphische Darstellung der Datenstruktur.

Ausgehend von einem Objektnamen, der den Zugang von außen zum Objekt darstellt, verzweigt die Beschreibung in die Geometrie und zu einer Liste, in der spezielle Attribute festgehalten sind, die sich nicht direkt an Geometrieknoten binden lassen, wie Farbe, Gewicht usw. Die Geometrie besteht auf der obersten Ebene aus Verweisen auf die Flächen. Diese sind in einer verketteten Liste organisiert. Der Kopf dieser Liste ist eine beliebige Fläche. Aus Effizienzgründen sollte es aber diejenige Fläche sein, von der zu erwarten ist, daß auf sie am häufigsten zugegriffen wird.

Die Flächen haben wieder Zeiger einerseits auf Nebenflächen und andererseits auf gerichtete Kanten. Die Nebenflächen beschreiben die in den Flächen enthaltenen Löcher. Die gerichteten Kanten wiederum sind die begrenzenden Kanten sowohl von Flächen als auch von Nebenflächen. Der Umlaufsinn der gerichteten Kanten ist das Kriterium für die Unterscheidung zwischen den Flächen des Körpers und den Löchern. Ebenso wie die Flächen sind auch Nebenflächen und gerichtete Kanten in Listen organisiert.

Durch die bis jetzt angeführten Beziehungen ist die Topologie des Objektes festgelegt. Die eigentliche geometrische Beschreibung des Objektes findet in den beiden nächsten Ebenen statt. Sie bestehen aus ungerichteten Kanten und ihren Endpunkten mit konkreten Koordinaten im lokalen Objektkoordinatensystem. Sowohl von den Punkten als auch von den ungerichteten Kanten weisen Zeiger direkt auf den Objektnamenknoten.

4.4.4 Zugriff auf die Daten

Eine wesentliche Aufgabe von Sensoren ist es, die Lage und Orientierung von Werkstücken festzustellen. Entsprechende Daten müssen im Weltmodell angegeben sein. Bei den quasistatischen und dynamischen Objekten sollten Angaben über Freiheitsgrade und stabile Lagen stehen.

Damit sind die wesentlichen Aspekte der Attributierung der Umwelt besprochen. Eine ausführlichere Beschreibung findet anhand von Beispielen statt. Es sollten nur die notwendigen Daten im Umweltmodell stehen. Ein kleines Beispiel demonstriert die Benutzung der Umweltmodelldaten in einer Sensoranwendung:

Beispiel:

Mit einer Kamera erfolgt die Aufnahme einer Szene, in der Teile liegen sollen, deren Greifpunkte ermittelt werden sollen. Die Informationseinheit KONTUR (siehe Tabelle 4.1) meldet einen Datensatz von Ecken eines Werkstückes. Über eine Sicht sind nun die korrespondierenden Referenzdaten aus dem Weltmodell zu holen. Dazu wird folgende Sicht in der Syntax von RDB [DEC87] definiert:

```
DEFINE VIEW Werkstueck_geo OF W IN Werkstueck.
CROSS Geo IN geo_Darstell
WITH W.geo = Geo.name

W.name.
Geo.geo_koerper.
Geo.grund_koerper.
Geo.erste_flaeche.
```

END Werkstueck_geo VIEW.

Die beiden Objektklassen **Werkstueck** und **geo_Darstell** werden durch die Sicht **Werkstueck_geo** über das Attribut **geo** in **Werkstueck** bzw. **name** in **geo_Darstell** kombiniert. Als temporäre Variable zur Kennzeichnung der Sichtenattribute wird der Variablenname **W** vergeben. Es sind zwei Fälle möglich. Das Werkstück kann über zwei Beschreibungsformen definiert werden. Entweder besteht es aus einem Grundkörper (Quader, Kugel, Kegel,.....), die in einer durch das Attribut **grund_koerper** spezifizierten Objektklasse stehen, oder falls diese einfache Form nicht möglich ist, wird es über seine begrenzenden Flächen beschrieben. Das Attribut **erste_flaeche** weist auf die erste Fläche des Körpers hin.

Eine weitere Sicht **Oberflaeche** unterstützt den Zugriff auf die beschreibenden Daten der Werkstückoberfläche.

DEFINE VIEW Oberflaeche OF Fl IN Flaeche.

Fl.name.
Fl.naechste_flaeche.
Fl.erste_kante.
Fl.geo_flaeche.
Fl.art_flaeche.
Fl.nebenflaeche.
Fl.flaeche_inhalt.

END Oberflaeche VIEW.

In der Sicht **Oberflaeche** finden Zugriffe auf Flächen- und Kantenbeschreibungen von Oberflächen des Werkstücks statt. Das Attribut **erste_kante** der Sicht **Oberflaeche** weist auf das erste Element der beschreibenden Kantenfolge der Oberfläche hin. Die Daten der Sicht sind mit dem Namen **Fl** gekennzeichnet. Zur Unterstützung des Zugriffs auf diese Kanten wird die Sicht **Objekt_kante** definiert:

DEFINE VIEW Objekt_kante OF Ka IN Kante.

Ka.name.
Ka.naechste_kante.
Ka.anfangspunkt.
Ka.endpunkt.
Ka.geo_linie.
Ka.art_linie.

END Objekt_kante VIEW.

Objekt_kante reduziert die Objektklasse auf die problemspezifischen Parameter. Aus der oben definierten Sicht **Oberflaeche** wird der Wert des Attributs **erste_kante** dem Attribut **name** zugewiesen. Darauf folgen die Werte aus dem Attribut **naechste_kante** (Nachfolgekante) aus dem jeweils zuvor gefundenen Entity. Die Attribute **anfangspunkt** und **endpunkt** enthalten Verweise auf die Koordinaten von Anfangs- und Endpunkten der Kante. Das Attribut **art_linie** gibt den Typ der Verbindungslinie zwischen dem Anfangs- und Endpunkt der Kante an. In **geo_linie**

steht der Verweis auf eine Objektklasse, in der der Verlauf der Kante beschrieben wird. Die Kantendaten sind mit dem Variablennamen **Ka** gekennzeichnet.

Über die in diesem Beispiel beschriebenen Sichten können alle Kantendaten des Werkstücks abgerufen und für einen Vergleich mit den gemessenen Daten zur Verfügung gestellt werden.

4.5 Die Stufen der Sensordatenverarbeitung

Nachdem in den beiden vorangegangenen Teilkapiteln die wichtigsten Fragen der globalen Überwachungskomponenten angesprochen wurden, sollen jetzt die Module zur Bearbeitung der Sensordaten beschrieben werden. Es sind insgesamt drei Stufen:

- Vorverarbeitungsstufe mit den physikalischen Sensoren und den Informationseinheiten
- Vergleichsebene mit den Vergleichseinheiten und den Sichten zum Zugriff auf das Weltmodell
- Diagnoseebene mit einem Blackboard-Konzept als Expertensystem für die wissensbasierte Analyse

Jede dieser Ebenen beinhaltet ihre sehr spezifischen Methoden und Vorgehensweisen, die in den vorangegangenen Kapiteln zum Großteil beschrieben sind. Durch die Einbindung in das Rahmenkonzept der Überwachung vereinigen sie ihre Vorteile.

4.5.1 Vorverarbeitung der Sensordaten

Die untere Ebene des Konzeptes umfaßt die physikalischen Sensoren und die vorverarbeitenden Programme für die Sensordaten. Um die Kriterien der Mustererkennung anzulegen, die in Kapitel 2.1 kurz angesprochen wurden, enthält diese Ebene die Aufnahme von Mustern aus der Umgebung U, die gesamten Umformungsschritte zu mit Rechnern auswertbaren Mustern und die Extraktion spezifischer, auf die Anwendung zugeschnittener Merkmale. Da hier eine große Menge einfacher Operationen anfallen, die eine sehr starke Datenreduktion beinhalten, ist eine weitgehende Parallelisierung unumgänglich. Diese Organisationsform ist leicht möglich, da hier als Voraussetzung von mehreren physikalischen Sensoren als Bestandteil des Systems ausgegangen wird. Aufbauend auf diesen Sensorgrundeinheiten, die aus der Hardware der einzelnen Sensoren und den für ihren Betrieb notwendigen Software-Treibern bestehen, gliedern sich die Module für die Extraktion der Merkmale. Diese gehen von den einzelnen Informationseinheiten an die Vergleichseinheiten der nächsten Stufe. In Bild 4.3 wurde bereits eine Aufspaltung der physikalischen Sensoren in mehrere Informationseinheiten gezeigt. Diese lassen sich intern noch weiter aufsplitten. An einem Beispiel für ein Bildverarbeitungssystem wird dies später noch demonstriert.

Die Komponenten der Vorverarbeitungsstufen lassen sich netzförmig aufbauen. Dies entspricht dem Konzept der Logical sensors nach Henderson et.al. [HEN84a]. Der Grundgedanke ist die Abstrahierung von Sensoren und den zur Verarbeitung benutzten Funktionen, die sich dadurch als implementierungsunabhängige Struktur darstellen lassen. Die Motivation hierzu ist nach [HAN83]:

- Aufkommen von komplexen Multisensorsystemen
- Einführen von Abstrakten Datentypen
- Austauschbarkeit von Hard-/Softwaremodulen

Alle drei genannten Gründe weisen in dieselbe Richtung. Mit dem Konzept der logischen Sensoren soll versucht werden, die heterogene Beschreibung von Sensorkonzepten aus der Vergangenheit mit Hilfe eines uniformen Beschreibungsmittels in eine homogene Struktur zu überführen. Dies ist besonders für komplexe Multisensorsysteme wichtig, da sie sonst nicht mehr handhabbar sind. Ein logischer Sensor ist definiert durch:

Eingangsvektor ⟶ Überführungsfunktion ⟶ charakteristischer Ausgangsvektor

Dabei kann der Eingangsvektor leer sein. Dies ist z.B. bei den physikalischen Sensorelementen der Fall, ansonsten kommt der Eingangsvektor von anderen logischen Sensoren. Die Überführungsfunktion wird entweder durch ein Programm oder durch Hardware realisiert. Der charakteristische Ausgangsvektor (COV) definiert den Typ der Ausgangsdaten des logischen Sensors. Ein konkreter Ausgangsvektor stellt eine Instanziierung des COV dar.

Verallgemeinert betrachtet läßt sich dieser Sachverhalt als mathematische Funktion schreiben [MIL88]:

$f: S^* \rightarrow R$	wobei	S^*:	Menge von Sequenzen einer Menge möglicher Stimuli
		R:	Systemantwort auf die Stimuli
		f:	Überführungsfunktion

Durch S^* wird die Historie der Stimuli berücksichtigt, d.h. nicht nur der aktuell anliegende Stimulus dient zur Erzeugung von R, sondern eine festgelegte Anzahl der zeitlich vorher anliegenden Stimuli. Diese Abbildung ist die einfachste Form eines endlichen Automaten, bei dem der interne Zustand nicht berücksichtigt wird. Kommt dies noch dazu, so hat die Funktion folgende Form:

$g: S^* \times T^* \rightarrow R \times T$	T:	Zustand des Automaten
	T^*:	Historie von T

Mit diesen beiden Formen lassen sich prinzipiell die funktionalen Zusammenhänge in den Komponenten eines Sensorsystems im Bereich der Vorverarbeitung beschreiben. In einer graphischen Darstellung läßt sich die untere Ebene durch die in Bild 4.10 gezeigte Struktur angeben.

Das Basiseingangsdatum in die Meßeinrichtung ist die physikalischen Meßgröße (Kapitel 1). Sie wird durch die Grundhard- und -software der Meßeinrichtung in ein für Rechner handhabbares Format umgeformt. Die Ausgangsgröße dieses Moduls ist der digitalisierte Meßwert, der meist zwischengespeichert wird, und damit stehen die Daten des Meßwertes für eine weitere Verarbeitung zur Verfügung. Auf sie greifen die Informationseinheiten des Sensors zu und extrahieren daraus spezifische Merkmalsmengen. Die Informationseinheiten sind in der Reihenfolge ihrer gegenseitigen Abhängigkeit angeordnet. Die meisten Informationseinheiten sind von Zwischenergebnissen anderer Informationseinheiten abhängig. Es ist deswegen günstig, eine Informationseinheit in eine Kette von Untereinheiten aufzuspalten, die die benötigten Zwischenergebnisse liefern, ohne daß die gesamte Informationseinheit angesprochen werden muß. Ansonsten würde

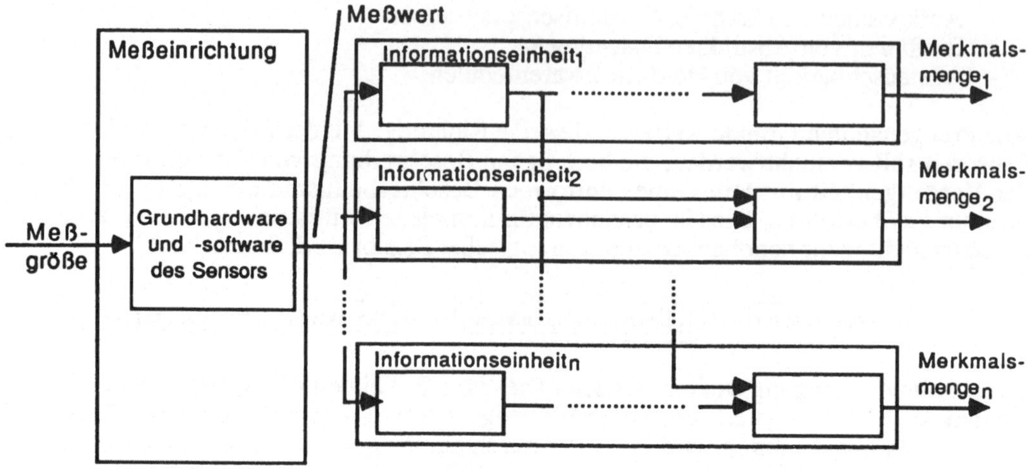

Bild 4.10: Verallgemeinertes Blockschaltbild des Datenfluß in einem Sensor und seinen Informationseinheiten

der Aufruf einer Einheit, die stark von anderen abhängt, deren gesamte Abarbeitung beeinflußen. Die Merkmalsmengen sind disjunkt, sie sind jedoch in einen Erklärungsrahmen eingebunden, der z.B. den Namen des Objektes enthält, zu denen sie gehören, oder noch andere Angaben ähnlicher Natur.

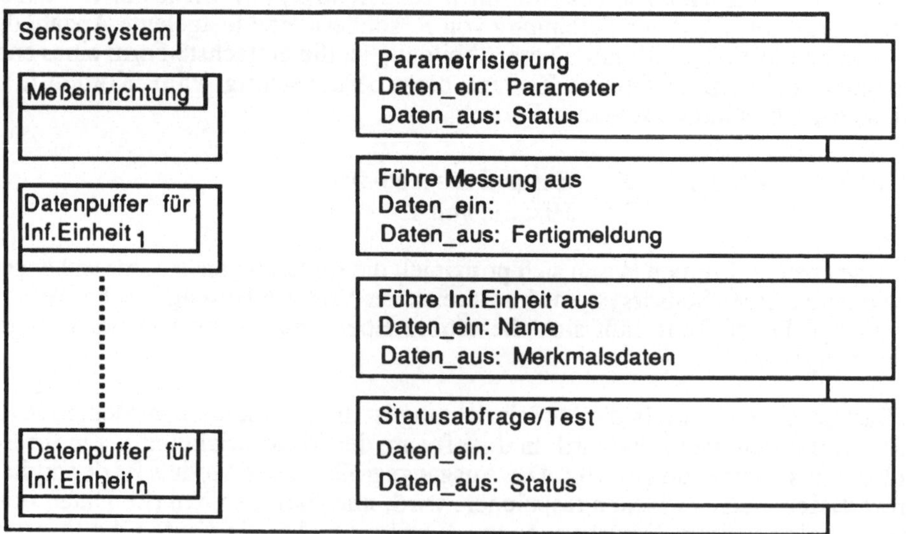

Bild 4.11: Graphische Darstellung des Objektes Sensorsystem

Da der Nutzer meist nicht alle Daten eines Sensors benötigt, ist für ihn nicht das gesamte funktionale Netzwerk wichtig, in das sich der Sensor gliedert, sondern nur derjenige Teil des Netzwerkes, welches ihm die gewünschten Informationen liefert. Für den Zugriff auf bestimmte Daten ist es sinnvoll, eine einheitliche Schnittstelle für alle Informationseinheiten zu definieren. Durch den objektorientierten Ansatz ist das sehr einfach.

Ein Einzelsensorsystem mit seiner nachgeordneten Meßeinrichtung bildet mit den Informationseinheiten als Operationen sowie einigen anderen Operationen ein Objekt. Der Name des physikalischen Sensors ist gleich dem des Objekts. Bild 4.11 zeigt eine graphische Darstellung:

Es existieren insgesamt vier Operationen auf die Datenbereiche des Objektes:

1. für die Parametrisierung der Meßeinrichtung und auch eventuell von Informationseinheiten
2. zum Auslösen einer Messung
3. zum gezielten Ansprechen einer Informationseinheit
4. zur Abfrage des Sensorstatus und eventuell zum Test

Die Schnittstelle besteht aus dem Befehlsfluß an das Objekt und in der Gegenrichtung aus Daten und Statusmeldungen. Eventuell müssen mit den Befehlen auch Parameter übergeben werden, um das richtige Betriebsverhalten zu gewährleisten. Neben den angeforderten Daten, die regulär auf Anfrage geliefert werden, können Statusmeldungen Aussagen über irreguläre Zustände des in der Informationseinheit enthaltenen physikalischen Sensors geben. Es wäre denkbar, wenn keine Anfragen an die Informationseinheit bestehen und Rechnerkapazitäten frei sind, mit Selbsttestprogrammen die Sensorkonfiguration laufend auf Funktionsstörungen zu überprüfen.

Sensor	Inform.Einh.	Datentyp	Interpretation der Daten
Kamera 1	HISTO1	VECTOR	Basis Binärisierung; Existenz von Teilen;
	MARK1	INTEGER	Trennung Teile; Anzahl Teile und Löcher; Relationen zwischen ihnen
	SCHWER1	INTEGER	Lage von Teilen und Löchern
	KONTUR1	VECTOR	Erkennung von Teilen
	DREH1	INTEGER	Orientierung von Teilen
Kamera 2	HISTO2	VECTOR	Existenz von unterschiedlichen Grauwertregionen
	KANTE2	INTEGER	Lage von Regionenbegrenzungen
	MARK2	INTEGER	Individuisierung von einzelnen Kanten
Ultraschall-sensor 3	UDISTANZ	INTEGER	Abstand Sensor - nächste Teilefläche
	HUELL	VECTOR	Lage, Orientierung und Göße von Teilflächen der Objekte
Lichttaster 4	LDISTANZ	INTEGER	Abstandsschwelle überschritten/nicht überschritten
Kurzdistanz-sensor 5	KDISTANZ	INTEGER	Abstand Greiferfinger/Greiffläche
	KWINKEL	INTEGER	Orientierung Greiffläche zur Greifrichtung
Kraftmeßdose 6	KRAFT	VECTOR	entkoppelte Kräfte in x/y/z-Richtung
	MOMENT	VECTOR	entkoppelte Momente in x/y/z-Richtung

Tabelle 4.2: Übersicht über die Informationseinheiten der verwendeten Sensoren

Anlehnend an diese Überlegungen wurden für das hier vorgelegte Konzept die Sensorsysteme in von außen sichtbare Informationseinheiten aufgespaltet, wie Tabelle 4.2 zeigt. Dadurch sind dedizierte Anfragen an einen einzelnen Sensor oder sogar an Teilfunktionen eines Sensors möglich, um bestimmte Informationen zu erhalten. Dies ist sinnvoll, da nicht immer sämtliche Daten, die ein Sensor liefern kann, benötigt werden und somit Zeit und Aufwand gespart werden kann.

Die konkrete Realisierung wird anhand eines Beispiels für Kamera[1] näher erläutert. Bild 4.12 zeigt alle Komponenten des Sensors. Die physikalische Kamera liefert das analoge BAS-Signal, welches sowohl die Informationen über das Bild als auch die Synchronsignale zur Ortsbestimmung der Bildinformation enthält. Die Signalaufbereitungskomponente zerlegt dieses komplexe Signal, generiert aus den Synchronisationsimpulsen, diskrete Adressen zur Plazierung des Bildpunktes im Bildspeicher und digitalisiert den analogen Intensitätswert zu einem mehrere Bit (meist 7-8 Bit) umfassenden Datum. Für weitere Verarbeitungsschritte steht die digitale Bildfunktion als Repräsentation des Intensitätsbildes im Bildspeicher zur Verfügung. Nach der Analyse der Grauwertverteilung im Bild (Histogramm) legt das System die Binärisierungsschwelle fest. Dieses Datum dient einem Hardwarekomparator als Schwelle, um das digitale Grauwertbild in ein Binärbild zu überführen.

Die bisher beschriebenen Komponenten sind Teil der Meßeinrichtung des Sensorsystems und sind anders markiert als die vollkommen in Software realisierten Informationseinheiten. Sie sind die für das Multisensorsystem sichtbaren, datenliefernden Komponenten des Sichtsystems mit dem physikalischen Sensor Kamera[1] und können als weitgehend eigenständige Sensoren angesehen werden.

Eine vollständige Parallelisierung ist nicht möglich, da der Prozeß der Bildvorverarbeitung sukzessive abläuft und die jeweils links liegenden Informationseinheiten den rechts liegenden die für ihre Verarbeitungsschritte notwendigen Daten liefern.

Beispiel: Kamera[1] wird als Binärbildsystem betrieben. Zur Komponentenmarkierung ist eine Binärisierung des Bildes notwendig. Dazu muß zuerst die Histogrammberechnung ablaufen, um eine günstige Binärschwelle zu finden.

Sämtliche Verarbeitungsschritte in dieser Ebene sind prozedural und datengetrieben. Deklaratives Wissen wird hier nicht benutzt. Die Programme sind genau auf die einzelnen Sensoren abgestimmt. Ihre Vorverarbeitung ist spezifisch auf die auftretenden Daten zugeschnitten. Aus Effizienzgründen sind die verwendeten Sprachen hardwarenah, konkret in der Anwendung, meist C oder manchmal sogar Assembler, um alle Optimierungsmöglichkeiten des verwendeten Prozessors ausnutzen zu können. Da die Algorithmen in diesem Bereich weitgehend bekannt sind und aufgrund des modularen Aufbaus dieser Schicht bietet es sich an, sie aus Geschwindigkeitsgründen mit großer Unterstützung von Hardware zu implementieren.

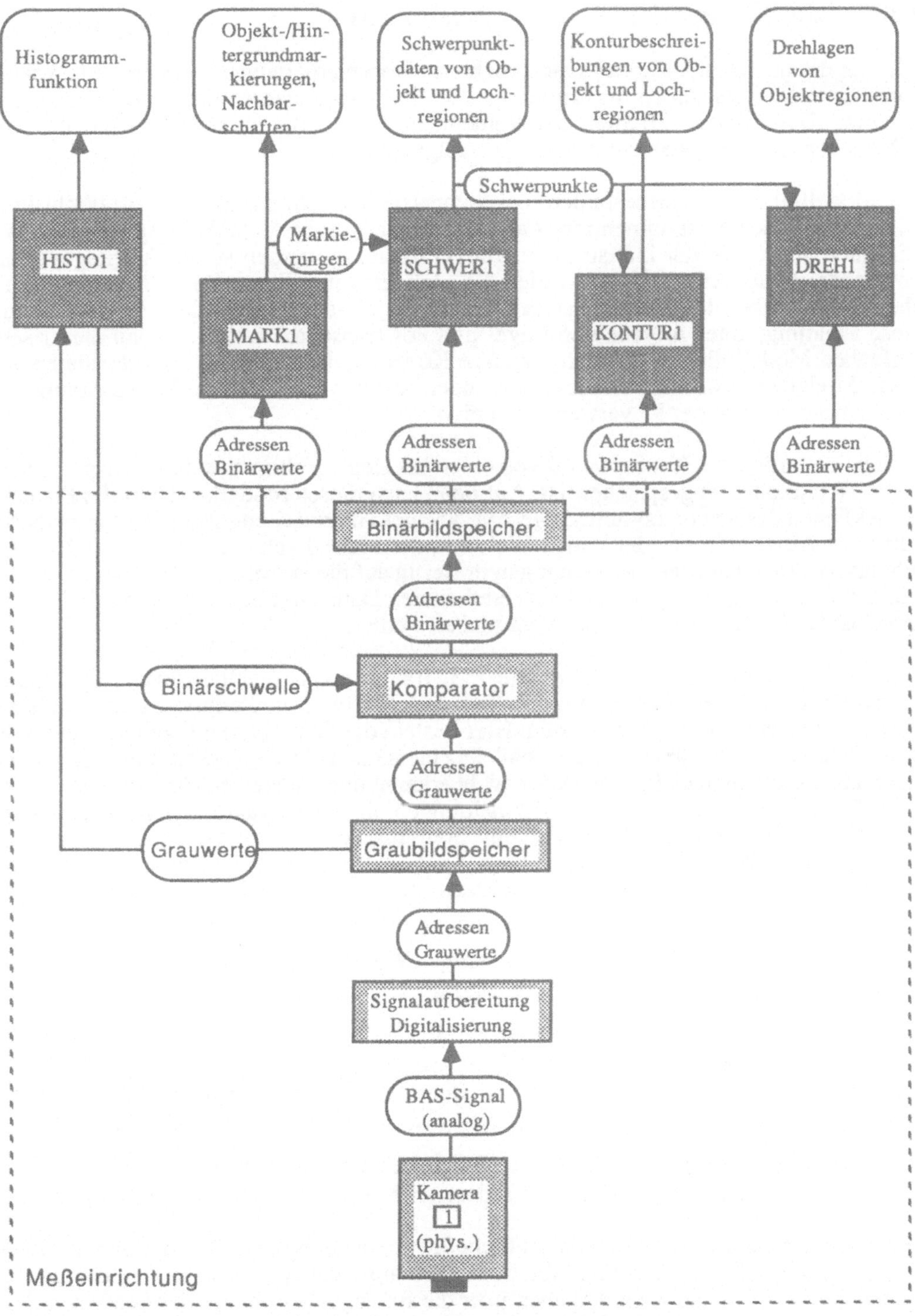

Bild 4.12: Das Überkopfsichtsystem mit Kamera [1] und den zugeordneten Informationseinheiten

4.5.2 Die Ebene der Vergleichseinheiten

Die von der im vorigen Kapitel angesprochenen Vorverarbeitung errechneten Merkmalsdaten eines Sensors stellen die Grundlage für eine Interpretation dar. Eine Beurteilung, d.h. eine Klassifikation im Sinne der Nomenklatur der Mustererkennung, kann aber erst anhand von Referenzdaten eines Modells erfolgen.

Die Modellbildung ist insbesondere bei Sichtsystemen schon sehr weit fortgeschritten. Die Vergleichsdaten stammen meist aus der spezialisierten Datenhaltung für einen bestimmten Sensor. In der industriellen Bildverarbeitung werden sie in Trainingsphasen gewonnen. In der Arbeitsphase werden die Meßdaten mit diesen Referenzdaten verglichen. Sobald über den Vergleichsvorgang ein Objekt erkannt wurde, gibt das System diese Meldung, unter Angabe von Lage- und Positionsdaten weiter. Neben dieser sehr einfachen Modellbildung existieren andere Konzepte, in denen die Referenzdaten aus CAD-Modellen gewonnen werden, bzw. noch weitgehender, indem Wissensrepräsentationsmechanismen der KI verwendet werden.

In dem hier erörterten Konzept wird von einer "idealen" Weltbeschreibung ausgegangen, die im Weltmodell abgespeichert ist. Auf den Daten dieses Modells basiert die Planung der Aktionen des Robotersystems. Die Aufgabe der Überwachung ist es, im Laufe dieser Aktionen Abweichungen der realen Welt von der Modellwelt festzustellen und soweit möglich die Relevanz der Abweichungen in Bezug auf die aktuelle Aktion zu bestimmen. Dazu müssen die gemessenen und vorverarbeiteten Daten von den Sensoren mit den entsprechenden Daten des Weltmodells verglichen werden.

Da es durch verschiedene Fehler, wie z.B. Rauschen, Umwelteinflüsse, Quantisierungsfehler usw., zu Abweichungen bei den Meßwerten kommen kann, müssen Toleranzbereiche vorgegeben werden. Hier besteht die Schwierigkeit, genau abzuschätzen, wie groß sie zu wählen sind, so daß sie einerseits nicht zu groß sind und deswegen relevante Abweichungen für die Aktion nicht erkannt und andererseits nicht durch eine zu enge Toleranzwahl laufend mit Fehlermeldungen die Roboteraktionen gestört werden. Eine häufig vorkommende Form zur Beschreibung von statistischen Verteilungen bei Meßwerten ist die sogenannte normalverteilte Funktion, zumindest lassen sich die real vorkommenden Verteilungen damit sehr gut annähern [OSE71]. Der beschreibende Parameter für diese Streuungskurve in Glockenform ist die Varianz σ, die den Abstand vom Mittelwert μ zum links- bzw. rechtsseitigen Wendepunkt der Kurve darstellt. Durch die Angabe eines Intervalls um den Mittelwert μ mit der Varianz als Parameter läßt sich unabhängig von den Parameterwerten der Kurve die Wahrscheinlichkeit angeben, mit der ein Meßwert in diesem Intervall liegt ($[\mu-\sigma,\mu+\sigma]$: 0.6827, $[\mu-2\sigma,\mu+2\sigma]$: 0.9545). Es bietet sich an, die Toleranzbereiche zur Beurteilung der Messungen anhand dieses Kriteriums zu wählen. Um den idealen Meßwert wird somit ein Intervall $[\mu-k\sigma,\mu+k\sigma]$ gebildet, wobei k bei bekanntem σ einen Parameter darstellt, der die Intervallgrenzen in Abhängigkeit von technologischen und andereren Randbedingungen einstellbar gestaltet.

Desweiteren muß noch eine sehr wesentliche Unterscheidung getroffen werden in Sensoren, die ortsfest sind, und solchen, die beweglich angebracht sind, insbesondere am Roboterarm selbst. Es sind noch Angaben über die Bewegungsfunktion des benutzten Sensors notwendig, falls er sich nicht an einem festen Ort befindet. Ist er an einem Gelenk des Roboters montiert, so müssen die Ortsdaten zum Meßzeitpunkt bekannt sein.

Diese Daten können aus der Vorwärtstransformation der Gelenkwinkel gewonnen werden. Die Berechnung ist einfach, da die Gelenkwinkelwerte eindeutig über die Denavit-Hartenberg-Transformationsmatrizen [BLU81] in kartesische Weltkoordinaten überführbar sind. Bild 4.13 zeigt die Orientierung zweier aufeinanderfolgender Koordinatensysteme nach Denavit-Hartenberg.

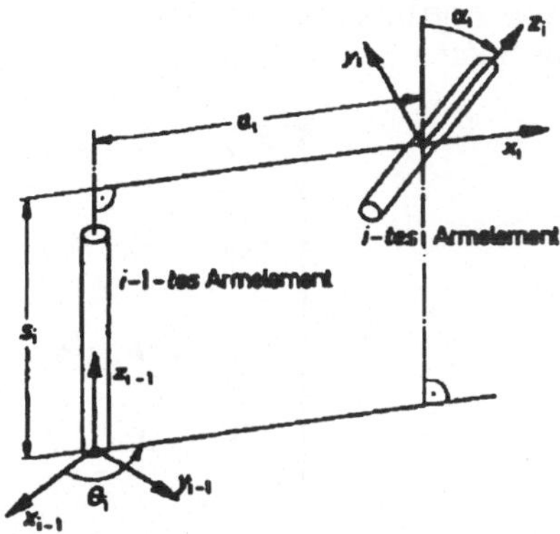

Bild 4.13: Orientierung zweier aufeinanderfolgender kartesischer Koordinatensysteme nach Denavit-Hartenberg aus [BLU81]

Die Aufgabe besteht darin, die Koordinatensysteme der gesamten kinematischen Kette ineinander zu überführen. Mit Hilfe von Matrizenmultiplikationen läßt sich der Rechenvorgang formalisiert ausführen. Bezogen auf die in Bild 4.13 verwendeten Bezeichnungen und Verhältnisse sieht die D-H-Matrix $\underline{D}_{(i-1,i)}$ für einen Übergang vom i-ten in das (i-1)-te Koordinatensystem folgendermaßem aus:

$$\underline{D}_{(i-1,i)} = \begin{bmatrix} \cos\theta_i & \cos\alpha_i \sin\theta_1 & \sin\alpha_i \sin\theta_i & a_i \cos\theta_i \\ \sin\theta_i & \cos\alpha_i \cos\theta_i & -\sin\alpha_i \cos\theta_i & a_i \sin\theta_i \\ 0 & \sin\alpha_i & \cos\alpha_i & s_i \\ 0 & 0 & 0 & 1 \end{bmatrix}$$

Über diese 4x4-Transformationsmatrix wird ein Punkt aus dem i-ten Koordinatensystem in das (i-1)-te Koordinatensystem überführt, gemäß der Gleichung:

$$\begin{bmatrix} x_{i-1} \\ y_{i-1} \\ z_{i-1} \\ 1 \end{bmatrix} = \underline{D}_{(i-1,i)} \begin{bmatrix} x_i \\ y_i \\ z_i \\ 1 \end{bmatrix}$$

Für die gesamte kinematische Kette gilt dann zur Bestimmung von Position und Orientierung des Sensors, der an einem Gelenk des Roboterarmes befestigt ist:

$$S = \underline{D}(0,1) \cdot \underline{D}(1,2) \cdot \underline{D}(2,3) \cdot\cdot\cdot \underline{D}(n-1,n)$$

Diese Multiplikation ergibt eine 4x4-Matrix, die die Position und Orientierung des Sensors in Weltkoordinaten beinhaltet:

$$\underline{S} = \begin{bmatrix} x_{ex} & y_{ex} & z_{ex} & x_S \\ x_{ey} & y_{ey} & z_{ey} & y_S \\ x_{ez} & y_{ez} & z_{ez} & z_S \\ 0 & 0 & 0 & 1 \end{bmatrix}$$

Die Komponenten der $\underline{S}$-Matrix sind folgendermaßen zu verstehen:

Alle mit dem Index e gekennzeichneten Elemente der Matrix sind Einheitsvektoren in Richtung des zweiten Indexteils des Sensorkoordinatensystems. Sie beschreiben die Orientierung des Sensors im Raum relativ zur Lage des Sensorbasiskoordinatensystems.

Die mit Index S bezeichneten Elemente sind Komponenten des Ortsvektors $\vec{s}$ vom Ursprung des Weltkoordinatensystems zum Ursprung S des Sensorkoordinatensystems. Aus dem Vektor $\vec{s}$ ist direkt die Position des Sensors ablesbar.

Mit diesen in kartesischer Form gegebenen Informationen liegt die Blickrichtung des Sensors auf die Szene fest. Zusammen mit den aus dem Weltmodell abgerufenen Daten lassen sich die Referenzwerte errechnen. Über die Definition des Blickfeldes kann der Zugriff auf einen Teil des Weltmodells eingegrenzt werden. Eine Auftrennung der Welt ist im einfachsten Fall möglich in die Räume:

- vor der Aufnahmeebene des Sensors liegend
- hinter der Aufnahmeebene des Sensors liegend

Weitere Eingrenzungen des Aufnahmebereiches können mit Hilfe von komplexeren geometrischen Formen, z.B. Kegel, Pyramiden usw., vorgenommen werden. Auf diese Weise gelangt man schnell zu den für den Sensor sichtbaren Objekten und muß nicht alle in der Arbeitszelle befindlichen Objekte mit ihren Merkmalen untersuchen.

Eine wichtige Aufgabe des Systems ist es auch, die Messung mit einer Zeitmarke zu versehen. Dazu ist zum Zeitpunkt der Messung eine Echtzeituhr abzufragen und der die Messung beschreibende Datensatz mit diesem Zeitstempel zu versehen.

Aus der oben beschriebenen Vorgehensweise ist abzuleiten, daß die Beschreibung einer Messung im allgemeinen Fall nur mit einer komplexen Datenstruktur möglich ist. Diese sieht wie folgt aus:

<MESSID; SENSORID; MESSZEIT; MESSFRAME; DATENLISTE; REFLISTE; KOMMENTAR >

Die einzelnen Komponenten dieser Struktur sind je nach Art des verwendeten Sensors sehr unterschiedlich aufgebaut. Extreme Gegensätze sind z.B. die Meldung eines binären Kontaktsensors oder der Datensatz eines Bildverarbeitungssystems. Im einzelnen gilt für sie:

MESSID: Sie dient zur Identifikation der Einzelmessung. Dies ist insbesondere in einem komplexen System wichtig, in dem die Datenhaltung auf verschiedene Resourcen verteilt ist.

SENSORID: Wichtig für die Behandlung der Daten sind Angaben über die Art des Sensors. Beim vorgelegten Konzept kommt noch hinzu, daß komplexe Sensoren nach außen in eine Anzahl von Informationseinheiten zerfallen, die unterschiedliche Daten liefern.

MESSZEIT: Über sie kann festgestellt werden, wie aktuell die Daten einer Messung sind.

MESSFRAME: Das Meßframe gibt die Lage und Orientierung des Sensors zum Messzeitpunkt an. Größtenteils dienen diese Angaben zur Ermittlung der Referenzdaten.

DATENLISTE: In ihr stehen die Angaben über die Meßdaten, wobei über einen Zeiger auf die physikalische Adresse der einzelnen Datenfelder verwiesen wird. Die Datenliste besitzt folgende Form:

DATENFELDID_1
FELDTYP_1
FELDZEIGER_1
.
.
.
FELDTYP_K
FELDZEIGER_K

Die einzelnen Felder der Datenliste können unterschiedliche Daten enthalten. Wird beispielsweise die Informationseinheit SCHWER1 aufgerufen, dann liefert sie nicht nur die Schwerpunktdaten, sondern auch die Daten, die auf dem Berechnungsweg angefallen sind. Dies ist insofern von Bedeutung, da im Fehlerfall der Datensatz für eine weitergehende Analyse benutzt wird.

REFLISTE: Für die Referenzdatenliste, die aus dem Weltmodell als ideale Beschreibung der Szene gewonnen wird, gilt ähnliches wie für den Meßdatensatz. Sie besitzt folgende Struktur:

REFDATENID_1
REFDATENTYP_1
REFDATENZEIGER_1
.
.

REFDATENTYP_L
REFDATENZEIGER_L

Der Mechanismus zum selektiven Lesen der Referenzdaten aus dem Weltmodell wurde in Kapitel 4.4 beschrieben. An dieser Stelle soll es genügen zu erwähnen, daß die notwendigen Referenzdaten über diesen Mechanismus für den Datensatz der Messung verfügbar sind. Der Vergleich der Meß- mit den Referenzdaten fällt für jeden Sensor sehr unterschiedlich aus. Genügt bei einer Entfernungsmessung eine einfache Differenzbildung zwischen zwei Werten, so ist die Überprüfung der Daten eines Sichtsystems mit erheblich mehr Aufwand verbunden.

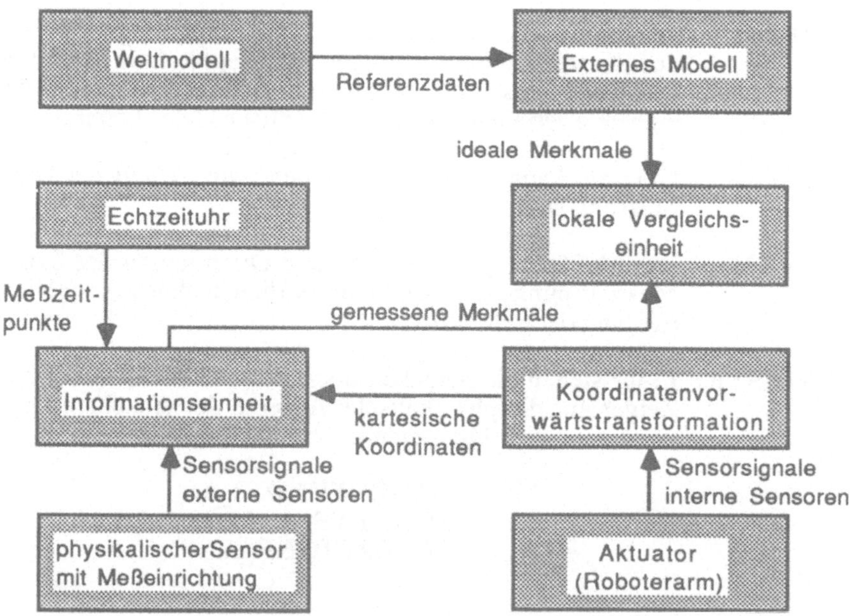

Bild 4.14: Strukturbild der Konfiguration von Modulen für den Vergleich Sensordaten/Referenzdaten

In Bild 4.14 sind die benötigten Daten für den Vergleich und die sie liefernden Komponenten für eine lokale Vergleichseinheit dargestellt. Von den externen Signalen gehen Signale an die Sensordatenvorverarbeitung und dann als gemessene Merkmale an die Vergleichseinheit. Sie sollen mit den idealen Merkmalen verglichen werden, die aus dem Weltmodell geliefert und über das externe sensorspezifische Modell selektiert werden. Die beiden wichtigen Parameter Zeitpunkt der Messung und Ort und Orientierung des Sensors fließen ebenfalls noch in den Datensatz der Vergleichseinheit ein. Die kartesischen Daten des Sensorframes lassen sich über die oben bereits schon beschriebene Vorwärtstransformation aus den Gelenkwinkeln des Roboterarmes bestimmen. Die aktuellen Winkelwerte liefern die internen Wegsensoren des Armes. Von einer Echtzeituhr wird ein Zeitstempel ausgelesen, um die Aktualität des Datensatzes zu beschreiben.

Ähnlich der Spezifikation eines Sensorsystems als Objekt im vorhergehenden Kapitel kann dies auch allgemein für eine Vergleichseinheit durchgeführt werden:

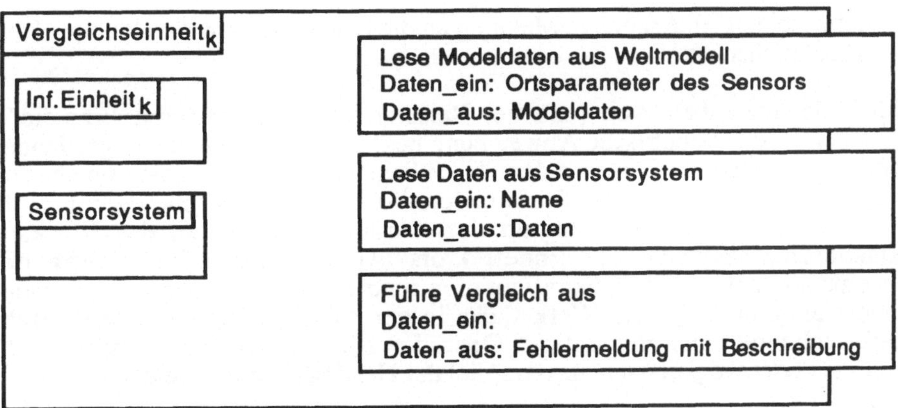

Bild 4.15: Graphische Darstellung des Objektes Vergleichseinheit

Auf die Unterobjekte der Vergleichseinheit werden insgesamt drei Operationen angewendet. Mit der Operation "Lese Daten aus Sensorsystem" werden die Daten der mit der Vergleichseinheit verbundenen Informationseinheit ausgelesen und mit der Operation "Führe Vergleich aus" der eigentliche Vergleich ausgeführt. Die Modelldaten für den Vergleich mit den Meßdaten liest die Operation "Lese Modelldaten aus Weltmodell", wobei der ausführenden Sicht die Ortsparameter des Sensors übergeben werden, um den Zugriffsraum einzuschränken.

Eine wichtige Anmerkung ist noch bezüglich der zeitlichen Abfolge des Datenauslesevorganges, korrespondierend mit den Betrachtungen in Kapitel 4.4.2, zu machen. Eine Messung und die Bestimmung des Sensorframes kann gleichzeitig erfolgen. Die Daten zur Ortsbestimmung des Sensors stehen sofort zu Beginn einer Messung zur Verfügung. Damit ist der Sichtbereich des Sensors bestimmt und der Suchvorgang auf die Referenzdaten kann stark eingegrenzt werden. Die Suche nach den idealen Merkmalsdaten aus dem Weltmodell kann also nun in effektiver Weise initiiert werden.

Eine wichtige Unterscheidung ist bezüglich der Auswirkungen einer über die Toleranz hinausgehenden Abweichung auf die aktuelle Task zu treffen. Es sind dies zwei Fälle:

parametrisch: Die Abweichungen bedingen nur eine Parameteränderung in einzelnen Ausführungsabschnitten der Handhabung. Es sind also keine Planungsschritte notwendig, wenn nicht andere Randbedingungen verletzt sind, wie etwa Endanschlag eines benötigten Gelenkes usw. An die Exekutive sind die gemessenen Parameter weiterzugeben, um sie entsprechend in die Steuersequenzen einzubinden.

strukturell: Sind die Abweichungen derart, daß die Handhabungssequenz an sich modifiziert werden muß, dann spricht man von struktureller Abweichung. Hierzu ist eine Neuplanung notwendig. Diese erfordert eine genaue Beschreibung der vorliegenden Situation in der Arbeitszelle. Nur für sehr einfache Szenen ist dies mit der Sicht eines einzelnen Sensors möglich. Die Konsequenz für die lokale Vergleichseinheit ist nach Feststellen einer nicht parametrisch aufzulösenden

Abweichung eine schnelle Meldung an die Exekutive, daß die aktuelle Handhabung abzubrechen ist.

Beide Fälle sind anhand von einfachen Beispielen leicht zu erklären. Eine die Toleranz überschreitende parametrische Abweichung liegt z.B. vor, wenn ein zu greifendes Teil in der erwarteten stabilen Lage auf dem Tisch liegt, seine aktuelle Position aber translatorisch gegenüber der erwarteten Position verschoben ist. Die Armbewegung ist dann derart zu verändern, daß bei Beginn der Anrückbewegung an das Werkstück das Basiskoordinatensystem des Endeffektors (Tool center point) richtig über dem Schwerpunkt der Greifflächenkonfiguration zentriert wird. Die gemessenen Sensordaten über die aktuelle Lage des Werkstücks in der Arbeitszelle gehen also direkt in die Bahnberechnung einer elementaren Opertaion ein. Es ist keine elementare Operation einzufügen oder wegzulassen, um das Ziel der Handhabung zu erreichen.

Anders liegt der Fall, wenn das Werkstück z.B. eine andere stabile Lage einnimmt als von der Planung her vorgesehen. Dann muß die Handhabungssequenz geändert werden. Hierbei sind zwei Vorgehensweisen möglich:

1. Es wird eine Handhabungssequenz eingeschoben, die das Werkstück in die vorgesehene Position und Orientierung bringt. Von da an kann dann die alte Sequenz wieder eingesetzt werden. Der Umfang der Neuplanung kann durch diese Vorgehensweise gering gehalten werden.

2. Die Handhabung wird für den gesamten Vorgang neu geplant. Ausgehend von der neuen Situation kann sich die gesamte Struktur der Handhabung unter Einhaltung des durch den Montagegraphen [FRO88] vorgegebenen Rahmens verändern. Der Planungsaufwand steigt erheblich, dafür kann die gesamte Sequenz wesentlich optimaler gestaltet werden als bei Vorgehensweise 1.

In beiden Fällen ist aber eine genaue Analyse der Szene notwendig. Die Analyse findet in einer Blackboard-Struktur statt, die in Kapitel 4.5.3 genauer beschrieben ist.

4.5.3 Die Diagnoseebene

Die Diagnose stellt die oberste und "intelligenteste" Ebene der Sensordatenverarbeitung (Bild 4.3) dar. Mit ihrer Hilfe ist die Situation in der Arbeitszelle umfassend zu analysieren, wenn von den unteren Ebenen ein Fehler entdeckt wurde und dieser mit einfachen Vergleichsoperationen nicht ausreichend beschreibbar ist. Die Diagnose kann selbständig den Einsatz verschiedener Sensoren anfordern und vor allem - in Unterbrechung der geplanten Handhabung - über die Effektoren bewegliche Sensoren an die Fehlerstelle heranführen lassen. Weiterhin findet im Rahmen der Diagnose, falls notwendig, eine Sensordatenfusion statt. Der Diagnosevorgang sollte so effektiv wie möglich stattfinden, jedoch ist es wichtiger, die Situation ausreichend zu bestimmen und alle notwendigen Daten an die Exekutiv-/Planungsmodule zu übergeben, um eine neue Handhabung zu ermöglichen, als in Echtzeit zu verfahren.

Zur Diagnose eignet sich ein eingebettetes Expertensystem, da nicht alle Funktionen eines Beratungssystems erforderlich sind. Desweiteren ist der Lösungsweg nicht bekannt, dafür aber einige Strategien für die Vorgehensweise in dem Problemgebiet. Die gewählte Form des Expertensystems ist ein Blackboard-Konzept (Kapitel 2.3). Dieses bietet sehr große Freiheiten in der Systemauslegung. Wichtig ist vor allem, daß alle Informationen auf demselben Medium, der Tafel, abgelegt sind. Dies erlaubt einen günstigen Zugriff auf die Daten von unterschiedlichen Sensoren, um sie zu einer höheren Beschreibung der Szene zu verschmelzen. Der modulare, autonome Aufbau der Wissensquellen läßt die Integration verschiedenster Methoden zu. Dies ist insofern wichtig, da die einzelnen Analyseebenen jeweils andere Anforderungen stellen.

Das Diagnoseproblem ist immer ein Erkennungsproblem. Die spezielle Fragestellung für die Montage mit Robotern lautet:

> *Es wurde ein Fehler gemeldet. Wie sieht die Situation in der Arbeitszelle aktuell aus, die zu dieser Fehlermeldung führte?*

Ein einzelner Sensor hat von seinen physikalischen Möglichkeiten her nicht den Überblick über die gesamte Szene und innerhalb seines Sichtbereiches auch nur auf bestimmte Attribute der darin befindlichen Teile. Deshalb findet bei der Analyse der Szene meist ein stufenweiser Einsatz verschiedener Sensoren statt, um die notwendigen Informationen zu gewinnen.

Die Vorgehensweise ist allgemein so, daß zuerst mit Hilfe der vorhandenen Daten von der fehlermeldenden Vergleichseinheit eine Voranalyse stattfindet, die dann zu gezielten Messungen anderer Sensoren (oder des gleichen Sensors aus einem anderen Blickwinkel) führt. Der Ablauf der Diagnose ist in Bild 4.16 dargestellt.

Nach der Fehlermeldung einer Vergleichseinheit entsteht ein Informationsbedarf zur Klärung der Fehlersituation. Der einfachste Fall ist, daß die fehlerdetektierenden Einheiten genügend Informationen liefern, um die Szene ausreichend zu beschreiben. Ist dem nicht so, dann initiiert das über dem Objekt *Fehlererkennung* liegende Objekt *Perzeption* (siehe Kapitel 4.3) eine Diagnose. Dazu geht ein Befehl an das Objekt *Diagnose* mit Informationen über die fehlerdetektierenden Vergleichseinheiten als Primärdatenquellen und Verweise auf die zugehörigen Referenzdaten im Weltmodell. Von hier aus gehen diese Informationen weiter an Wissensquellen des Blackboard-Systems, die für die Akquisition der Meßdaten und der Referenzdaten zuständig sind. Diese Wissensquellen lesen die Daten, ändern gegebenenfalls das Format und tragen sie dann in die Datentafel ein.

Auf dieser Ebene soll ebenfalls eine Spezifikation des relevanten Sensordatenverarbeitungsmechanismus vorgenommen werden. In diesem Fall ist es das Objekt *Diagnose*. In Bild 4.17 ist das Objekt graphisch dargestellt.

Die Unterobjekte sind das Blackboard-System als Diagnoseinstrument und die Objekte *Sehen*, *Distanz* und *Taktil* über die die einzelnen Informations-, Vergleichseinheiten und die zugehörigen externen Modelle der Sensorsysteme ansprechbar sind. Die Operationen sind die Parametrisierung, das Lesen von den Unterobjekten und die Ausführungsanweisung für eine Diagnose.

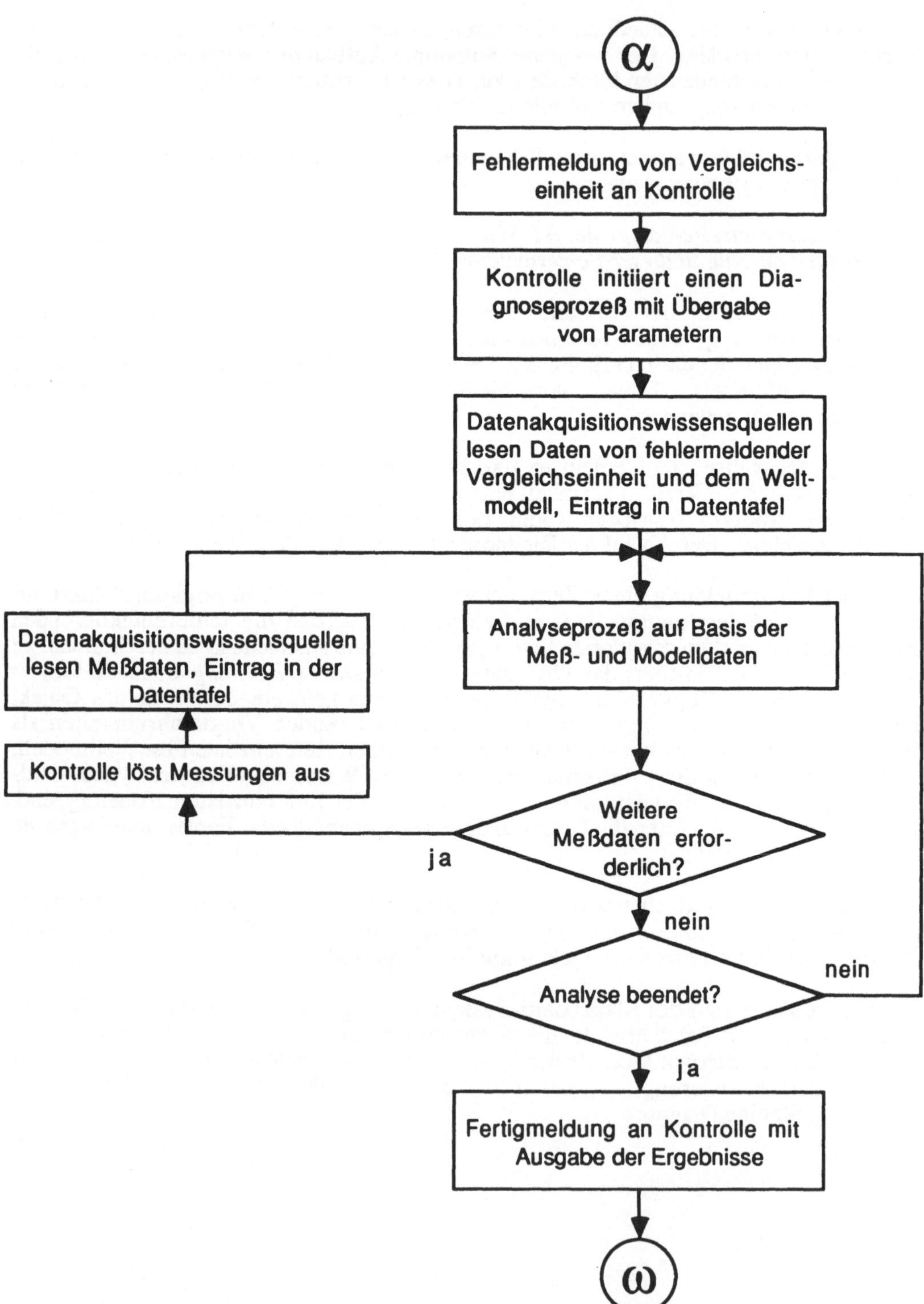

Bild 4.16: Ablauf der Steuerung einer Analyse im Blackboard-System

Durch das Erscheinen der Daten auf der Tafel wird der eigentliche Analyseprozeß ausgelöst. Während des Analyseprozesses kann die Situation auftreten, daß die Meßdaten nicht ausreichen. Dies meldet eine Wissensquelle an die Kontrollstruktur, die daraufhin weitere Messungen anstößt. Innerhalb des Analyseprozesses kann es somit zu speziellen Meßoperationen kommen.

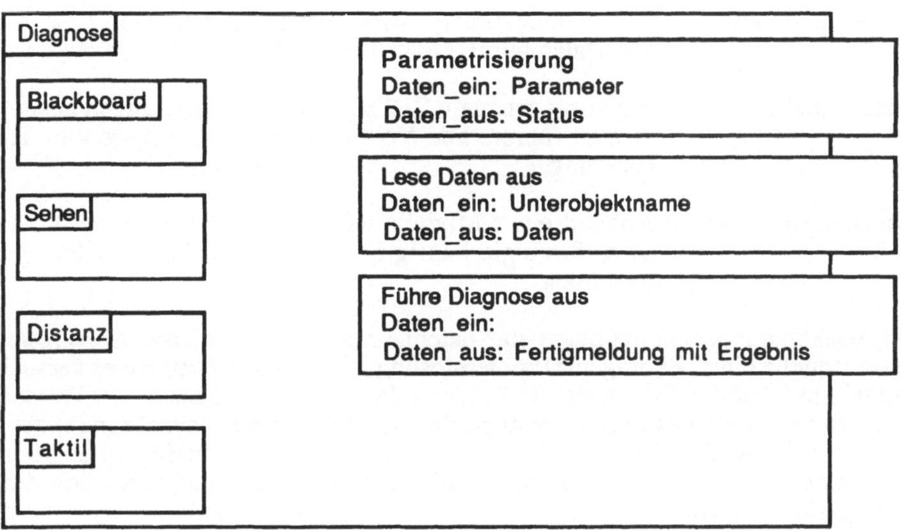

Bild 4.17: Graphische Darstellung des Objektes Diagnose

Die Szenenanalyse in der Tafel umfaßt zwei Aufgabenbereiche. Diese sind:

- Identifizierung der Teile in der Szene
- Bestimmung der dreidimensionalen Lage und Orientierung der Teile

Der Aufsetzpunkt für die Analyse sind Beschreibungen von Merkmalen der Teile. Diese werden in der Vorverarbeitung aus den Meßwerten gewonnen.

4.5.3.1 Die Kontrolle des Blackboardsystems

Wie bereits in Kapitel 2.3 angesprochen, unterscheiden sich Blackboardsysteme untereinander sehr wesentlich durch die Kontrolle, die den Ablauf im System bestimmt. Sie beobachtet den Status des Problemlösungsprozesses und entscheidet, mit welchen Mitteln, konkret mit welchen Wissensquellen, der Lösungsprozeß fortschreiten soll. In der Kontrolle ist das Wissen über das Gesamtproblem angesiedelt und in den Wissensquellen das lokale Wissen zu begrenzten Problemkreisen.

Newell [NEW69] teilt das Wissen zu Problemlösungen in starkes (strong methods) und schwaches Wissen (weak methods) auf. Der Begriff des schwachen Wissens ist globaler im Bereich von Strategien und Schlußfolgerungen angesiedelt, wohingegen sich das starke Wissen mit spezifischen Problemlösungen in lokalen Domänen befaßt. Man kann die Kontrolle auch als Lösung des Kontrollproblems auffassen. Das Wissen über diese Lösung wird heute als Metawissen bezeichnet. In verschiedenen Architekturen [CLA83] [STE81] [HAY85] wurde der Versuch einer expliziten Spezifikation von Kontrollwissen unternommen.

Die wichtigsten Strategien, die auch in Blackboardsystemen eine Rolle spielen, sind:

datengetrieben: Der Lösungsprozeß wird durch das Auftreten bzw. Verändern von Daten initiiert bzw. beeinflußt.

zielgetrieben: Bei vorgegebenem Ziel werden die Bedingungen gesucht, die zu diesem führen. Die Vorgehensweise ist rekursiv in Top-down-Richtung.

modellgetrieben: Anhand eines Modells werden die Daten beurteilt. Man findet diese Strategie häufig bei Klassifikations- und Interpretations-Systemen.

Das Blackboardkonzept impliziert eine datengetriebene Vorgehensweise, d.h. sobald eine Wissensquelle einen Beitrag zur Problemlösung leisten kann, wird sie es versuchen. Jede Veränderung auf der Tafel stellt ein Ereignis dar, für das der Einsatz der Wissensquellen zu überprüfen ist. Dies entspricht auch der Vorstellung des asynchronen, assoziativen Zugriffs auf Datenobjekte. Um aber eine effektive Diagnose ausführen zu können, wird der datengetriebenen Strategie eine andere überlagert, die das Erreichen des globale Lösungsziels unterstützt.

In Kapitel 2.3 wurden bereits die Strategien in einigen Blackboardsystemen beschrieben. Hier sollen für die konkrete Anwendung in der Diagnose von fehlerhaften Montagevorgängen die Voraussetzungen diskutiert werden. Das Lösungsziel ist durch den Diagnoseauftrag bestimmt. Es lassen sich drei Klassen von Aufträgen unterscheiden:

A) Suche nach einem bestimmten Teil in der Szene
B) Bestimmung von Lage und Orientierung eines Teils in der Szene
C) Bestimmung der Abweichung in einer Szene gegenüber dem Weltmodell

Auf der anderen Seite stehen die Daten der Vergleichseinheit, die den Fehler meldete, zur Verfügung und damit auch der Hinweis auf die Informationseinheit, die die aktuelle Messung durchführte und von der noch zusätzliche Daten angefordert werden können.

Als weitere Randbedingung ist noch zu nennen, daß es möglich ist, im Laufe des Lösungsprozesses noch weitere Daten von anderen Sensoren anzufordern. Diese Möglichkeit der Vergabe eines expliziten Meßauftrages wurde in Kapitel 4.3 bereits angesprochen. Die Struktur der Blackboardsystems, die auch einen wesentlichen Einfluß auf die Kontrolle hat, ergibt sich aus diesen Randbedingungen. Es ist günstig, außer den Meßdaten auch die Modelldaten in einer speziellen Tafel für die Analyse lokal bereitzuhalten. Bild 4.18 zeigt die grobe Struktur des Blackboardsystems.

Neben dem Blackboard für die Diagnose der Sensordaten existiert noch ein Blackboard, in dem die Modelldaten stehen. Desweiteren existieren noch verschiedene Arten von Wissensquellen. Dies sind zum einen die Diagnosewissensquellen für die Hypothesenbildung und Verfikation der Hypothesen und zum anderen Akquisitionswissensquellen für die Versorgung der Blackboards mit den Daten entweder von

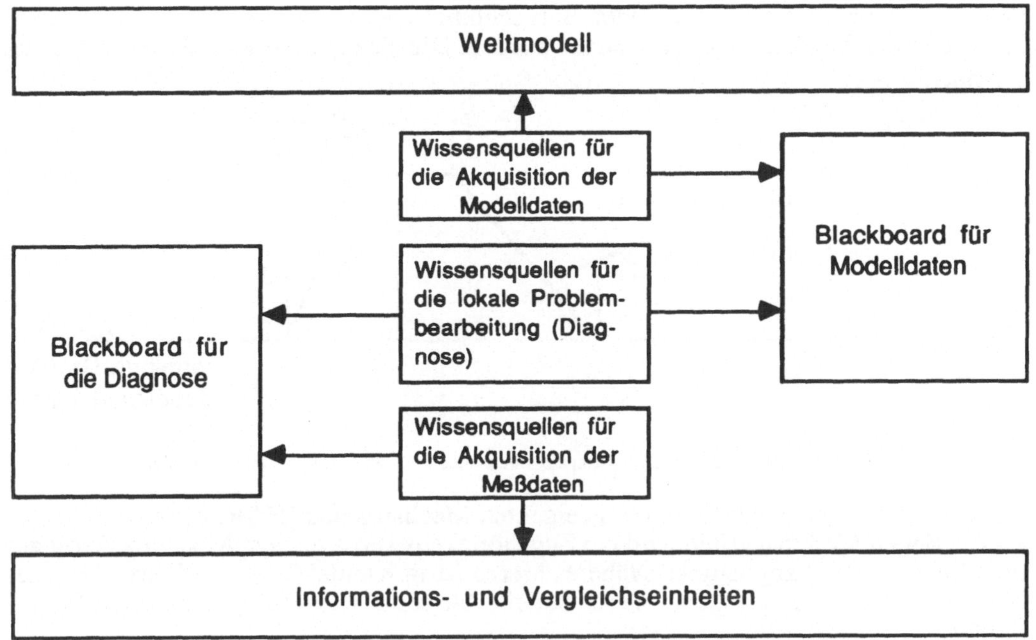

Bild 4.18: Übersicht über die Grobstruktur des Blackboardsystems zur Analyse von Szenen

den Sensoren oder vom Weltmodell. Nur die Verfikationswissensquellen haben Zugriff auf beide Tafeln des Systems.
Die Kontrollstrategie für die Diagnose ist ein Wechsel zwischen daten- und modellgetriebener Vorgehensweise. Alle Hypothesenschritte sind datengetrieben und können als Synthese von Informationen mit niedrigem Informationsgehalt angesehen werden. Innerhalb der Hypothesenbildung kann die Fusion von Daten unterschiedlicher Sensoren stattfinden, falls deren Informationen zur Klärung von Sachverhalten dienen kann, die mit den Daten eines einzelnen Sensors nicht gelingt. Zu den Hypotheseschritten gehören jeweils Verifikationen, die sich im Fall der Sensordatenverarbeitung sehr gut modellgetrieben durchführen lassen. Dieser Tatsache ist mit der in Bild 4.18 gezeigten Aufteilung des Blackboardsystems in Modell- und Diagnose-Blackboard Rechnung getragen.

4.5.3.2 Die Datentafel und die Wissensquellen

Die Lösung des spezifischen Problems geschieht im Zusammenspiel von Datentafel und Wissensquellen. Die Datentafel ist vertikal in mehrere Ebenen aufgeteilt, und diesen sind Gruppen von Wissensquellen zugeordnet, die auf den eingegrenzten Bereichen operieren. Die gemessenen Merkmale, die entweder von den Vergleichs- oder den Informationseinheiten kommen, sind Flächen, Kanten, Ecken, Löcher usw. Desweiteren rufen die Akquisitionswissensquellen Daten aus dem Weltmodell ab, die die gesuchten Objekte beschreiben.

Die erste Stufe der Behandlung der Daten in der Tafel ist eine Zuordnung der erfaßten Merkmale zu Modellmerkmalen bekannter Objekte. Da die gemessenen Daten mit Unsicherheiten behaftet sind, die aus dem ungenügenden Auflösungsvermögen von

Sensoren, Verzerrung, inhomogener Beleuchtung usw. resultieren, müssen spezielle Methoden der Modellierung verwendet werden. Die Fuzzy set-Methode bietet für die

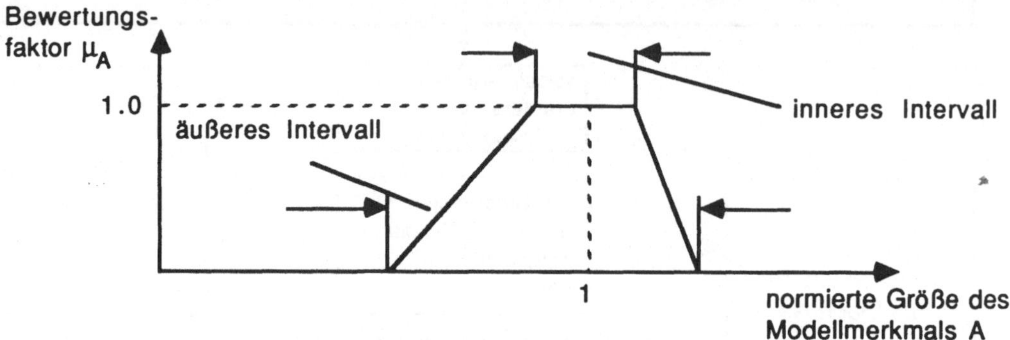

Bild 4.19: **Beispielhafte Zuordnungsfunktion für ein gemessenes Merkmal zu einem Modellmerkmal**

Bewertung unsicherer Daten einen geeigneten Mechanismus [HAR88] [KAP88]. Den klassifizierten Merkmalsdaten wird ein Zugehörigkeitswert zu einem Modellmerkmal aus dem Intervall [0,1] zugeordnet. Näheres hierzu ist in Kapitel 2.4 ausgeführt. Für jedes Merkmal existiert eine eigene Wissensquelle für seine Bewertung mit einem Fuzzy-Faktor.

Der Fuzzymengen-Zugehörigkeitswert bildet die Grundlage für die Fusion von Merkmalen zu einer Teilebeschreibung. Dabei können die Merkmalsaussagen von einem oder mehreren Sensoren stammen.

Ausgehend von den Modelldaten findet eine Zuordnung der gemessenen Merkmale statt. Für jede Merkmalsklasse muß sie getrennt durchgeführt werden, da diese unterschiedliche Charakteristika besitzen. Der grundsätzliche Verlauf der Zuordnungsfunktionen ist aber für alle Merkmale gleich. In Bild 4.19 ist er mit seiner typischen Trapezform dargestellt. Liegt der Meßwert im inneren Intervall der Funktion, dann bekommt er den Zugehörigkeitsfaktor $\mu_A = 1$ zugeordnet und stellt damit ein sicheres Ergebnis dar. Bei einer Lage im äußeren Intervall erhält er den korrespondierenden Faktor im Intervall [0,1] und außerhalb dieses den Wert Null, womit eine Zurückweisung gekennzeichnet ist. Die Formparameter des Trapezes können variieren, so daß es asymmetrisch wird, oder bei Schrumpfen des inneren Intervalls eine Dreiecksform annimmt. Sie hängen von dem Merkmal selbst und den Charakteristika des Sensors ab und werden empirisch bestimmt.

Nach der Grundbewertung unsicherer Daten findet die Kombination der Merkmale zu Werkstücken statt. Dies geschieht nach der Dempster-Shafer-Theorie (siehe Kapitel 2.4), die die Möglichkeit bietet, den Beitrag eines Merkmals zu einer Werkstückhypothese wieder zu bewerten.

Jedes Merkmal aus dem Modell eines Objektes ist mit einer Wahrscheinlichkeitszuweisung m belegt, die aussagt, in wieweit sein Auftreten auf das Objekt hinweist. Kommt ein Merkmal, z.B. ein Loch mit einer bestimmten Größe, in mehreren Objekten vor, so weist m auf die Menge bestehend aus diesen Objekten hin. Die Größe von m liegt im Intervall [0,1] und wird intuitiv vergeben. In der Dempster-Shafer-Theorie existieren keine Regeln für die Vergabe dieses Wertes. Kriterien, die die Wahl beeinflussen, sind z.B. die Häufigkeit des Auftretens in einem oder mehreren Objekten, die Auftretensdichte in einem Intervall usw. Das Ergebnis sind Hypothesen über die Existenz von

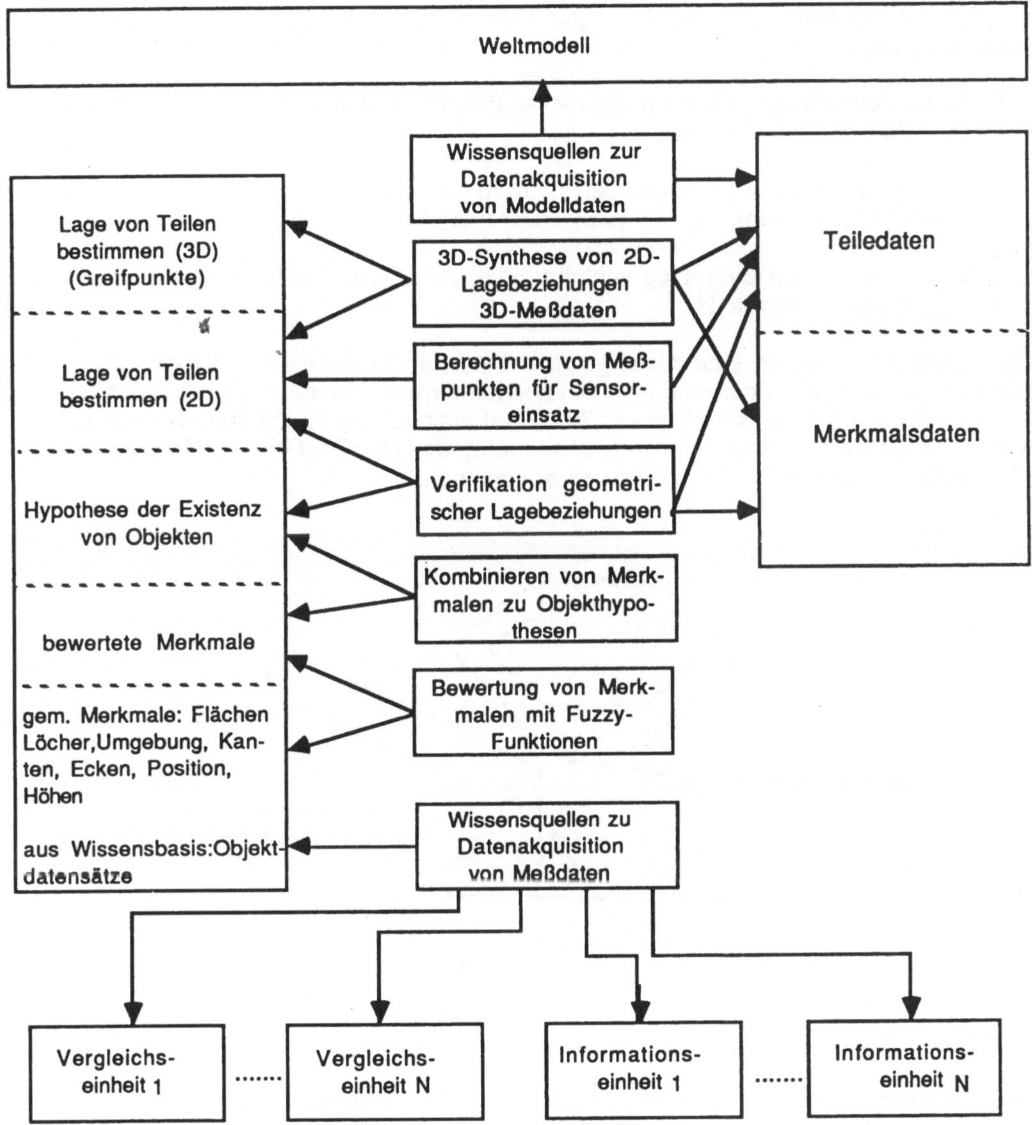

Bild 4.20: Schema des Blackboardsystems zur Analyse von Szenen

Werkstücken, die noch über die Untersuchung von geometrischen Merkmalsrelationen verifiziert werden müssen.
Nur bei vereinzelt liegenden Werkstücken ist die Wahrscheinlichkeitszuweisung nahe beim Wert Eins. Dies ist bei aneinander bzw. übereinanderliegenden Werkstücken, deren Merkmale durch diese Tatsache stark gestört sind, nicht der Fall. Bei ihnen fallen einerseits Merkmale weg und anderererseits kommen neue hinzu, die in den Modellen nicht auftauchen. Bild 4.21 demonstriert dies sehr deutlich.

Selbst bei dieser sehr einfachen Konfiguration treten bereits mehrere Störungen in den Merkmalen auf:

1. Es entsteht ein neues Teil mit der Gesamtfläche aus der Summe der Teilflächen von Sideplate und Spacingpiece.

2. Eine Kante des Sideplate existiert nicht mehr. Dafür entstehen zwei neue Kanten, deren Länge aufsummiert die Länge der fehlenden Kante ergibt.

3. Ein Ecke des Spacingpiece verschwindet. An dieser Stelle entstehen zwei neue Ecken des Verbundteils.

Die anderen Merkmale sind nicht gestört. Es existiert also eine Menge von Werkstücksmerkmalen, die über eine Nachbarschaftsrelation miteinander verbunden werden können und durch diese charakteristische Zuordnung auf ein bestimmtes Werkstück hinweisen. In diesem Fall wird ein Minimal spanning tree (MST) [GOW69] benutzt, um die Merkmale miteinander in einem Graphen zu verketten.

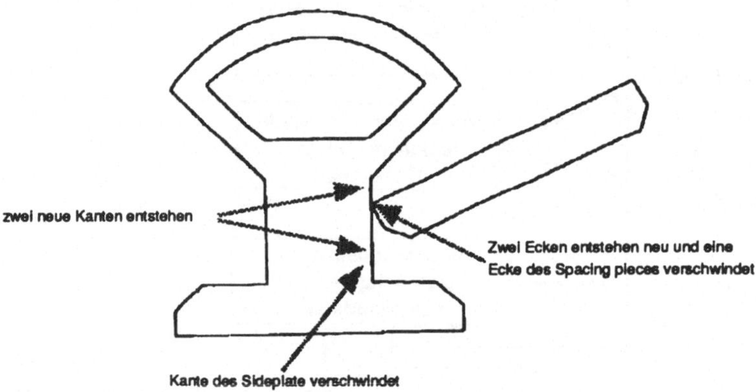

Bild 4.21: Beispiel für die Störung von Merkmalen durch das Aneinanderstoßen von Werkstücken

Die sichtbaren, zusammenhängenden Merkmale bilden Teilgraphen, sogenannte Cliquen, die mit dem Gesamtgraphen von Modellwerkstücken zu vergleichen sind, ob sie in ihnen vorkommen.

Der Ausgangspunkt der Suche sind sogenannte Markante. Darunter versteht man charakteristische Merkmale, die eindeutig auf ein bestimmtes Werkstück hinweisen. Der Modellgraph wird um diese Knoten zu Teilgraphen expandiert. Falls Werkstücke übereinanderliegen, sind die Teilgraphen, die sie beschreiben, getrennt. Diese sind mit den hypothetischen Modellwerkstücken zu vergleichen. Mit dieser Methode können die Werkstückhypothesen aus der Merkmalskombinationsebene verifiziert werden. Aus den Lageinformationen der Einzelmerkmale läßt sich die 2D-Lage der Werkstücke bestimmen.

Als letzte Aussage fehlen noch die 3D-Lageinformationen aus der Szene. Außer der Tatsache, daß sich Werkstücke überlappen, muß festgestellt werden, in welcher Form die Überlappungen stattfinden. Dazu bietet die Nutzung des MST eine gute Voraussetzung. Aus ihm kann abgeleitet werden, welche Merkmale des Modells gestört sind, d.h in der Liste der gemessenen Merkmale nicht mehr auftauchen. Dafür entstehen neue Merkmale, wie Bild 4.21 zeigt. Dies sind die Bereiche, in denen Überdeckungen stattfinden können. Über das MST-Modell sind sie in ihrer Lage definiert und können näher untersucht werden.

Abhängig von der Lage der Werkstücke entsteht eine große Zahl von Situationen. Es existiert keine generelle Methode, die zu Meßpunkten führt, mit deren Hilfe die Probleme auflösbar sind. In einer Fallstudie für eine bestimmte Anwendung können allerdings häufig auftretende Fälle festgestellt werden. Es bietet sich an, zur Analyse dieses Problems eine Anzahl von Wissensquellen zu installieren. Die Ergebnisse dieser Meßproblemanalyse bildet die Grundlage für einen Meßauftrag an einen Abstandssensor oder taktilen Sensor. Im nachfolgenden Kapitel, das sich mit dem Ablauf einer Überwachung befaßt, ist ein Beispiel für die Vermessung einer Konfiguration bestehend aus einem Sideplate und einem Spacingpiece angegeben.

Die 3D-Vermessung läuft in zwei Phasen ab. In der ersten Phase wird versucht, anhand der aus dem MST ermittelten Überlappungsbereiche Messungen durchzuführen, die eine Aussage über die Relation der Teile in der Szene ermöglichen. Sobald die Meßergebnisse vorliegen, übernimmt eine Klasse von Wissensquellen deren Analyse und erstellt eine Lagehypothese. Diese zu verifizieren ist als zweiter Schritt die Vermessung von Werkstücksebenen im 3D-Raum, aufgrund der Lagehypothese.

Ist die Meßoperation mit nachfolgender Analyse der Daten erfolgreich, dann liegen alle Szenendaten vor, die an das Planungsmodul geliefert eine Neuplanung der gestörten Handhabung ermöglichen.

4.6 Zusammenfassung

Das vorliegende Kapitel befaßte sich mit dem Konzept der Überwachung. Es wurde sein Aufbau dargestellt und die Art, wie es sich in eine komplexe Roboterstruktur einfügt.

Die gesamte Überwachung gliedert sich in drei Stufen für die Verarbeitung der Sensordaten. Auf der untersten Stufe befinden sich die physikalischen Sensoren mit ihrer Hard- und Software, die auf imperativen Sprachen (C, Assembler etc.) basiert. Jedem Sensor stehen entsprechende Rechnerkapazitäten zur Verfügung, so daß eine weitgehende Parallelisierung erreicht ist. Dies ist notwendig, da die Aufgabe hier die Vorverarbeitung von großen Datenmengen mit dem Ergebnis einer Datenreduktion ist. Für den Benutzer sind die Sensoren als Informationseinheiten sichtbar, die genau abgegrenzte Beschreibungen ihrer Ergebnisse (Merkmale) liefern.

In der nächsten Stufe finden die Vergleichsoperationen für die eigentliche Überwachung statt. Als Kriterium zur Beurteilung der Meßdaten dienen die Daten eines Weltmodells, in dem die Roboterarbeitszelle beschrieben ist. Aus Konsistenzgründen ist eine zentrale Datenhaltung vorzuziehen. Als erster Ansatz wurde ein relationales Modell gewählt, das den Echtzeitanforderungen zwar nicht gerecht wird, in dem sich aber trotzdem die notwendigen Strukturen zur Beschreibung der Arbeitszelle entwickeln lassen. Den Vergleichseinheiten sind spezifische Zugriffsmechanismen zugeordnet, sogenannte Sichten, die den Zugriff auf diejenigen Modelldaten erlauben, die zum Vergleich benötigt werden.

Die Diagnose auf der dritten Stufe wird mit einem Blackboardkonzept realisiert. In diesen Organisationsrahmen lassen sich sehr gut Methoden der KI einbringen, die der Aufgabenstellung gerecht werden. Des weiteren kann auf dieser Ebene bei Bedarf die Fusion von Sensordaten stattfinden. Wichtige Mechanismen sind die Modellierung und Kombination von unsicheren Daten. Das Ziel ist die Beschreibung einer Szene, in der eine Handhabung aufgrund einer Fehlerhypothese der unteren Ebenen abgebrochen wurde.

Den Rahmen des gesamten Konzeptes bildet eine objektorientierte Kontrolle. Damit ist eine Modularisierung aller Funktionen in der Überwachung verbunden. Die Daten und die Operationen können für jedes Objekt unabhängig spezifiziert werden. Nachrichten bilden die Schnittstellen zwischen den Objekten. Durch die Struktur der Kontrolle wird die Funktionalität der gesamten Überwachung festgelegt.

Abschließend ist zu sagen, daß insbesondere durch die Trennung von Fehlererkennung und Diagnose den Anforderungen eines komplexen Robotersystems der dritten Generation voll Rechnung getragen wurde. Bei der Fehlererkennung ist aus Zeitgründen der Sensoreinsatz so minimal wie möglich zu halten. Es wird auch deutlich, daß ein wesentlicher Aspekt der Multisensorik, die Verschmelzung von Sensordaten, in einem allgemeinen Konzept zur Überwachung nur in der Diagnose sinnvoll ist.

5 Der Ablauf einer Überwachung

In diesem Kapitel erfolgt die Darstellung des Ablaufs einer Überwachung anhand von experimentellen Ergebnissen. Ausgehend von den allgemeineren Betrachtungen der vorhergehenden Kapitel soll hier beispielhaft die Arbeitsweise des Multisensorkonzeptes erläutert werden. Das in Kapitel 3 bereits beschriebene repräsentative Szenarium und der zugehörige Sensoreinsatz seien nochmals kurz angesprochen:

> *Szenarium* ***Teile sichten:*** Die Sichtung eines Teilehaufens, der aus mehreren Benchmarkteilen besteht und Bestimmung der Greifpunkte für die Handhabung der relevanten Teile. Der Multisensoreinsatz besteht aus der Erfassung der Teile mit einer Kamera und Verifikation der Lagehypothese mit einem Abstandssensor.

Das Fehlerszenarium ist mit Hilfe einer Montagesequenz dargestellt. Nur die eigentliche Fehlersituation und die Konsequenzen für das Überwachungsmodul werden anhand von experimentellen Messungen und deren Ergebnissen beschrieben. Die für das Verständnis des Gesamtvorgangs notwendige Darstellung der Abläufe in den anderen Modulen des Robotersystems, die Planung, Exekutive und Steuerung werden nur angedeutet. Durch die Definition der Schnittstelle des Überwachungsmoduls zur Exekutive ist ihre Funktion bezüglich der Überwachung hinreichend beschrieben.

Die Abfolge der Aktionen im Beispielszenarium ist somit:

1. Der Handhabungsauftrag lautet: Füge Sideplate in Montagevorrichtung
2. Planung der Handhabungssequenz anhand der Daten des Weltmodells
3. Zerlegung des Handhabungsplans durch die Exekutive in Elementare Operationen
4. Übergabe der EO-Abfolge an die Überwachung und Steuerung
5. Ablauf der Handhabungssequenz, bis ein Fehlerfall auftritt oder der Zielzustand ereicht ist
6. Im Fehlerfall Analyse des Fehlers, entweder durch die Fehlererkennung selbst oder durch die Diagnose
7. Übergabe der Analyseseergebnisse an die Exekutive zur Neuplanung der Handhabungssequenz
8. Modifizieren der Handhabungssequenz und Rücksprung zu Punkt 5

Für das Überwachungsmodul sind in diesem Ablauf die Punkt 4-7 relevant. Sie bilden den Kern der in diesem Kapitel beschriebenen Vorgehensweise, an der der Einsatz eines Multisensorsystems in der Robotik beispielhaft gezeigt wird.

5.1 Planungsvorgaben und reale Situation

Da der Planungsvorgang in derzeitigen Anwendungen Off line stattfindet, sind die aktuellen Daten zum Status der Roboterarbeitszelle nicht verfügbar. Es wird davon ausgegangen, daß eine "ideale" Beschreibung in einem Weltmodell existiert. Auf ihren Daten beruhen die geplanten Handhabungssequenzen. Es wird davon ausgegangen, daß "geordnete" Verhältnisse in der Arbeitszelle herrschen. Für den konkreten Anwendungsfall mit dem European Benchmark heißt das, daß die Teile vereinzelt in definierten Lagen auf der Arbeitsplatte liegen. Bild 5.1 zeigt eine solche Szene. Für jedes Teil ist ein lokales Koordinatensystem definiert, auf das sich seine Daten beziehen. Alle Teile sind in einem globalen Koordinatensystem eingebettet, in dem die Beziehungen für die lokalen Frames angegeben sind.

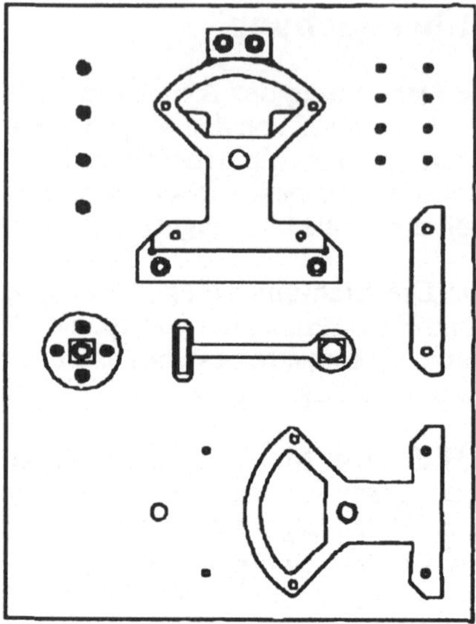

Bild 5.1: CAD-Zeichnung des European Benchmark, in der die Teile auf der Montageplatte für die Montage bereitliegen

Der Handhabungsauftrag für die Szene ist zu überprüfen, ob sich das Werkstück Sideplate in der Szene befindet. Im Anwesenheitsfall ist es zu greifen und in die Montagevorrichtung zu fügen. Die Koordinaten der Teile sind durch die Lage von lokalen Koordinatensystemen gegeben. In Tabelle 5.1 sind die Koordinaten für die Position der einzelnen Teile im Koordinatensystem der Montageplatte aufgeführt.

Hier ist das Weltkoordinatensystem das Koordinatensystem des Montagetisches. Für die Beschreibung der Teilelagen reichen die Angaben der kartesischen x- und y-Koordinaten und für die Orientierung der Rotationswinkel α um die Normalenrichtung des Montagetisches. Dies gilt vor allem, wenn ein Teil durch seine verschiedenen stabilen Lagen beschrieben ist.

Teilname	stabile Lage	x-Koordinate	y-Koordinate	α-Orientierung
Sideplate	Draufsicht	70	80	0
Sideplate	Draufsicht	300	150	90
Spacingpiece	Draufsicht	215	30	270
Lever	Draufsicht	175	135	0
Shaft	hochkant	175	250	0
Spacer	hochkant	270	250	0
Spacer	hochkant	300	250	0
Spacer	hochkant	330	250	0
Spacer	hochkant	360	250	0
Lockingpin	hochkant	300	30	0
Lockingpin	hochkant	320	30	0
Lockingpin	hochkant	340	30	0
Lockingpin	hochkant	360	30	0
Lockingpin	hochkant	300	60	0
Lockingpin	hochkant	320	60	0
Lockingpin	hochkant	340	60	0
Lockingpin	hochkant	360	60	0

Tabelle 5.1: Koordinaten der Benchmarkteile in der "idealen" Lage für die Montage

Sind die Teile nicht durch Vorrichtungen fixiert, dann können Verschiebungen auftreten. In Tabelle 3.4 sind die potentiellen Unsicherheitsklassen für die Werkstücke des European Benchmark systematisch aufgezeigt. Die Diskrepanz zwischen der angenommenen Lage und den real vorkommenden Lagen der Werkstücke führt zu unterschiedlichen Abläufen im Überwachungsmodul, die im folgenden näher behandelt werden. Dabei werden verschiedene abweichende Szenen betrachtet, die mit den Unsicherheitsklassen 3-5 der schon angesprochenen Tabelle 3.4 korrespondieren. Falls Abweichungen der realen von der "idealen" Szene, die die Grundlage des Aktionsplans bildet, vorliegen, ist diese durch die Sensoren des Robotersystems festzustellen und es sind die aktuellen Daten an die Exekutive und dann weiter an die Planung zu melden, damit diese Instanzen auf den Fehler reagieren können. Auf die genaue Vorgehensweise wird in diesem Kapitel ausführlich eingegangen.

Aus dem Handhabungsauftrag mit seinen Parametern an die Planung resultiert eine Folge von Aktionen, deren Ausführung zur Erreichung des Handhabungsziels führen soll. Sie seien als Liste von EOs notiert. Für diese einzelnen Handlungsschritte ist der Überwachungsbedarf festzulegen, der die Zuordnung von Sensoreinsätzen bestimmt.

Für das gegebene Szenarium und dem in Kapitel 5.1 angesprochenen Handhabungsauftrag gilt folgende EO-Sequenz mit verbaler Erklärung:

MEASURE1(M1) Sichten der Szene mit Kamera [1], Überprüfen von Existenz und Lage der Werkstücke

TRANSFER1(T1) Bewegen des Roboterarmes zum Greifort mit hoher Geschwindigkeit

TRANSFER2(T2) Annäherung des Greifers an den Greifort mit niedriger Geschwindigkeit

GRASP1(G1) Greifen des Teils

TRANSFER3(T3) Entfernen des Armes mit gegriffenem Teil vom Greifort mit niedriger Geschwindigkeit
TRANSFER4(T4) Bewegen des Armes mit gegriffenem Teil zum Fügeort mit hoher Geschwindigkeit
TRANSFER5(T5) Annähern des Greifers mit Teil an den Fügeort
JOIN1(J1) Durchführen der Fügeoperation
DETACH1(D1) Loslassen des Teils
TRANSFER6(T6) Entfernen des Greifers vom Fügeort mit niedriger Geschwindigkeit
TRANSFER7(T7) Bewegen des Armes zur Ausgangsposition bzw. zur Anfangsposition einer neuen Sequenz mit hoher Geschwindigkeit

Diese Sequenz Elementarer Operationen ist zum einen mit Parametern zu versehen und zum anderen ist der genaue Sensoreinsatz festzulegen. Zur Unterscheidung insbesondere der Transferoperationen sind hier die Namen indiziert. Im folgenden werden die einzelnen Operationen mit Hilfe einer vorläufigen Beschreibung der Elementaren Operationen [HOE88] näher erläutert.

MEASURE1:
Mit der Elementaren Operation MEASURE wird ein Sensor veranlaßt, eine Messung durchzuführen. In diesem Fall ist es die Kamera [1], mit der Aufgabe zu überprüfen, ob die der Planung zugrundeliegende Situation zur Ausführung der spezifizierten Handhabungsfolge auch aktuell vorliegt. Nach der vorläufigen Beschreibung der Elementaren Operationen ist mit MEASURE nur ein direkter Meßauftrag (Kapitel 4.3) ausführbar. Für einen Überwachungsauftrag ist seine Kommandoliste um das Kommando **svise** zu erweitern. Als Parameter hierfür ist zu definieren, welche Daten des jeweiligen Sensors in der Überwachungssituation zu überprüfen sind. Die Parameter stehen in zwei Listen:

supervise_list: in ihr ist der Informationsbedarf beschrieben, um die entsprechenden Informationseinheiten bzw. Vergleichseinheiten festzulegen, z.B. für das Sichtsystem (Existenz, Lage, Orientierung von Teilen)

object_list: in ihr stehen die Teile bzw. Werkstücke, auf die sich die Überwachung bezieht

TRANSFER1:
Die Überwachung der Transferbewegung mit hoher Geschwindigkeit ist nur in einer sehr einfachen Weise möglich. Eine komplette Überwachung besteht aus der Detektion einer Grenzwertüberschreitung, ihrer Interpretation als Fehler und der Einleitung einer Reaktion. Bei der hier vorliegenden Bewegung ist nur die Detektion einer Grenzwertüberschreitung möglich und als Reaktion das sofortige Stoppen der Bewegung. Die Interpretation der Daten kann erst danach erfolgen.

TRANSFER2:
Während dieser Trajektorienbewegung, die eine Annäherung des Endeffektors an das zu greifende Objekt darstellt, ist eine Überwachung mit einem Näherungssensor bzw. einem taktilen Sensor sinnvoll. Tritt bei dieser Annäherungsbewegung ein Kraftmeßwert auf, so deutet dies auf eine Kollision.

GRASP1:
Während des Greifens kann eine Verbesserung der Positionsbestimmung des zu greifenden Werkstückes stattfinden. Wie bereits in Kapitel 3 angesprochen, ist die Ortsbestim-

mung von Teilen mit einem Sichtsystem sehr grob, d.h. sie liegt im Millimeterbereich. Mit Abstandssensoren oder der Handkamera kann dieser Meßwert auf ein Unsicherheitsintervall in der Größenordnung von mehreren Zehntelmillimetern reduziert werden.

TRANSFER3:
Hier gelten ähnliche Randbedingungen wie bei TRANSFER2.

TRANSFER4:
Hier gilt das gleiche wie bei TRANSFER1.

TRANSFER5:
Hier gilt das gleiche wie bei TRANSFER2.

JOIN1:
Das Fügen stellt eine der schwierigsten Operationen bei einer Handhabung dar. Der Einsatz taktiler Sensoren ist hier unumgänglich. Da das Sideplate als Werkstück eine sehr komplexe Geometrie aufweist und der Toleranzspielraum nur im Bereich von einigen Zehntelmillimetern liegt, ist ein Verkanten und Verklemmen sehr wahrscheinlich. Für einen Regelalgorithmus müssen alle auftretenden Kräfte und Momente meßbar sein. Als günstiger Sensor bietet sich eine Kraftmeßdose im "Handgelenk" des Roboters an. Für die Überwachung des Fügevorganges, der sensorgeregelt ablaufen muß, stellt sich die Aufgabe, das Überschreiten der Grenzen des Regelmodells festzustellen, dies als Fehler zu melden und die Situation zu analysieren, um einen Neuansatz zu ermöglichen. Die Definition der Elementaren Operation JOIN [HOE88] enthält alle notwendigen Daten für die Überwachung.

DETACH1:
Beim Öffnen der Greiferbacken ist darauf zu achten, daß es zu keiner zerstörenden Kollision mit der Montagevorrichtung kommt. Eine Kollision im Sinne einer Berührung kann nicht vermieden werden, da die Überwachung sehr oft mit einem taktilen Sensor durchgeführt wird. Im Fehlerfall ist der Zustand dieser Teilszene mit speziellen Meßoperationen festzustellen.

TRANSFER6:
Hier gilt das gleiche wie bei TRANSFER2.

TRANSFER7:
Hier gilt das gleiche wie bei TRANSFER1.

5.2 Die Überwachung der Handhabungssequenz

Aufgrund der Überlegungen im vorherigen Kapitel wird hier die Überwachung der Handhabung beschrieben. Die Randbedingungen hierzu sollen nochmals kurz rekapituliert werden:

1. Der Aufwand für die Überwachung soll so gering wie möglich gehalten werden.
2. Im fehlerfreien Ablauf soll die Handhabung durch die Überwachung nicht gestört werden.
3. Für die Erkennung von Fehlern werden Einzelsensoren gezielt eingesetzt.

Insbesondere die Zeitfrage ist sehr kritisch, zumindest, wenn der heutige Stand der Technik zugrunde gelegt wird. Wenn aber die grundsätzlichen Strukturen und Abläufe in einem komplexen Sensorsystem bekannt sind, kann mit Optimierungen durch Parallelisierung und dem verstärkten Einsatz von Hardware ein besseres Zeitverhalten erreicht werden.

5.2.1 Der Überwachungsauftrag

Parallel zu den Aktionsplänen, die von der Exekutive des Robotersystems an die Steuerung des Effektorsystems gegeben werden, gehen Sensoranweisungen an das Überwachungsmodul. Für die im Vorkapitel spezifizierte Anweisungsfolge ist dies ein Überwachungsauftrag. Er ist als Nachricht des zuständigen Exekutiv-Untermoduls an das Objekt *Überwachung* aufzufassen, die folgende Form hat:

SUPERVISE (OP_NUMBER, EO_LIST, EO_PARAMETER)

Diese Nachricht wird nach dem Empfang durch das Objekt *Überwachung* über das Objekt *Perzeption*, das sie nicht verändert, an das Objekt *Fehlererkennung* weitergeleitet.

Um die Effektoraktionen und den Sensoreinsatz zur Überwachung zu synchronisieren, muß ein Mechanismus vorhanden sein, der dies bewerkstelligt. Es reicht aus, daß die Steuerung der Überwachung mitteilt, wann eine Elementare Operation anfängt und wann sie aufhört. In diesem Intervall finden die spezifizierten Sensoraktivitäten statt.

Die Synchronisation von Meßoperationen mit Handhabungsverläufen kann prinzipiell auf drei verschiedene Weisen stattfinden:

a) zu Beginn oder zu Ende einer EO
b) als zeitgesteuerter Abtastmechanismus mit festen Abtastzeiten während einer EO
c) in Abhängigkeit von definierten Trajektorienpunkten im Verlauf einer EO

Insbesondere die beiden ersten Möglichkeiten sind mit einem geringen Aufwand zu realisieren. Im dritten Fall ist ein externes Triggersignal von der Steuerung notwendig, das mitteilt, daß der Trajektorienpunkt erreicht wurde. Die Steuerung hält laufend aktualisiert einen Block mit Statusinformationen bereit, in dem Angaben über die Lage des Tool center point (TCP) des Roboterendeffektors, den Status des Greifers usw. stehen. Diese Informationen werden alle 14 ms [MEI88] auf den neuesten Stand gebracht. Ausgehend von diesen Daten können Unterbrechungssignale den Wechsel zwischen zwei EOs bzw. das Erreichen eines bestimmten Raumpunktes melden.

Als Beispiel sei die Überwachungsanweisung für die in Kapitel 5.1 beschriebene Handhabungssequenz mit der Operationsnummer OP100 aufgeschlüsselt dargestellt:

SUPERVISE (OP100,{M1,T1,T2,G1,T3,T4,T5,J1,D1,T6,T7},
{{M1<........>},.......,{T7<........>}})

Das Objekt *Fehlererkennung* verwaltet den gesamten Überwachungsauftrag und gibt Unteraufträge an die Objekte *Sehen*, *Distanz* und *Taktil*. Im weiteren Verlauf sollen hier nur die beiden besonders schwierigen Operationen M1 und J1 betrachtet werden.

Mit der EO MEASURE kann ein Meßauftrag explizit an das Überwachungsmodul vergeben werden. Normalerweise sollten alle Meßoperationen von Sensoren parallel zu einer Handhabungssequenz ablaufen. Ist jedoch bekannt, daß in bestimmtem Situationen innerhalb der Roboterarbeitszelle sehr oft Störungen bzw. Unsicherheiten auftreten, dann kann das Durchführen eines expliziten Meßauftrages von Vorteil sein. So ist das auch hier an dieser Stelle des Handhabungsablaufes. Der Planung sei bekannt, daß die zu handhabenden Teile in einer ungeordneten Situation auf einer Ablage liegen. Es kann dann zwar der grundsätzliche Ablauf einer Operation geplant werden, allerdings stehen noch nicht alle Lageparameter der Werkstücke fest. Eine Synchronisation mit der Steuerung ist bei der Ausführung dieser EO nicht notwendig.

Die Spezifikation der Elementaren Operation MEASURE sieht allgemein folgendermaßen aus:

MEASURE (sensor_type, sensor_name, timeout, command, freespace, signal)

Die letzten drei Parameter sind Listen, die in der Beschreibung der EOs [HOE88] näher festgelegt sind. Die innerhalb der Operation OP100 durchgeführte EO M1 hat folgende Parameter:

MEASURE (fxd_camera, kamera1, 60, svise, ,)

In svise ist der Meßauftrag über die supervise_list und die object_list näher beschrieben. Im hier vorliegenden Fall ist dies:

supervise_list {existence, position, orientation}

und

object_list {sideplate}

Damit ist der Meßauftrag MEASURE1 ausreichend spezifiziert.

In Bild 5.2 ist der Ablauf der Operation OP100 dargestellt. Es wird für den Idealfall gezeigt, welche Interaktionen zwischen Steuerung, Überwachung und der Exekutive ablaufen müssen.

Bis auf sehr wenige Nachrichten, die zur Synchronisation dienen, finden keine Interaktionen statt. Es ist deutlich zu sehen, daß die Ausführung der Steuerung parallel zur Überwachung läuft. Solange kein Fehler entdeckt wird, besteht kein Grund, von der Überwachung her die Handhabung zu beeinflussen. Von der Steuerung werden zu Beginn und Ende einer EO Synchronisationsmeldungen abgegeben (siehe Bild 5.2).

Stellt die Überwachungskomponente jedoch einen Fehler fest, so wird dieser an die Exekutive gemeldet. Diese veranlaßt einen Abbruch der laufenden EO in der Steuerung. In Bild 5.3 sind insgesamt zwei Störfälle dargestellt:

1. Die EO MEASURE1 stellt fest, daß die Teile für die Handhabung nicht in der von der Planung vorausgesetzten Weise auf dem Montagetisch liegen.
2. Während des Ablaufs der EO GRASP1 wird ein Fehler festgestellt.

Im ersten Fall meldet die Überwachung den Fehler an die Exekutive mit dem Ergebnis der Analyse, d.h den aktuellen Anwesenheits- und Lagedaten der Werkstücke in der Szene. Alle dazu notwendigen Aktionen sind hier in der EO MEASURE1 enthalten, wie z.B.

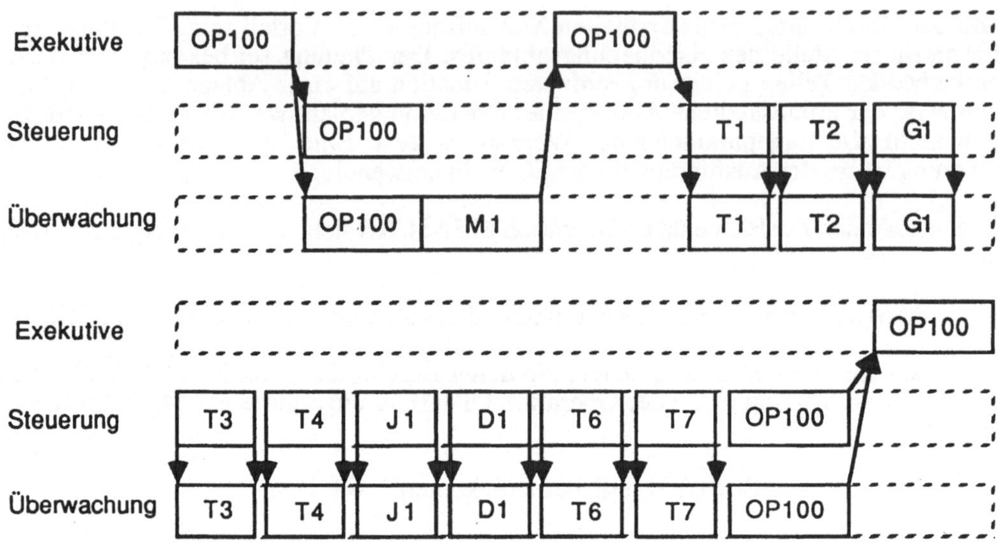

Bild 5.2: Graphische Darstellung des Ablaufs einer überwachten Operation (OP100) mit den Interaktionen zwischen Steuerung, Überwachung und Exekutive im fehlerfreien Fall (die im Diagramm gezeigten Pfeile stellen die Signale zur Synchronisation dar)

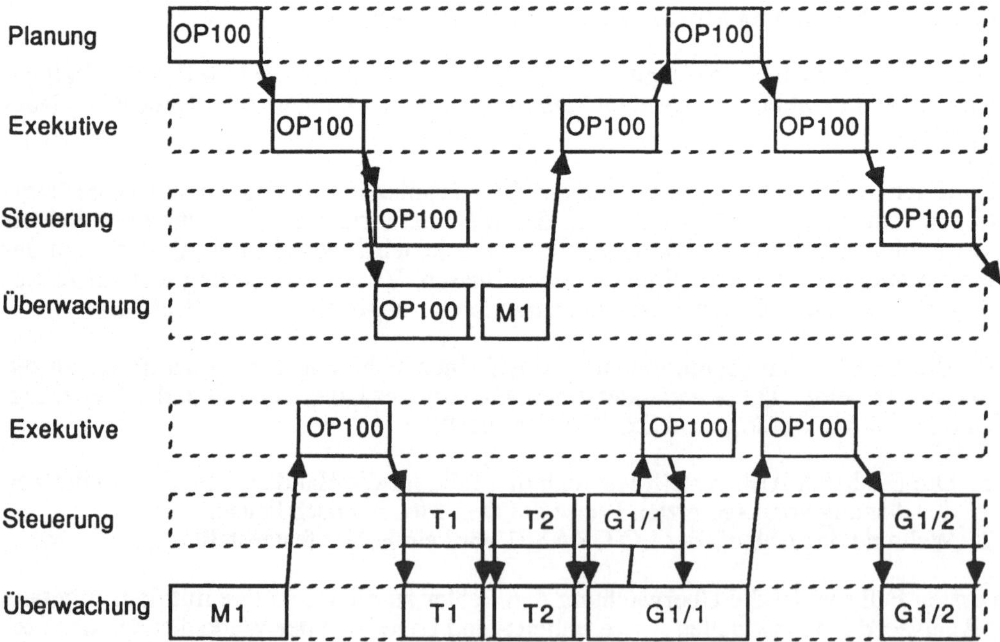

Bild 5.3: Graphische Darstellung der Interaktionen bei Auftreten von Abweichungen in zwei EOs

der Einsatz weiterer Sensoren zur Vermessung usw. Die von der Exekutive an die Planung gereichten Daten lassen eine Neuplanung der Handhabung zu. Hier soll angenommen werden, daß sich im Handhabungsablauf keine strukturelle Änderung ergeben hat, d.h. die Operation OP100 kann mit veränderten Parametern weiterlaufen. Diese neuen Parameter übergibt die Exekutive sowohl der Steuerung als auch der Überwachung.

Ein erneuter Aufruf der EO MEASURE1 und damit das Überprüfen der neuen Daten ergibt, daß sie diesmal richtig sind. Die diesbezügliche Meldung veranlaßt die Exekutive, den Rest der Operation OP100 ablaufen zu lassen. Die Steuerung sendet zu Ausführungsbeginn der EO TRANSFER1 ihr Synchronisationssignal an die Überwachung, und dort läuft der korrespondierende Überwachungsauftrag ab.

Die Handhabung läuft ohne Störung ab, bis in der EO GRASP1 ein Fehler entdeckt wird. Die Meldung der Überwachung an die Exekutive veranlaßt diese, die EO zu unterbrechen. Die Analyse der Situation in der EO GRASP1 stellt eine Abweichung fest, die allein mit den Daten des überwachenden Sensors bestimmbar ist.

Die Überwachung meldet die Daten an die Exekutive und dort kann die Handhabungssequenz neu parametrisiert werden. Eine entsprechende Meldung an die Steuerung setzt den unterbrochenen Handhabungsvorgang wieder in Betrieb.

5.2.2 Vorverarbeitung der Daten des Sichtsystems

Für die Montagesituation, die am Anfang des Kapitels beschrieben ist, sei hier die Vorverarbeitung der Daten des Sichtsystems im Rahmen der EO MEASURE1 demonstriert. In Bild 5.4 sind drei mögliche Szenen aus einer CAD-Darstellung gezeigt, die die verschiedenen Klassen von Unsicherheiten repräsentieren. Sie korrespondieren mit den Unsicherheitsklassen, wie sie in Tabelle 3.4 angegeben sind.

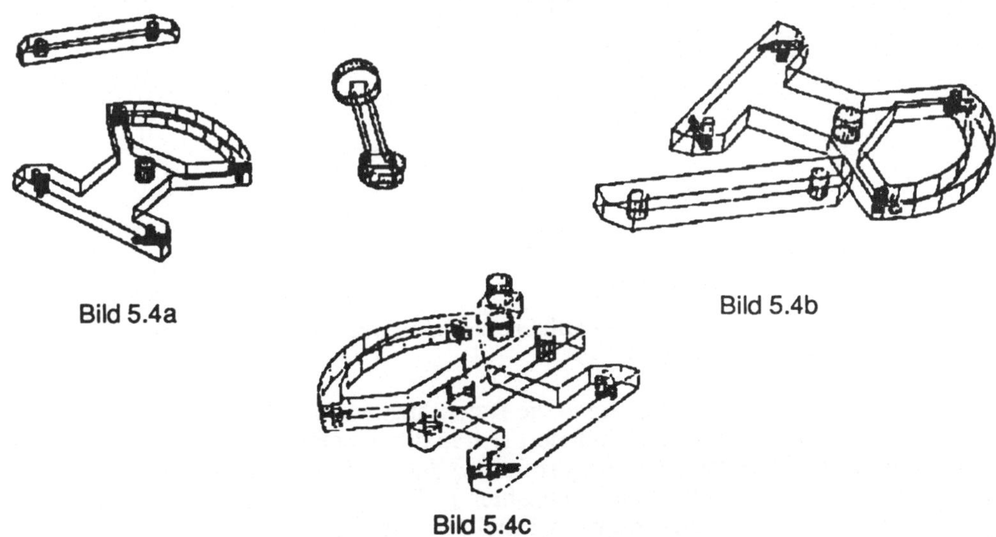

Bild 5.4: Gestörte Szenen gegenüber der Referenzszene aus Bild 5.1. a) Teile sind parametrisch verschoben, ohne sich zu berühren b) Teile berühren sich c) Teile liegen übereinander

Die gezeigten Szenen entsprechen in der Reihenfolge a, b, c den Ordnungsklassen 3, 4, 5 der oben angesprochenen Tabelle. Liegen die Teile vereinzelt, so stellt die Erkennung keine größeren Probleme dar. Es muß nur festgestellt werden, ob ein bestimmtes Teil in der Szene existiert und welche Lage und Orientierung es einnimmt. Bereits bei Berühren der Teile treten bei der Identifizierung weitergehende Probleme auf. Die Sicht auf die einzelnen Teile ist aber nicht verdeckt, so daß nur wenige Merkmale gestört sind. Erheblich schwieriger ist die Situation bei der letzten Szene. Hier sind die Merkmalsdaten der einzelnen Teile massiv gestört. Aus Bild 5.4, in dem die vom Bildverarbeitungssystem aufgenommene Szene als Plot der Szenenprojektion repräsentiert ist, wird ersichtlich, daß Störungen durch das Rauschen des Sensors und zusätzlich durch die Vorverarbeitungsschritte Quantisierung und Binärisierung auftreten. Ein häufiger Fehler ist z.B. die Zerlegung eines gekrümmten Kurvenstückes in eine Anzahl von geraden Linien.

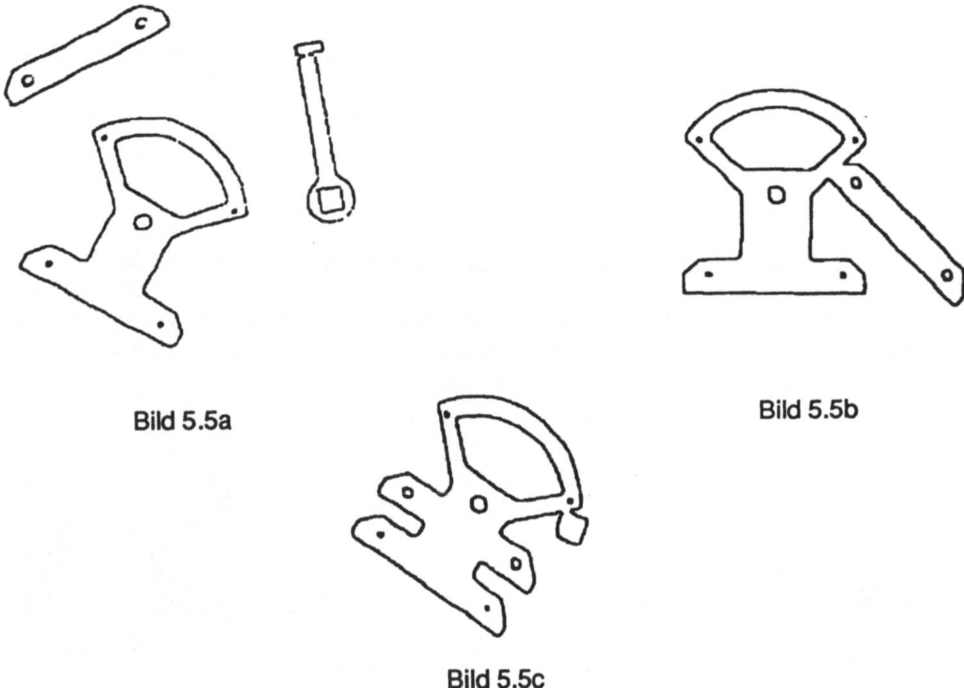

Bild 5.5a

Bild 5.5b

Bild 5.5c

Bild 5.5: Graphische Darstellung des Bildspeicherinhaltes des Sichtsystems korrespondierend mit den Szenen in Bild 5.4.

Die Tabellen A.1-A3 im Anhang zeigen die Datensätze, welche die einzelnen Szenen insgesamt beschreiben. Ein Datensatz gliedert sich in die Beschreibung von Objektregionen und Lochregionen. Die Grundlage zur Ermittlung der Merkmale ist eine heuristische Verfahrensweise, die auf sogenannten Kennzahlen [NIE83] beruht. Der gesamte Datensatz zur Beschreibung eines Binärbildes ist in Tabelle 5.2 dargestellt:

```
[flaeche(objekt_id,pixel_anzahl).
schwerpunkt(objekt_id,x,y).
lochanzahl(objekt_id,anzahl).
lochflaeche(objekt_id,[pixelanzahl]^{lochanzahl}).
umfang(objekt_id,pixel_anzahl).
ger_kanten(objekt_id,anzahl).
kru_kanten(objekt_id,anzahl).
eckanzahl(objekt_id,anzahl).
[ecke(objekt_id,x,y,winkel,richt_1,richt_2).]^{eckanzahl}
[kante(objekt_id,laenge,kanten_klasse,x_anf,y_anf,x_ende,y_ende).]^{ger_kant+kru_kant}
]^{objektregionenanzahl}

[objekt_loch(objekt_id,loch_id).
flaeche(loch_id,pixel_anzahl).
schwerpunkt(loch_id,x,y).
kreis(loch_id).
umfang(loch_id,pixel_anzahl).
ger_kanten(loch_id,anzahl).
kru_kanten(loch_id,anzahl).
[ecke(loch_id,x,y,winkel,richt_1,richt_2).]^{eckanzahl}
[kante(loch_id,laenge,kanten_klasse,x_anf,y_anf,x_ende,y_ende).]^{ger_kant+kru_kant}
eckanzahl(loch_id,anzahl).]^{lochanzahl}
```

Tabelle 5.2: **Beschreibung der Daten des Sichtsystems**

Aus dem gesamten Datensatz sind die Teile auszuwählen, aus denen auf Existenz und Lage des Sideplates zu schließen ist. Es lassen sich verschiedene Teilmengen von Merkmalen nutzen. Die einfachste Methode ist die Erkennung nur auf der Basis der Objektregionenfläche. Sie setzt voraus, daß die Abstände der flächenbeschreibenden Parameter der einzelnen Teile im Klassifikationsraum größer als mögliche Toleranzen sind. Zumindest kann über die Fläche die Menge der in Frage kommenden Werkstücke eingegrenzt werden. In einer Weiterführung kann über die Zahl der Löcher in einem Werkstück, soweit vorhanden, auf die Existenz eines bestimmten Teiles und über die geometrische Relation der Lochschwerpunkte zum Objektschwerpunkt auf seine Lage geschlossen werden. Aus dem oben angegebenen Datensatz sind dann nur folgende Daten erforderlich:

```
flaeche(object_id_nr,pixel_anzahl).
schwerpunkt(objekt_id,x,y).
lochanzahl(objekt_id,anzahl).

[objekt_loch(objekt_id_nr.,loch_id_nr).
flaeche(loch_id_nr,pixel_anzahl).
schwerpunkt(loch_id,x,y).]^{lochanzahl}
```

Tabelle 5.3: **Beschreibung der Daten von Informationseinheit SCHWER**

Sie werden im Fall des Sichtsystems durch eine Anfrage an die Informationseinheit SCHWER (Tabelle 5.3) geliefert. Die Erkennung eines Teils kann aber nur durchgeführt werden, wenn es vereinzelt liegt. In Tabelle 5.4 stehen die konkreten Meßdaten der Szene aus Bild 5.4a, basierend auf der Beschreibung aus Tabelle 5.3. Hier werden die Größenordnungen der einzelnen Attributdaten deutlich.

Datensätze in dieser übersichtlichen Form ermöglichen die Überprüfung der Größen einzelner Werte. Aus ihnen kann schon auf die Existenz und die Lage von vereinzelten Teilen geschlossen werden. Dieser Vorgang wird im Kapitel Fehlererkennung noch ausführlich behandelt.

```
flaeche(129,7395).             flaeche(131,5045).             objekt_loch(133,6).            objekt_loch(133,11).
schwerpunkt(129,112,83).       schwerpunkt(131,387,194).      flaeche(6,8387).               flaeche(11,38).
lochanzahl(129,2).             lochanzahl(131,1).             schwerpunkt(6,209,226).        schwerpunkt(11,197,400).

objekt_loch(129,2).            objekt_loch(131,7).            objekt_loch(133,9).            objekt_loch(133,5).
flaeche(2,131).                flaeche(7,781).                flaeche(9,343).                flaeche(5,40).
schwerpunkt(2,179,49).         schwerpunkt(7,398,257).        schwerpunkt(9,177,282).        schwerpunkt(5,132,183).

objekt_loch(129,4).            flaeche(133,22229).            objekt_loch(133,10).           objekt_loch(133,8).
flaeche(4,136).                schwerpunkt(133,169,297).      flaeche(10,48).                flaeche(8,43).
schwerpunkt(4,44,115).         lochanzahl(133,6).             schwerpunkt(10,66,327).        schwerpunkt(8,285,269).
```

Tabelle 5.4: Übersicht über die Teildaten der Informationseinheit SCHWER der Szene von Bild 5.4a

Die von der Kamera gemessenen Werte in Pixeln, wie sie in Tabelle 5.2 stehen, sind abbildungsabhängig und sollten auf eine neutrale Basis umgerechnet werden. Es bietet sich an, die Millimeterangaben aus der technischen Zeichnung bzw. dem CAD-Beschreibungsdatensatz der Benchmarkteile zu verwenden.

5.2.3 Die Daten aus dem Weltmodell

Der Vergleich der Meßdaten mit den Modelldaten muß sich aus Zeitgründen auf eine minimale Anzahl von Merkmalen beschränken. Vom Zweck der Überprüfung hängt es ab, welche Teilmenge der Merkmalsmenge genutzt wird. In dem hier vorliegenden Fall ist die Existenz und anschließend die Lage und Orientierung eines Teils festzustellen.

Die Anfrage an die Datenbank des Weltmodells kann in zwei Weisen durchgeführt werden. Zum einen ist dies die Abfrage der Modelldaten eines bestimmten Werkstücks und zum anderen die Frage, welche Werkstücke im Sichtbereich eines Sensors liegen.

Der Zugriff auf die Daten eines bestimmten Werkstücks ist sehr einfach, da der Name als Schlüsselbegriff dienen und darüber ein schneller Zugriff gewährleistet werden kann. Schwieriger ist festzustellen, welche Werkstücke ein Sensor aufgrund der Weltmodelldaten "sehen" müßte. Hier ist eine Simulation mit den Daten der Modellwelt durchzuführen.

Wichtig bei dieser sehr aufwendigen Operation ist es, den Suchraum möglichst frühzeitig einzugrenzen. Dies läßt sich vornehmlich durch die physikalischen Eigenschaften des Sensors und einiger geometrischer Überlegungen vornehmen. Eine sehr einfache Eingrenzung des Sichtbereiches ist die Aufteilung der Arbeitszelle in die Bereiche "vor" (sichtbar) und "hinter"(nicht sichtbar) der Sensoraufnahmeebene. Weitergehend lassen sich um die noch verbleibenden Werkstücke umschreibende Kugeln legen und berechnen, ob sich diese mit der Aufnahmegeometrie des Sensors schneiden. Die geometrischen Körper zur Beschreibung der Aufnahmegeometrie von Sensoren sind Zylinder, Kegel, Pyramiden oder Halbkugeln. Für die Kamera eines Sichtsystems kann mit einem Kegel gearbeitet werden.

Für die Fehlerüberwachung in der EO MEASURE1 ist allerdings der Name des gesuchten Werkstücks gegeben, so daß auf die Daten anhand dieses Schlüssels leicht zugegriffen werden kann.

Bild 5.6 zeigt das aufgeschlüsselte Datenformat eines Werkstücks, das in Kapitel 4.4 in allgemeiner Form dargestellt wurde. Im obersten Knoten Brep sind die globalen Daten über das Werkstück enthalten. Der Name ist der wichtigste Schlüssel für den Zugriff auf den Datensatz. Es folgt ein Verweis auf die erste Fläche des Körpers, da die hier verwendete Repräsentationsform flächenorientiert ist. Mit dem nächsten Attribut, einem Zeiger auf Transformationsmatrizen, ist die Lage des lokalen Werkstückkoordinatensystems im globalen Weltkoordinatensystem festgelegt. Der nächste Verweis auf die stabilen Lagen ist speziell für die Sensordatenverarbeitung eingeführt worden, da die geometrischen Aspekte der Werkstückprojektionen wichtige Merkmale als Charakteristika liefern. Die beiden letzten Attribute spielen nur im Fall der oben genannten Simulation eine Rolle. In sphere_center ist der Mittelpunkt der umschließenden Kugel für das Werkstück angegeben und in sphere_radius ihr Radius.

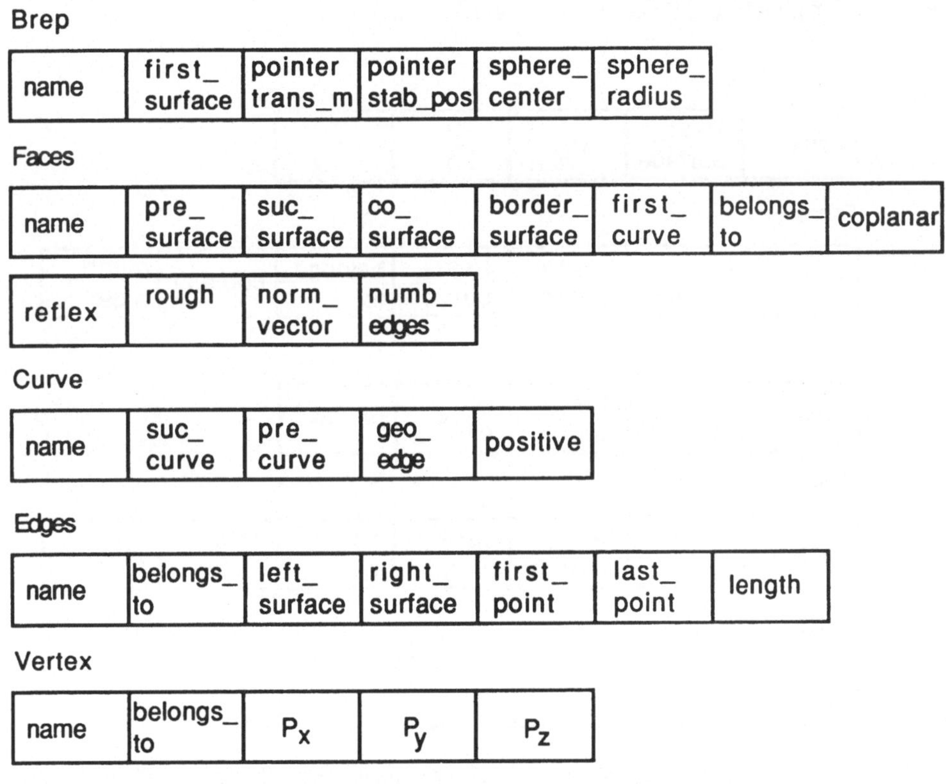

Bild 5.6: Graphische Darstellung des Datenformates eines Werkstücks im Weltmodell, abgleitet aus einem CAD-Modell

Jede einzelne Fläche ist durch einen umfangreichen Datensatz beschrieben. Über die Verweise pre_surface und suc_surface sind die Zeiger auf die nächsten Elemente der doppelt verketteten Liste gesetzt, in der die Flächen stehen. Über co_surface und border_surface sind die Körperflächen und die in ihnen enthaltenen Löcher als Nebenflächen verbunden. Analog zum Körperdatensatz findet sich im Flächendatensatz ein Verweis auf die erste Linie mit first_curve. Über das Attribut belongs_to kann festgestellt werden, zu welchem Körper die Fläche gehört.

Das Attribut coplanar gibt an, ob es sich bei der Fläche um eine Hauptfläche (Körperfläche) oder eine Nebenfläche (Loch) handelt. Zwei physikalische Aspekte des Körpers werden mit reflex, in dem das Reflexionsverhalten der Fläche beschrieben ist, und rough zur Festlegung der Oberflächenrauhigkeit in das Flächenmodell eingebracht. Speziell für die Sensordatenverarbeitung wurden die Attribute norm_vector, die Beschreibung des Normalenvektors der Fläche, und numb_edges, Anzahl der Kanten der Fläche, hinzugefügt.

Im Modell wird zwischen gerichteten und ungerichteten Kanten, curves und edges, unterschieden. Der Datensatz für die gerichteten Kanten beginnt mit dem Namen und den Zeigern der verketteten Listen auf Vorgänger und Nachfolger. Das Attribut geo_edge weist auf die zugehörige ungerichtete Kante. Mit positive wird die Richtungszuordnung der beschreibenden Punkte der Kante zwischen gerichteter und ungerichteter Kante festgelegt (1 für gleich und 0 für entgegen gerichtet).

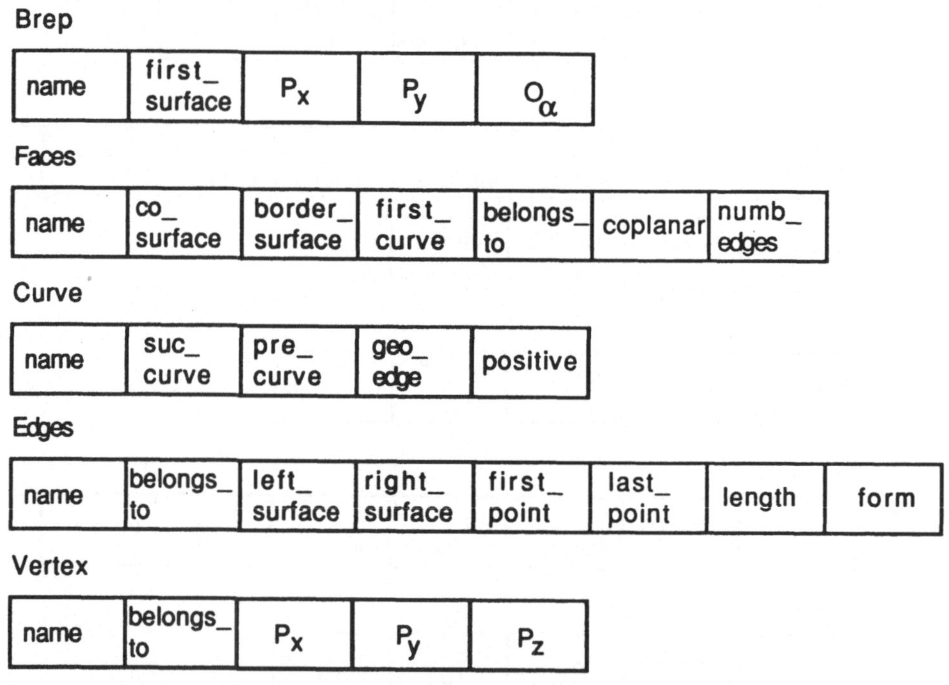

Bild 5.7: Graphische Darstellung des 2D-Datenformates eines Werkstücks für ein Sichtsystem

Jeder gerichteten Kante ist eine ungerichtete Kante zugeordnet. Ihre Beschreibung beginnt mit dem Namen und dem Verweis auf den Körper. Dann folgen die Verweise auf den Anfangs- und Endpunkt, first_point und last_point, die auf die Klasse vertex weisen. Als letztes Attribut ist noch die Länge der Kante in length angegeben.

Die Klasse auf der untersten Ebene ist die der Ecken. Zuerst erfolgt wieder die Angabe des Namens und der Verweis auf den Körper, dann folgen die Koordinaten P_x, P_y und P_z, die genaue Festlegung des Eckpunktes im Koordinatensystem des Körpers.

Die direkte Verwendung dieser Repräsentationsform, basierend auf einem polygonen CAD-Datenmodell, ist für die Sensordatenverarbeitung zu unhandlich und muß deswegen modifiziert werden. In Kapitel 4.4 ist die spezielle Zugriffsform, die Sicht, bereits vorgestellt worden. Mit diesen für die jeweiligen Sensoren spezialisierten Zugriffen werden die notwendigen Daten für den Vergleich mit den Meßdaten bereitgestellt. Dies ermöglicht eine starke Datenreduktion beim Übergang von einem 3D-Modell (CAD) zu einem anwendungsorientierten 2D-Modell, wie es in Bild 5.7 gezeigt ist.

Insbesondere durch die Approximation der gekrümmten Flächen mit kleinen Polygonflächen werden sehr viele Daten zur Beschreibung des Körpers erzeugt. Dies gilt dann auch in ähnlicher Weise für die 2D-Darstellung, wenn gekrümmte Linien mit Polygonzügen approximiert werden. Für das Sichtsystem in der vorliegenden Form ist eine komplette analytische Beschreibung aber nicht notwendig, da in der Merkmalsextraktion nur zwischen den Werten gerade und krumm unterschieden wird. Aus den Polygonzügen einer Kurve wird somit eine Kurve, die durch ihre Begrenzungspunkte und das Attribut form und ihre Länge beschrieben ist.

Weiterhin ist die Lage der Projektion durch die Angabe der Koordinaten P_x, P_y und O_α festgelegt. Sie muß nicht erst über die Transformationsmatrizen auf die Weltkoordinaten umgerechnet werden.

Als Beispiel des Werkstücks Sideplate sei die Instanziierung an einem Teil des Datensatzes in Bild 5.8 gezeigt:

Brep

name	first_	Px	Py	Oα
sideplate	sifa_1	70	80	0

Faces

name	pre_ surface	suc_ surface	co_ surface	border_ surface	first_ curve	belongs_ to	coplanar	numb_ edges
sifa_1	-	-	sifa_11	-	sifa_1_ cu_1	sideplate	0	14
sifa_11	sifa_16	sifa_12	-	sifa_1	sifa_11_ cu_1	sideplate	1	7
sifa_12	sifa_11	sifa_13	-	sifa_1	sifa_12_ cu_1	sideplate	1	1
sifa_13	sifa_12	sifa_14	-	sifa_1	sifa_13_ cu_1	sideplate	1	1
sifa_14	sifa_13	sifa_15	-	sifa_1	sifa_14_ cu_1	sideplate	1	1
sifa_15	sifa_14	sifa_16	-	sifa_1	sifa_15_ cu_1	sideplate	1	1
sifa_16	sifa_15	sifa_11	-	sifa_1	sifa_16_ cu_1	sideplate	1	1

Bild 5.8: Instanziierung des 2D-Datenformates des Werkstücks Sideplate für ein Sichtsystem

Für das Werkstück Sideplate bedeutet der Übergang von der allgemeinen 3D_Repräsentation zu der sensorbezogenen 2D-Darstellung bezogen auf die geometrischen Daten folgende Komplexitätsreduktion:

3D-Darstellung	sensorbezogene 2D-Darstellung
Flächen: 209 gerichtete Kanten: 1061 ungerichete Kanten: 618 Punkte: 412	Flächen:7 gerichtete Kanten: 26 ungerichtete Kanten: 26 Punkte: 26

Aus diesen Werten ist zu sehen, welche große Einsparung an Speicherplatz erreicht wurde und durch die sehr viel geringere Zahl an Daten auch an Rechenzeit zu erwarten ist.

Aus diesem konkreten Datensatz (Bild 5.8) können die Referenzdaten gelesen werden, um sie mit den Meßdaten des Sichtsystems zu vergleichen. Im folgenden werden zum Vergleich allerdings nicht solche Daten verwendet, da die Implementierung noch nicht auf einem solchen Stand ist, daß die entsprechenden Daten aus der Datenbank abgelesen werden können. Es werden für die realisierten Vergleiche Daten einer Lernphase des Sensors verwendet. Dies ändert dort aber nichts an der prinzipiellen Vorgehensweise.

5.3 Die Fehlererkennung

Der Mechanismus der Fehlererkennung soll hier anhand der besonders schwierigen Elementaren Operation MEASURE1 erläutert werden. Dabei kann man in bestimmten Fällen nur mit den Daten des Sichtsystems die Situation in der Arbeitszelle soweit bestimmen, daß die Diagnose und damit in der Regel der Einsatz weiterer Sensoren nicht mehr notwendig ist. Neben der sicheren Fehlererkennung ist das wichtigste Kriterium die Zeit, und dies ist auch der Grund, den Einsatz von Sensoren und Analyseschritten in dieser Stufe zu minimieren. Es sollte der Sensor eingesetzt werden, dessen Daten genügen, um die Überprüfung hinreichend durchzuführen.

Wie schon oben erörtert, läßt sich die Überprüfung der Existenz und Lage eines Teils mit einer Teilmenge der von einem Sichtsystem gelieferten Merkmale durchführen. Die Nutzung der Flächengröße einer Objektregion in einem Bild zur Objekterkennung stellt nur ein sehr grobes Mittel dar, da sich die Toleranzfelder von Teilen mit anderer Gestalt im Parameterraum leicht überdecken können und somit nicht unterscheidbar sind. Da hier auch noch das Aneinander- und Übereinanderliegen von Teilen zugelassen werden soll, kann es auch dadurch zu Objektregionen kommen, die die gleiche Fläche wie ein einzelnes Teil aufweisen können. Der Ansatz hier ist, bei Nichterkennung eines Fehlers die Untersuchung mit anderen Merkmalen weiter zu führen.

Bild 5.9 gibt den Ablauf des Fehlererkennungsalgorithmus für die Erkennung und Lagebestimmung eines Werkstückes mit dem Sensor Kamera [1] an. Die Kontrolle über den gesamten Vorgang übt das Objekt *Sehen* aus. Es sei für die weiteren Betrachtungen davon ausgegangen, daß der Prozeß der Datenakquisition der Meßdaten von den Informationseinheiten und der Modelldaten von der Datenbank des Weltmodells abgeschlossen ist.

Wichtig bei diesem Vorgang ist, daß die Kriterien für das Objekt stufenweise immer komplexer werden, so daß einerseits gravierende Fehler sehr schnell erkannt werden, an-

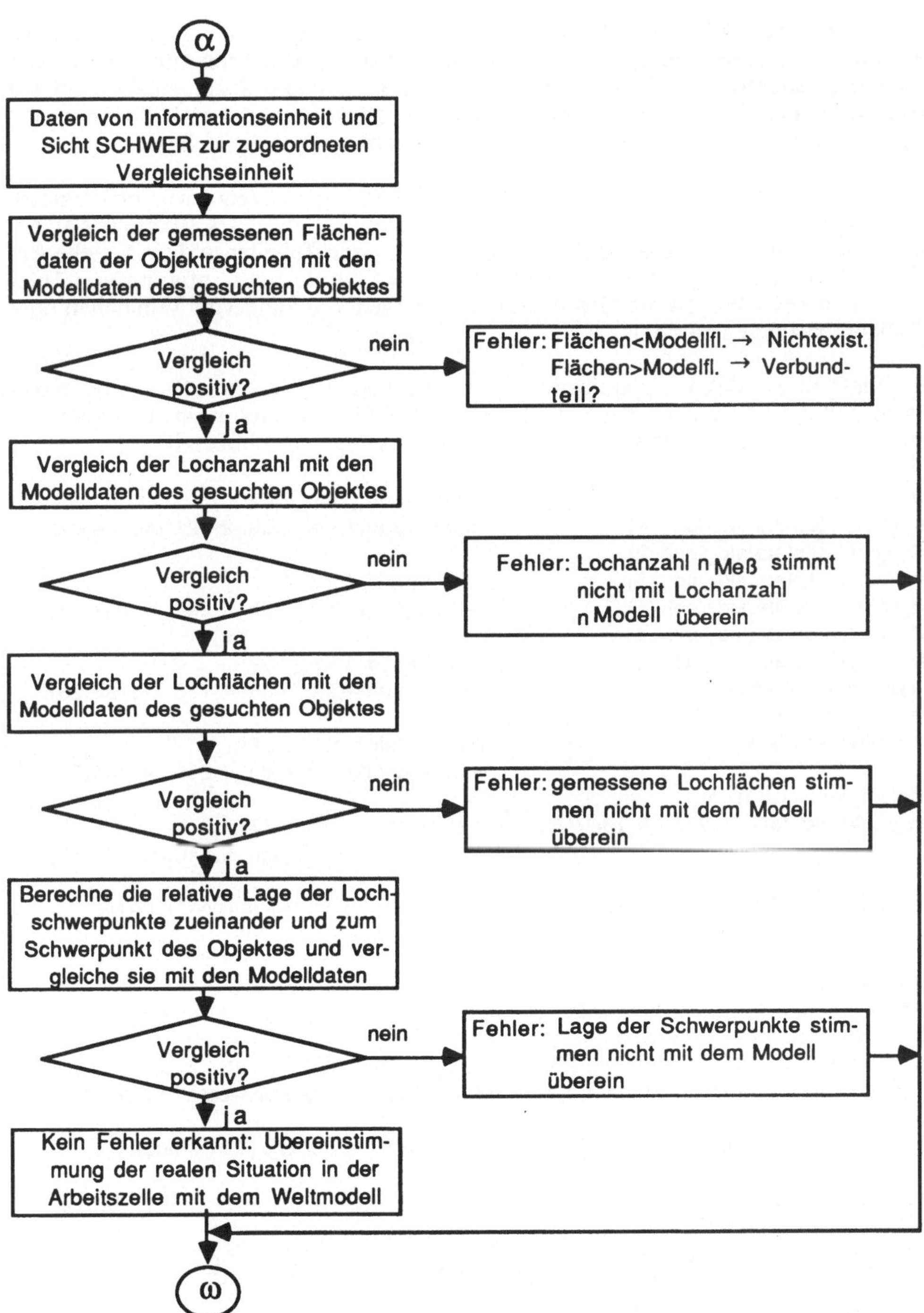

Bild 5.9: Der Ablauf der Fehlererkennung in der Vergleichseinheit SCHWER des Sichtsystems

dererseits die Überprüfung der Szene für den Handhabungszweck genau genug ist. Gehen die Vergleiche negativ aus, daß also die Voraussetzungen für die aktuelle Handhabungssequenz nicht mehr gegeben ist, dann ist erst festzustellen, ob die Abweichung hinreichend durch die Daten des Sichtsystems beschrieben ist, oder es muß von der Diagnose die tatsächliche Situation in der Arbeitszselle festgestellt werden.

Für die Modelldaten des Sideplate und den in Bild 5.4 gezeigten Szenen sei der Vergleich beispielhaft durchgeführt, um mit konkreten Werten den Verlauf eines Vergleichs zu demonstrieren. In Tabelle 5.5 sind die Modelldaten und in den Tabellen A.1-A.3 (siehe Anhang) die Meßdaten aufgeführt. Hierbei ist besonders die Berücksichtigung von Toleranzwerten zu beachten. Deren Größe läßt sich entweder anhand von Versuchen oder über Fallabschätzungen ermitteln.

Als Beispiel soll hier das Sideplate betrachtet werden und die Szene aus Bild 5.4a. In dieser Szene sollte das Sideplate allein mit den Daten des Sichtsystems erkannt werden, und als Fehler nur gemeldet werden, daß es aus der Referenzlage verschoben liegt.

```
objekt(sideplate).
objekt_loch(sideplate,sid_loch_1).
objekt_loch(sideplate,sid_loch_2).
objekt_loch(sideplate,sid_loch_3).
objekt_loch(sideplate,sid_loch_4).
objekt_loch(sideplate,sid_loch_5).
objekt_loch(sideplate,sid_loch_6).
flaeche(sideplate,22821).
schwerpunkt(sideplate,222,265).
lochanzahl(sideplate,6).

flaeche(sid_loch_1,30).
schwerpunkt(sid_loch_1,310.08,184.87).

flaeche(sid_loch_2,8200).
schwerpunkt(sid_loch_2,221.99,184.08).

flaeche(sid_loch_3,309).
schwerpunkt(sid_loch_3,221.92,247.97).

flaeche(sid_loch_4,38).
schwerpunkt(sid_loch_4,133.91,183.28).

flaeche(sid_loch_5,32).
schwerpunkt(sid_loch_5,296.14,341.54).

flaeche(sid_loch_6,31).
schwerpunkt(sid_loch_6,146.34,341.19).
```

Tabelle 5.5: Die Modelldaten des Werkstücks Sideplate für den Vergleich mit den Daten aus Tabelle 5.4

Wie bereits oben gesagt, kann mit den Daten des Sichtsystems allein die Lage des gesuchten Werkstücks Sideplate in Szene 5.4a bestimmt werden. Dies gilt, wie dann später gezeigt wird, nicht für die beiden anderen Szenen. Ihre Analyse muß der Diagnose überlassen werden. Vergleicht man die Daten des Sideplate, die in Tabelle 5.5 angegeben sind, mit der Messung aus Tabelle 5.4, so sind folgende Vergleichswerte feststellbar:

Der erste Vergleich bezieht sich auf die Flächendaten der Objektregionen:

$$\begin{bmatrix} \text{fläche(129,7395)} \\ \text{fläche(131,5045)} \\ \text{fläche(133,22229)} \end{bmatrix} \boxed{\text{vergleiche mit [fläche(sideplate,22821)]}} \begin{bmatrix} 0.324 \\ 0.221 \\ 0.974 \end{bmatrix}$$

Das Ergebnis des Vergleich ist, daß die Objektregion 133 dem Werkstück Sideplate zugeordnet werden kann, da der Flächenwert der Messung bei 97,4% der Referenzwertes liegt. Die Größe der Abweichung gibt außerdem keinen Hinweis auf ein Verbundteil. Die beiden anderen Flächenwerte liegen dermaßen weit von der gesuchten Fläche entfernt (32,4%, 22,1%), daß sie nicht mehr weiter betrachtet werden müssen.

Im nächsten Schritt wird die Objektregion 133 auf ihre Lochanzahl überprüft. Sie schließt insgesamt sechs Lochregionen ein und dies entspricht der Lochanzahl von sechs des Werkstücks Sideplate in der angenommenen stabilen Lage.

Die Lochregionen haben als Charakteristikum ihre Flächen, die als nächstes überprüft werden. In Tabelle 5.6 werden die gemessenen Daten der Lochregionen aus der Objektregion 133 mit den Referenzdaten des Werkstücks Sideplate verglichen. Die dort dargestellte Vergleichszahl ist das Verhältnis des Meßwertes zum Referenzwert. Es fällt auf, daß die Löcher mit kleinen Flächenwerten große Abweichungen aufweisen. Der Toleranzwert, der eine Zuordnung eingrenzt, ist also in Abhängigkeit von der absoluten Flächengröße einer Region zu wählen.

	loch_1,30	loch_2,8200	loch_3,309	loch_4,38	loch_5,32	loch_6,31
fläche(6,8387)	-	1.02	-	-	-	-
fläche(9,343)	-	-	1.11	-	-	-
fläche(10,48)	1.6	-	-	1.26	1.5	1.55
fläche(11,38)	1.27	-	-	1.0	1.19	1.23
fläche(5,40)	1.33	-	-	1.05	1.25	1.29
fläche(8,43)	1.43	-	-	1.13	1.34	1.39

Tabelle 5.6: **Gegenüberstellung der gemessenen Werte für die Flächen der Lochregionen der Objektregion 133 zu den Referenzwerten des Werkstücks Sideplate**

Nach der Feststellung, daß die Lochflächen des Meß- mit dem Modelldatensatz in den festgelegten Grenzen übereinstimmen, kann die Lage des Werkstücks berechnet werden. Mit den zur Verfügung stehenden Daten kann nur eine sehr einfache Methode angewendet werden. Es bietet sich dabei an, mit Hilfe der Relationen der bekannten Regionenschwerpunkte eine Lageberechnung durchzuführen. Das Ergebnis der Berechnung sieht folgendermaßen aus:

Richtung(Schwerp.(Sideplate) - Schwerp.(Loch_2)) $\rightarrow$ 330,60°
Richtung(Schwerp.(Sideplate) - Schwerp.(Loch_2)) $\rightarrow$ 331,93°

Die Ergebnisse der beiden Berechnungen liegen nahe beieinander und können toleriert werden. Der gerundete Mittelwert beträgt dann 331°. Aus der Messung liegt außerdem der Schwerpunkt des Werkstücks vor. Mit diesen Werten läßt sich die Position der Greifpunkte des Sideplate bestimmen.

Für das Feststellen der Lage von vereinzelten Werkstücken läßt sich die Abweichung allein mit den Daten der fehlermeldenden Vergleichseinheit SCHWER bestimmen. Da kein Indiz auf einen weiteren Fehler hinweist, ist auch der Einsatz anderer Sensoren im Rahmen einer Diagnose nicht notwendig.

Für die Fälle b und c aus Bild 5.4 gilt dies nicht, wie im folgenden gezeigt wird. Aus der Tabelle 5.7 sind die Daten der Objektregionen von der Informationseinheit SCHWER für die beiden Szenen 5.4b und 5.4c zu entnehmen. Bereits der Flächenvergleich für Szene b mit den obigen Modelldaten des Werkstücks Sideplate ergibt eine Abweichung um +32,6%. Dies ist zum ersten eine sehr hohe Abweichung bei der Absolutgröße der

Regionfläche, und weiterhin deutet die Richtung der Abweichung auf eine Verbundregion hin. Ähnliches gilt auch für die Szene c. Hier beträgt die Abweichung +23,9%.

flaeche(129,30250).	flaeche(130,28266).
schwerpunkt(129,229,256).	schwerpunkt(130,233,254).
lochanzahl(129,8).	lochanzahl(130,8).

Tabelle 5.7: Datensatz der Szene b und c aus Bild 5.4 von der Vergleichseinheit SCHWER1

In beiden Fällen sind es acht eingeschlossene Lochregionen in der Objektregion. Auch dies weist auf eine Verbundregion aus mehreren Teilen hin. Mit den wenig differenzierenden Daten der Informationseinheit SCHWER1 läßt sich die Szene nicht weiter bestimmen. Aus diesem Grunde meldet die Vergleichseinheit den Fehler und daß ihre Mittel für die Interpretation der Szene nicht ausreichen. Die anschließende Analyse kann nur mit weiteren Informationen, sei es vom fehlermeldenden als auch von anderen Sensoren, durchgeführt werden.

Desweiteren kann das einfache Modell, welches in der Fehlererkennung verwendet wird nicht weiter benutzt werden, denn es soll nicht nur festgestellt werden, ob sich ein bestimmtes Teil in der Szene befindet, sondern welche Abweichungen in der Szene vorkommen.

5.4 Diagnose der Fehlersituation

In den Szenen b und c der Fallstudie wird das gesuchte Werkstück für die Montagesequenz, das Sideplate, im Rahmen der Fehlererkennung nicht gefunden. Somit liegt ein Fehler vor. Es wurden aber unbekannte Teile gefunden. Zu klären ist nun, ob sich das gesuchte Teil überhaupt in der Szene befindet. Dies ist die Aufgabe der Diagnose.

Sobald das Objekt *Fehlererkennung* an *Perzeption* einen nicht von ihm vollständig beschreibbaren Fehler meldet, geht die Initiative an die Diagnose über. Mit dem Auftrag wird der Name der Vergleichseinheit mitgeteilt, die den Fehler meldet und von der die Basisdaten für die Analyse kommen. Die Objektdaten aus dem Weltmodell stehen ebenfalls fest. In diesem Fall sind es die Daten aller Benchmarkteile.

Die fehlermeldende Vergleichseinheit ist in beiden Fällen SCHWER1. Von ihr kommen die Flächenangaben von Objekt- und Lochregionen und die Schwerpunktdaten der Regionen. Mit diesen Daten ist nur der einfache Vergleich möglich, ob die unbekannten Teile einen Flächeninhalt aufweisen, der größer oder gleich dem Flächeninhalt des gesuchten Werkstücks ist.

Für die beiden untersuchten Szenen gilt dies nicht. Um weitere differenziertere Merkmale zu gewinnen, können von den Datenakquisitionswissensquellen auch Informationseinheiten angesprochen werden, die weitergehende Daten liefern. In diesem Fall bietet es sich an, die Informationseinheit KONTUR1 anzusprechen, da ihre Basisdaten auf der gleichen Messung beruhen wie für SCHWER1. Damit stehen die differenzierten Merkmale der Konturbeschreibung für die Diagnose zur Verfügung. Die konkreten Daten für die Szenen aus Bild 5.4 sind im Anhang in den Tabellen A.1 und A.3 aufgeführt.

5.4.1 Die Hypothesenbildung aus den Merkmalsdaten

In Bild 4.20 sind die Gruppen von Wissensquellen des Diagnose-Blackboards gezeigt. Die Hypothesenbildung für eine Teileexistenz umfaßt das Bewerten der Merkmale mit Fuzzyfunktionen und das Kombinieren der bewerteten Merkmale zu Hypothesen zur Existenz von Werkstücken.

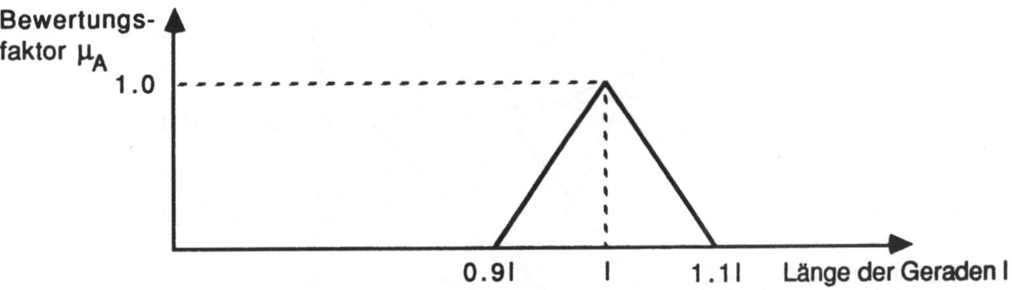

Bild 5.10: Fuzzyfunktion für die Bewertung der Länge von Geraden in der Diagnose

Der erste Schritt ist die Zuordnung von Fuzzyfaktoren für die einzelnen Merkmale. Die Merkmalsklassen sind:

1. Flächen von Objektsegmenten
2. Flächen von Lochsegmenten
3. Längen von Geraden
4. Längen von Kurven
5. überstrichene Winkel bei Kurven (Kreisbogenapproximation)
6. Winkel von Ecken

Für jede dieser Klassen kann die Bewertung in allgemeiner Form gleichartig vorgenommen werden.

Am Beispiel der Länge von geraden Kurven als sehr einfachem Merkmal sei dies hier demonstriert. Die benutzte Fuzzyfunktion stellt eine Vereinfachung gegenüber der in Bild 4.19 gezeigten dar. Bild 5.10 zeigt ihre Form und ihre beschreibenden Parameter.

Die Bewertung sei anhand eines Zuordnungsgraphen gezeigt. Die gemessenen Längen von den geraden Kurven werden den einzelnen Modellmerkmalen zugeordnet unter Angabe des Bewertungsfaktors. Als Beispiel sei das Teil aus Szene 5.4b genommen und mit den Modellmerkmalen des Sideplate verglichen. Es sind nur solche Zuordnungen eingezeichnet, die einen Wert größer Null aufweisen.

Nach der Bewertung kann die Kombination von einzelnen bewerteten Merkmalen zu Objekthypothesen begonnen werden. Dazu werden alle mit einem Fuzzyfaktor größer Null belegten Zuordnungen von gemessenen Merkmalen zu Modellmerkmalen benutzt. Die prinzipielle Vorgehensweise ist in Kapitel 2.3 gezeigt. Die Ergebnisse der Kombination nach der Dempster-Shafer-Theorie sind Wahrscheinlichkeitszuweisungen zu Existenzhypothesen von Werkstücken in der Szene.

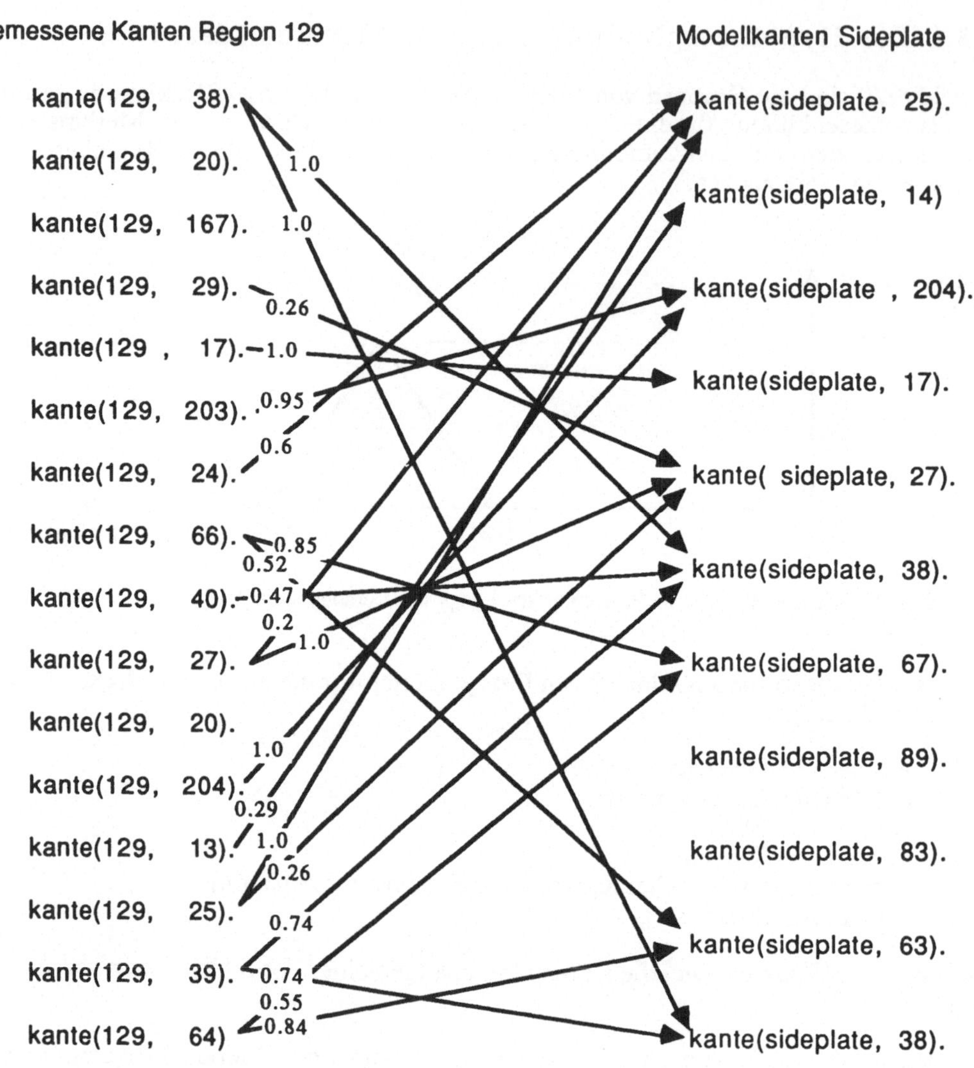

Bild 5.11: Bewertung der Länge von gemessenen geraden Kanten der Objektregion 129 mit den geraden Modellkanten des Werkstücks Sideplate in der Diagnose nach der Fuzzyfunktion aus Bild 5.10

Den Modellmerkmalen sind die Wahrscheinlichkeitszuweisungen zuzuordnen (Kapitel 2.4), die aufgrund heuristischer Gesichtspunkte vergeben werden. Beispielhaft ist dies gezeigt anhand einer Szene in Bild 5.12, die derjenigen in Bild 5.4b sehr ähnelt. Die zugrundeliegenden Datensätze sind in den Tabellen A.4 und A.5 nachzulesen. Für diese Daten wurde die Kombination mit der Dempster-Shafer-Methode durchgeführt.

Das Ergebnis dieser Auswertung sind folgende Elementare Wahrscheinlichkeiten (siehe Kapitel 2.4):

m ({ spa })	=	0.64
m ({ sid })	=	0.28
m ({ sid,spa,loc })	=	0.05
m (θ)	=	0.02

Die Glaubwürdigkeit für die beiden in der Szene enthaltenen Werkstücke ist dann zusammen:

$$\text{Bel}(\text{spa,sid}) = 0.92$$

Daraus wird deutlich, daß die Verbundmethode aus der Fuzzy set- und der Dempster-Shafer-Theorie sehr gute Hypothesen für die Existenz von Teilen bereits mit sehr wenig differenzierenden Merkmalen liefert. Dies ist allerdings stark abhängig von der Existenz markanter Merkmale, in diesem Fall von langen Strecken, die nicht sehr häufig vorkommen und somit mit einer hohen Wahrscheinlichkeitszuweisung belegt sind. Die Methode erbringt dann keine guten Ergebnissen mehr, wenn viele dieser markanten Merkmale gestört sind.

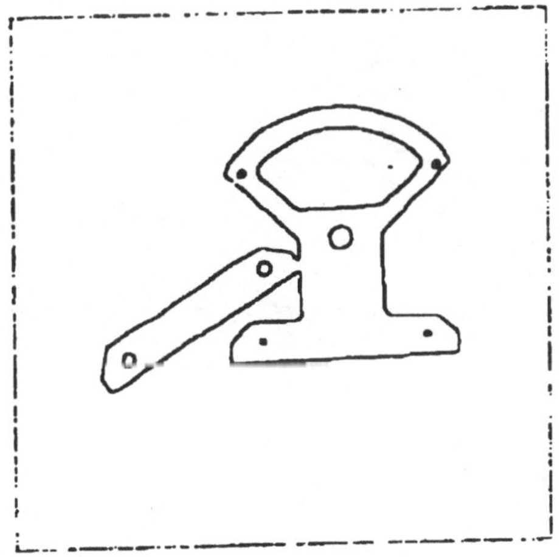

Bild 5.12: Szene mit den Teilen Sideplate und Spacingpiece des European Benchmark

Im Diagnoseschritt Existenzhypothesenbildung ist die erste Möglichkeit der Sensordatenfusion gegeben. Die Daten unterschiedlichster Sensoren liefern einen Beitrag zur Stützung der Hypothese. Durch die Hypothesenbildung kann der Suchraum für die Problemlösung eingegrenzt werden. Konkret für die Diagnose an dieser Stelle heißt das, es müssen nicht alle Werkstücke untersucht werden, die im Weltmodell enthalten sind, sondern nur diejenigen, die eine über einer festgelegten Schwelle liegende Auftretenswahrscheinlichkeit haben. Da im nächsten Schritt die geometrischen Relationen zwischen Werkstücksmerkmalen mit sehr umfangreichen Datensätzen in die Analyse der Situation einbezogen werden, ist diese Eingrenzung sinnvoll und notwendig.

5.4.2 Verifikation der Hypothesen mit einem Graphenansatz

Der nächste Schritt in der Diagnose ist die Untersuchung der Szene auf Anhaltspunkte zu Lage- und Positionsinformationen der Teile, für die eine ausreichend hohe Auftretenswahrscheinlichkeit vorliegt. Die Problemstellung dabei ist, daß einige Merkmale vollkommen ausfallen, da sie verdeckt oder anderweitig gestört sind, wie z.B. in Bild 4.21 gezeigt wurde. Ein Teil muß also durch ein Ensemble von Merkmalen bestimmbar sein, die durch eine Clique von zusammenhängenden Merkmalen gebildet werden. Dabei spielt die Anordnung der Teile eine wesentliche Rolle. Vom Modell her kann dieser Tatsache Rechnung getragen werden, daß ein Teil durch eine Repräsentationsform beschrieben wird, die die Nachbarschaft von Merkmalen als Kriterium mit einbezieht. Dies ist möglich durch eine Graphendarstellung wie z.B. dem Spatial proximity-Graphen, wie er im Kapitel 2.3 vorgestellt wurde. Die Knoten des Graphen sind dabei die konturbeschreibenden Merkmale, wie Ecken, gerade Kanten und krumme Kanten. Hier wurde ein Minimal spanning tree (MST) zur Darstellung der Werkstücke gewählt. Der Aufwand bei einer ungeordneten Menge von Merkmalen ist bei n Modellmerkmalen und m gemessenen Merkmalen (n-1)(m-1) Vergleiche. Bei Verwendung des MST reduziert er sich auf 2(m-1) Vergleiche. Bild 5.13 stellt das Sideplate als MST dar.

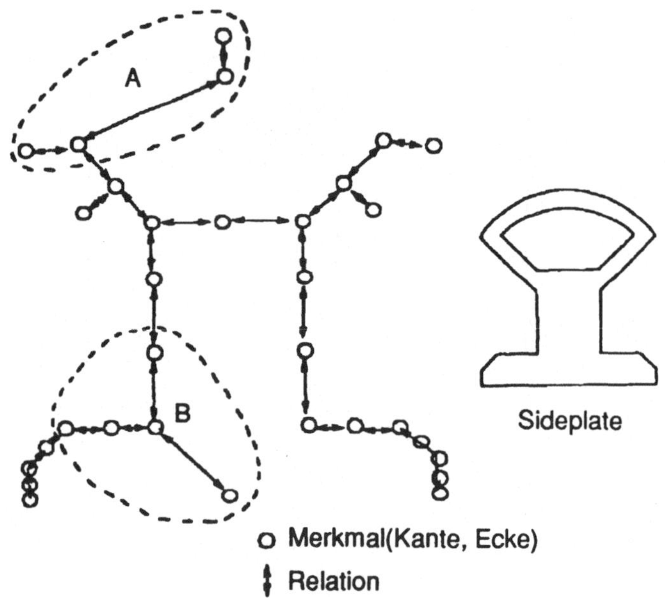

Bild 5.13: Das Werkstück Sideplate dargestellt als Minimal spanning tree seiner Merkmale

Der Ausgangspunkt der Suche sind markante Merkmale, wie z.B. Kanten mit großer Länge. In ihrer Umgebung werden weitere Merkmale gesucht und überprüft, ob sie eine Clique bilden, die einen Teil des gesuchten Werkstückes darstellen, welches in der vorhergehenden Hypothesenstufe mit einer ausreichenden Wahrscheinlichkeit belegt wurde. Mit markanten Merkmalen wird deswegen begonnen, da sie eine definierte Menge von "Einstiegsstellen" in den Graphen bilden.

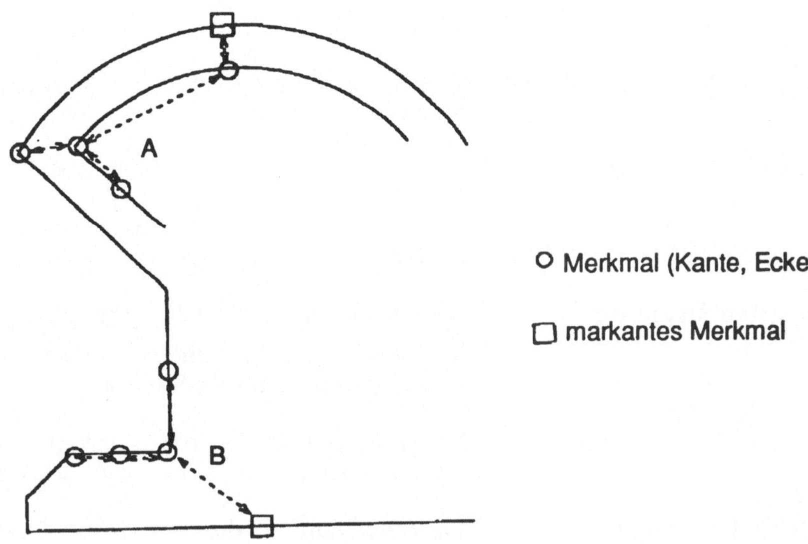

Bild 5.14: Expandierung von Teilgraphen, ausgehend von markanten Merkmalen des Werkstücks Sideplate

Über das Modell wird versucht, ausgehend von einem markanten Merkmal, einen Teilgraphen für das Werkstück zu expandieren. Ist keine weitere Expansion eines Teilgraphen mehr möglich, so wird dieser Prozeß an einer andereren Stelle des Modellgraphen mit einem anderen markanten Merkmal fortgeführt. Das Ergebnis der Expansionsphase sind eine Menge von Teilobjekten, die mit dem Werkstück in Lage und Orientierung übereinstimmen.

Bild 5.14 zeigt für das Sideplate die Vorgehensweise. Zur Bildung von zwei Cliquen werden ausgehend von den zwei langen erkannten Strecken, die markante Merkmale darstellen, Teilgraphen expandiert.

Die Beschreibung der genutzten Merkmale hat dabei eine einheitliche Form, gleichgültig, ob es sich um eine gerade oder krumme Kante oder eine Ecke handelt:

[Modell-Merkmal-Name
relativer Schwerpunkt - x-Wert
relativer Schwerpunkt - y-Wert
relative Drehung
tatsächliche Länge
virtuelle Länge
aufspannender Winkel
Varianz für x-Wert und y-Wert
Varianz für Drehung
Varianz für tatsächliche Länge
Varianz für virtuelle Länge
Varianz für aufspannenden Winkel
zugehöriges Werkstück
1. Zeiger auf weiteres Merkmal
2. Zeiger auf weiteres Merkmal]

Dabei haben die einzelnen Daten folgende Bedeutung:

Modell-Merkmal-Name: Er erlaubt die eindeutige Identifizierung innerhalb des Modellwerkstücks.

relativer Schwerpunkt - x-Wert und - y-Wert: Er stellt den Schwerpunkt des Merkmals dar bzgl. des Schwerpunktes (oder eines anderen Bezugspunktes) des dazugehörigen Modellwerkstücks.

relative Drehung: Sie gibt die relative Drehung (bzgl. der Orientierung des dazugehörigen Modellwerkstücks) von 0°...359° im mathematisch positiven Sinne an.

tatsächliche Länge: Für eine Kante ist dies die Länge entlang dem zugewiesenen Linienstück, einer Ecke wird der Wert 0 gegeben.

virtuelle Länge: Für eine Kante ist dies der Abstand zwischen Anfangs - und Endpunkt, einer Ecke wird der Wert 0 zugewiesen.

aufspannender Winkel: Bei einer Ecke ist dies der Winkel, der durch das Werkstück aufgespannt wird, für eine Kante wird er mit einem Wert von 180° definiert.

Varianzen: Sie geben die zulässigen Abweichungen an, bis zu denen sich die Parameter der extrahierten Merkmale von den Parametern der Modell-Merkmale unterscheiden können.

Die extrahierten Merkmale, die das Bildvorverarbeitungssystyem liefert, haben folgendes Format:

[Merkmals-Name
absoluter Schwerpunkt - x-Wert
absoluter Schwerpunkt - y-Wert
absolute Drehung
tatsächliche Länge
virtuelle Länge
aufspannender Winkel]

Tabelle A.6 zeigt das in diese Form transformierte Datenformat für die Szene aus Bild 5.4b. Für die Verifizierung der Erkennung und die Lage- und Positionsbestimmung der Teile wurden die in Bild 5.15 gezeigten Merkmale instanziiert. Es fällt auf, daß für das Sideplate nur sehr wenige Merkmale gefunden wurden. Der Grund ist in der sehr engen Toleranzwahl für die Klassifikation der einzelnen Merkmale zu sehen. Trotzdem gelingt noch die genaue Feststellung von Lage und Position der Werkstücke. Die Ergebnisse der Analyse für die Lage und Orientierung der Werkstücke ergibt folgende Werte:

Spacingpiece: Schwerpunkt: (207;118)
Drehung: 229 Grad

Sideplate: Schwerpunkt: (223;265)
Drehung: 272 Grad

Mit den bisher beschriebenen Modulen der Diagnose lassen sich Werkstücke erkennen und ihre Lage feststellen. Dies gilt zumindestens für die Projektion der Teile. Eine gesicherte Aussage, ob es sich bei gestörten Merkmalskonstellationen um aneinander- oder übereinanderliegende Teile handelt, kann aus diesen Daten noch nicht getroffen werden. Dazu ist der Einsatz eines weiteren Sensors notwendig, mit dem man die Höhe von Teilregionen vermessen kann.

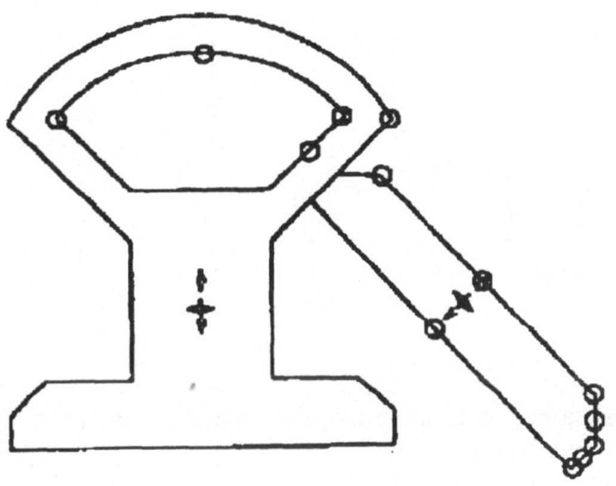

Bild 5.15: Instanziierte Merkmale der Szene 5.4.b zur Erkennung von Sideplate und Spacingpiece mit Ortsbestimmung

5.4.3 Ansätze für die 3D-Lagebestimmung

Um den Sensor für die 3D-Lagebestimmung aber gezielt einsetzen zu können, ist es notwendig, die genauen Meßorte festzulegen. Es muß zuerst festliegen, welche Teile sich überschneiden und wo die Messung durchgeführt werden muß, um eine Aussage über die dreidimensionale Lage der Teile treffen zu können. Die Methode des Graphenvergleichs bietet sich als Grundlage für die Bestimmung von Überlappungsbereichen an. An den Stellen, an denen Merkmale vollständig verschwinden, sind sie durch andere Teile gestört, wie schon in Kapitel 4.5.3 gezeigt. Es lassen sich drei Mengen von Überlappungsmerkmalen gewinnen:

- gestörte (verschwundene) Merkmale
- Merkmalbruchstücken
- neuentstandene Merkmale

Um die Überlappungen feststellen zu können, müssen die Eigenschaften der drei Mengen und ihrer Beziehungen untereinander untersucht werden. Desweiteren ist der Umkreis der Merkmale des Überlappungsbereiches zu untersuchen. Dazu werden, ausgehend von den Stellen eines Modells, an denen keine weitere Expandierung des MST erfolgte, Bruchstücke von Merkmalen gesucht, die in ihren Richtungsparametern mit dem gestörten Modellmerkmal übereinstimmen. Ausgehend vom Modell ist die Suchrichtung festgelegt, wie Bild 5.16 zeigt.

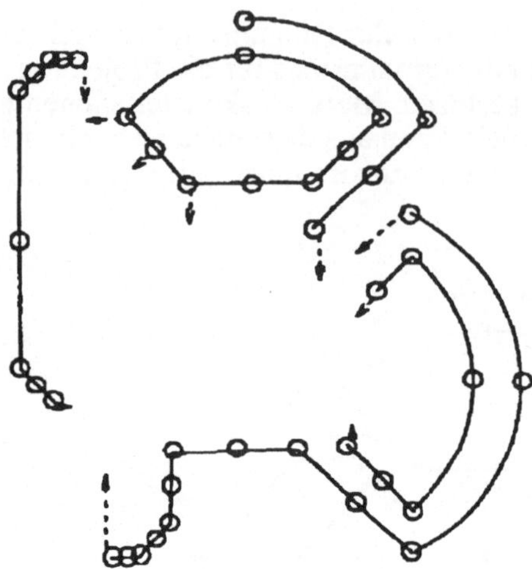

Bild 5.16: Expansionsrichtung in Überlappungsbereichen (Störungszonen), ausgehend von den expandierten Teilgraphen

Weist die Untersuchung der Überlappungsbereiche auf eine Überlappung hin, dann ist ein expliziter Meßauftrag an einen Sensor zu geben, mit dem es möglich ist, selektiv die Höhe an einigen Meßpunkten zu messen, um die Lage der Werkstücke dreidimensional bestimmen zu können. Die Strategie dabei ist, im Umkreis des Überlappungsbereiches zu messen, um mit einer Messung eine Aussage treffen zu können, welches Teil oben und welches unten liegt. Bild 5.17 zeigt eine solche Situation, in der Meßkreise eingezeichnet sind, in denen eine Messung eine Aussage über die Relation der an der Überlappung beteiligten Werkstücke ergibt.

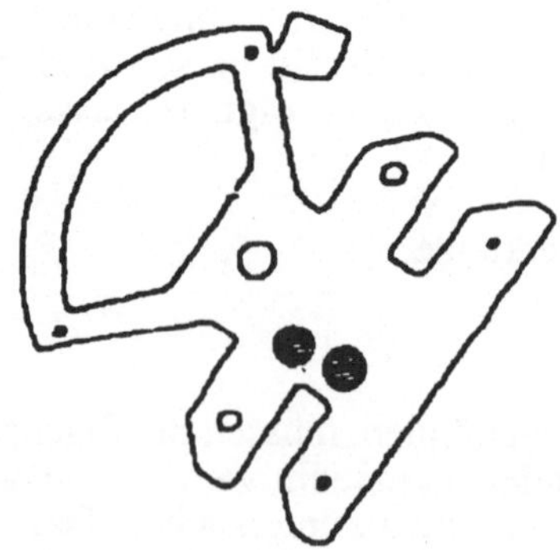

Bild 5.17: Meßpunkte in den Überlappungsbereichen von Werkstücken

Damit ist aber noch nicht die Lage des Werkstücks derart festgelegt, daß es zu einer Handhabung gegriffen werden kann. Dazu muß die Ebene einer Werkstücksoberfläche vermessen werden. Um eine Ebene zu bestimmen, sind drei Meßpunkte notwendig. Zur Sicherheit sollte jedoch noch ein vierter Punkt aufgenommen werden, um das Ergebnis der Ebenenberechnung aufgrund der ersten drei Meßpunkte zu verifizieren. Eine Randbedingung für die Lage der Meßpunkte sind die Genauigkeitsanforderungen. Die Meßpunkte sollten deswegen möglichst weit auseinanderliegen. Weiterhin ist darauf zu achten, daß die Meßpunkte nicht in der Nähe von Überlappungsbereichen liegen, um potentielle Störungen durch noch nicht in ihrer Lage bestimmte andere Werkstücke zu vermeiden. Die Vorschriften für diese Messung lauten dann zusammengefaßt:

- mindestens vier Meßpunkte bestimmen eine Ebene des Werkstückes
- die Meßpunkte sollten maximalen Abstand voneinander haben
- die Meßpunkte müssen einen definierten Abstand von Überlappungsstellen und vom Werkstücksrand haben

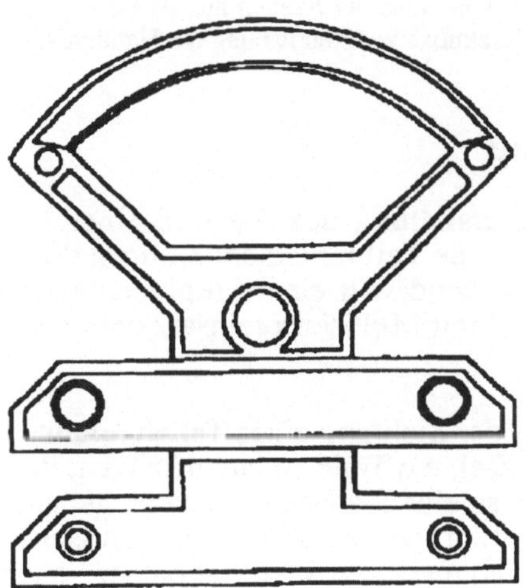

Bild 5.18: Meßbezirke für die Vermessung der 3D-Lage des Werkstücks Sideplate zusammen mit dem Störwerkstück Spacingpiece

Damit sind die Bezirke, in denen die Messung liegen darf, sehr genau eingegrenzt. Für die Situation in der Szene in Bild 5.18 sind die Meßbezirke eingezeichnet.

Nach der Ausführung der Messungen und der Analyseschritte der Diagnose zu den Lagedaten ist die Diagnose zu Ende, und es stehen alle relevanten Daten für die Neuplanung der Handhabung zur Verfügung. Für die Szenen in Bild 5.4b und c sieht die Meldung an die Exekutive folgendermaßen aus:

Szene b:

Sideplate gefunden:
x: 209,8 y: 363,1 z: 0
α: -138°
Draufsicht

gestört durch Spacingpiece:
x: 234,9 y: 220,8
α: -90°
Draufsicht

Szene c:

Sideplate gefunden:
x: 230,3 y: 256,3 z: 0
α: 56,6°
Draufsicht

gestört durch Spacingpiece:
x: 245,8 y: 265,6 z: 10
α: 54,7°
Draufsicht; liegt auf Sideplate

gestört durch Shaft:
x: 241,6 y: 137,9 z: 0
α: 71,6°
hochkant

Tabelle 5.8: Das Ergebnis der Diagnose der Szenen aus Bild 5.4 b und c als Meldungen der Überwachung an die Exekutive zur Neuplanung der Handhabung

5.5 Zusammenfassung

In Kapitel 5 erfolgte die Darstellung des Ablaufs einer Überwachung anhand der Ergebnisse von Experimenten, die Teilimplementierungen des in Kapitel 4 vorgestellten Konzeptes erbrachten. Ausgehend von einem repräsentativen Handhabungsvorgang (Zusammenbau eines Pendels) mit Multisensoreinsatz wird die beispielhafte Vorgehensweise praktisch erläutert.

Das Experiment bestand aus der Sichtung eines Teilehaufens, der aus mehreren Benchmarkteilen besteht, mit dem Ziel, die Teile zu identifizieren, ihre Lage zu vermessen und die Daten über die Exekutive an eine Planungsinstanz zu geben, damit die gestörte Handhabung automatisch weitergeführt werden kann. Der Multisensoreinsatz bestand aus der Erfassung der Teile mit einer Kamera und Verifikation der Lagehypothese mit einem Abstandssensor.

Zuerst wurden die Randbedingungen der Planung geschildert und daraus die Handhabungssequenz bestimmt. Für die einzelnen Elementaren Operationen ergab sich der Informationsbedarf direkt aus der Aneinanderreihung der Handhabungsschritte. Der Sensoreinsatz innerhalb des Überwachungsmoduls teilt sich in die beiden Bereiche Überwachung und Diagnose auf, die in den nachfolgenden Abschnitten am Beispiel von gestörten Szenarien behandelt wurden.

Für die Überwachung wurde der Handhabungsauftrag allgemein formuliert und dann mit dem konkreten Beispiel näher beschrieben. Für drei Szenen unterschiedlicher Komplexität ist die Vorverarbeitung der Daten dargestellt und damit zusammenhängend der Zugriff auf das Weltmodell für das gesuchte Werkstück Sideplate. Hier wurde gezeigt, welche Datenreduktion beim Übergang von einer allgemeinen Körperbeschreibung zu einer sensorspezifischen Referenzdatenbeschreibung erreicht werden kann.

In der Fehlererkennung konnte gezeigt werden, daß in bestimmten Fällen die Daten des fehlermeldenden Sensors ausreichen, um die Szene für die Weiterführung des Handhabungsauftrages hinreichend zu beschreiben. Die Grenzen wurden aber auch gut deutlich durch die Steigerung der Störfaktoren in den beiden anderen Fällen.

Hier war es notwendig, die Diagnoseeinheit einzuschalten, die einerseits von dem fehlermeldenden Sensor weitere Informationen einholte, andererseits aber auch weitere Sensoren einsetzen kann, um ihren Informationsbedarf für die vollständige Interpretation der Szene zu decken. Mit Hilfe der Modellierung von Unsicherheiten durch eine Kombination der Fuzzy set- und der Dempster-Shafer-Methode konnte über eine Kombination von Merkmalen von einem aber auch mehreren Sensoren eine gut gestützte Hpothese über die Existenz von bestimmten Werkstücken in der Szene aufgebaut werden. Diese reduziert den Problemraum für die Verifikation mit einem modellbasierten Ansatz.

Die weiteren Unsicherheiten über die 3D-Lage der Teile können mit einem Sichtsystem allein nicht geklärt werden. Für den Einsatz von höhenmessenden Sensoren müssen die Einsatzbereiche festgelegt werden. Mit den Betrachtungen dazu wird die Diagnose beendet, die ihre Ergebnisse dann an die höheren Instanzen der Überwachung weitervermittelt, die sie über die Exekutive an die Planung weiterreichen.

An dem gezeigten Beispiel wird klar, wie der Sensoreinsatz bei einer Montageaufgabe abläuft. Dabei ist der Bereich der Regelung ausgeklammert und nur die Überwachung der Handhabungsvorgänge einbezogen. Die Überwachung hilft bei der automatischen Lösung vieler Störfälle, die bis jetzt den Einsatz eines Menschen erforderten.

6 Zusammenfassung und Ausblick

In dieser Arbeit wurde ein Konzept für eine Multisensorstruktur in der Robotik vorgestellt. Als Anwendungsgebiet wurde die Montage gewählt, eines der anspruchsvollsten und noch am Anfang stehenden Teilgebiete der Automatisierung mit Robotern. Sie wird in nächster Zukunft immer mehr Bedeutung gewinnen und bald den größten Anwendungsbereich darstellen.

Für die Überwachung von Montagevorgängen am Beispiel einer exemplarischen Montageaufgabe wurde gezeigt, welche Anforderungen an ein solches System bestehen und in welcher Form sie gelöst werden können. Basierend auf einigen Grundtechniken erfolgte der Aufbau einer Struktur, die sich zwar einerseits an der Montageaufgabe orientiert, andererseits aber so allgemein gehalten ist, daß zumindest Teile in ein Sensorikkonzept für Roboter mit einem erweiterten Einsatzspektrum eingebracht werden können. Der Ansatz stellt nicht den Versuch dar, "ideale" Sensoren zu schaffen - dies wäre z.B. ein 3D-Sichtsystem mit hoher Auflösung und Echtzeitverarbeitung -, sondern es sollen die Stärken einzelner Sensoren in einem integrierten Rahmen genutzt werden.

Die Anwendung mit ihren Anforderungen stellt den Rahmen für die Auswahl beispielhafter Szenarien, die es erlauben, die Arbeitsweise der Überwachungskomponente zu demonstrieren. Der Grundgedanke dabei ist, den Sensoreinsatz zu minimieren, da der Kostenaufwand innerhalb einer Aktionssequenz des Roboters sehr hoch ist. Allerdings soll immer sichergestellt werden, daß die beabsichtigte Handhabung auch unter Störungen ausgeführt werden kann.

Dies bedeutet für den Sensorapparat des Systems, daß bis zu einem Fehlerindiz die Handhabung durch Überwachungssensoren nicht beeinflußt wird. Im Fehlerfall ist die Zustandsabweichung durch eine auf den Sensordaten basierende Beschreibung an höhere Instanzen (Planung) weiterzureichen, so daß eine daraufhin modifizierte Handhabungssequenz zu einem definierten Zielzustand führt.

Als Konsequenz der obigen Betrachtungen wurde ein dreistufiges Sensordatenverarbeitungsschema entworfen, welches von den physikalischen Sensoren unterschiedlicher Natur bis zu einer globalen Dateninterpretationsstruktur reicht, die in der Lage ist, eine Diagnose mit Mitteln der Künstlichen Intelligenz im Kontext der aktuellen Handhabungssituation auszuführen. Als unterstützende Komponente innerhalb des Überwachungsmoduls existiert neben einer objektorientierten Kontrollstruktur ein Weltmodell, in dem eine Beschreibung der Roboterarbeitszelle abgespeichert ist, an der sich die Planung der Handhabung orientiert und die als Referenz für die Erkennung von Abweichungen dient. Der Zugriff auf die Daten des Weltmodells geschieht über das Sichtenkonzept des relationalen Schemas der Datenbank, die für die Implementierung benutzt wurde. Für jede Sensorklasse wird dabei eine spezifische Sicht erstellt, wobei die Konsistenz der Datenhaltung insgesamt durch das zentrale Schema gewährleistet ist.

Das Ziel der Weltmodellierung innerhalb des Konzeptes war es nicht, ein vollständiges Weltmodell zu entwickeln, sondern es sollten die Anforderungen erarbeitet werden, die die Sensorik im Rahmen der Überwachungsaufgabe stellt. Auf den verschiedenen Sensordatenverarbeitungsstufen besteht ein unterschiedlicher Informationsbedarf an Referenzdaten. In der Summe ermöglichen die speziellen Anforderungen die Konstruktion eines globalen Modells, von der sich die lokalen Informationen ableiten lassen.

Die bereits oben angesprochene objektorientierte Kontrollstruktur ist den Anforderungen eines Multisensorkonzeptes angepaßt. Zum einen wird durch ihre Anwendung ein modularer Aufbau erreicht, der bei der Größe des Gesamtkonzeptes eine unumgängliche Entwurfsgrundlage bildet. Zum anderen unterstützt sie die Abbildung des Konzeptes auf ein Rechnernetz. Da zumindest in den unteren Ebenen der Sensordatenverarbeitung ein hohes Maß an Parallelität zu fordern ist, um die Leistungsanforderungen zu erfüllen, bietet sich die Nutzung eines Rechnernetzes für die hier erarbeitete Struktur an. Zwei wesentliche Vorteile sind, daß zwischen den einzelnen Knoten nur Nachrichten ausgetauscht werden und damit zusammenhängend, daß Änderungen in einem Knoten keine Seiteneffekte nach sich ziehen, wenn die Kommunikationsstruktur beibehalten wird.

Anhand einer beispielhaften Handhabungssequenz wird die Arbeitsweise der einzelnen Komponenten des Konzeptes gezeigt. Die wichtigsten Funktionen, Fehlererkennung und Diagnose, sind Gegenstand der Betrachtungen. Für die Fehlererkennung, deren Zeitanforderungen sehr hoch sind, ist der Einsatz einzelner Sensoren vorgesehen. Sehr oft wird sogar nur ein Teil der Informationen, die ein Sensor liefern kann, zur Erkennung von Fehlern genutzt. Die Forderung ist an dieser Stelle, mit möglichst wenig Information den Status in der Arbeitszelle zu bestimmen. Die Fusion von Sensordaten ist aus Echtzeitgründen im Rahmen der Fehlererkennung nicht einsetzbar. Sie ist aber das geeignete Instrument für die Analyse der Fehlersituation, da es mit den Daten eines einzelnen Sensors entweder nicht oder nur sehr ineffizient möglich ist, den Informationsbedarf zu dekken. Aus dem Spektrum der Möglichkeiten für die Verbindung der Daten unterschiedlicher Sensoren wurden diejenigen identifiziert, die für die Montage relevant sind:

- simultane Erfassung komplementärer Merkmalsdaten aus der Szene
- geleitete (sukzessive) Erfassung von Merkmalen, ausgehend von einer groben Bestimmung der Szene zu Feinmessungen

Der Stand der Implementierungsarbeiten, die für die Verifizierung des gesamten Konzeptes bzw. Teilen davon durchgeführt wurden, wird im folgenden näher ausgeführt. Auf der untersten Ebene sind verschiedene Sensoren über Hard- und Softwareschnittstellen an Prozeßrechner angeschlossen worden [GEI85] [SCI185] [MUE88]. Am weitesten sind die Arbeiten am Sichtsystem gediehen [NEN87] [WIR87] [KAP88]. Für diesen komplexen Sensor wurde auch die Vernetzung mit anderen Rechnern untersucht. Neben der Punkt zu Punkt-Verbindung über V24 war dies die Verwendung von schnellen Netzwerken [RUE88], die eine beliebige Verknüpfung von Rechnern zulassen. Zumindestens in der Entwicklungsphase ist dies notwendig, da die zur Verfügung stehenden Werkzeuge nur auf unterschiedlichen Rechnern ablauffähig sind.

Auf der zweiten Ebene sind die Vergleichseinheiten für das Sichtsystem installiert. Ein objektorientiertes Kontrollmodul [PAY88], auf einem SUN-Rechner implementiert führt die administrativen Aufgaben der Kommunikation zwischen Informations- und Vergleichseinheiten aus. Dabei wurde das im Betriebssystem UNIX enthaltene Prinzip der Interprozeßkommunikation über Pipes benutzt. An der Verbindung zum Datenbankrechner microVaxII unter dem Betriebssystem VMS wird derzeit noch gearbeitet. Dies gilt auch für Implementierungen von Datenmodellen mit Sichtenzugriffen. Die für die Interpretation der Meßdaten notwendigen Referenzdaten werden bis zur Fertigstellung der Zugriffsmöglichkeiten auf die Datenbank über lokale Datenhaltungen zur Verfügung gestellt.

Dies gilt auch für die nächste Ebene, die Diagnose mit Hilfe des Blackboard-Konzeptes. In Kapitel 2 wurde das Entwicklungswerkzeug GBB bereits kurz vorgestellt. Für die Anwendung in der Diagnose der Überwachung [DAU88] von Handhabungsvorgängen wurde ein erstes Kontrollkonzept entwickelt [WIL88]. Die dabei verwendeten Wissensquellen sind noch sehr einfacher Natur und lassen sich nur für wenig komplexe Aufgaben anwenden. Ein Vorteil des Blackboard-Konzeptes ist aber wegen seines modularen Aufbaus, daß fertige Module eingebunden werden können. Bis zur Bestimmung von Meßpunkten für die 3D-Vermessung von Werkstücken aus den Bilddaten der Überkopfkamera wurden mit dem Produktionensystem OPS5 Implementierungen durchgeführt [HAR88] [SCH88], die einfach portierbar sind, da die Sprache OPS5 LISP-ähnlich ist.Eine Implementierung der Diagnose [SCH90] mit einer GBB-Version wurde auf einem SUN4-System durchgeführt.

Weitergehende Arbeiten sind in zwei Richtungen denkbar. Zum einen sind noch andere Sensoren in der Montageanwendung zu untersuchen sowie für andere Handhabungssequenzen der Überwachungsbedarf zu ermitteln. Als erster Ansatz für eine Sensoreinsatzplanung wurde in der Arbeit ein Klassifikationsschema entwickelt, das die Basis für ein entsprechendes Planungsmodul bilden kann. An diesem Planungsmodul wird momentan gearbeitet [RAC90] [SEU90].

7 Literatur

[AGI72] Agin, G.J.: Representation and description of curved objects, AIM-173, Stanford AI Lab, October 1972

[ALA86] Alagic, S.: Relational Database Technology, Springer-Verlag, 1986

[ALB81] Albus, J.S. et. al.: Theory and Practice of Hierarchical Control, 23. IEEE, Washington, 13.-17. Sept., 1981

[ALL84] Allen, P.: Surface Description from Vision and Touch, CH2008-1/84/0000/0394 $01.00, IEEE, 1984

[ANS75] ANSI-SPARC-Report: Interim Report of the Study Committee on Data Base Management Systems, ACM SIGMOD Newsletter, 1975

[BAJ84] Bajcsy, R., Allen, P.: Converging Disparate Sensory Data, Proc. 2nd Int. Symp. on Robotics Research, Kyoto, Japan, August 20-23, 1984

[BAL82] Ballard, D.H., Brown, C.M.: Computer Vision, Prentice-Hall, Inc., Englewood Cliffs, New Jersey, 1982

[BAL88] Balchen, J.G., Dessen, F.: Structural solution of highly redundant sensing in robotic systems, Nato Advanced Research Workshop, Il Ciocco, Tuscany, pp 263-275 in Tou, Balchen: NATO ASI F58, Springer-Verlag, May 16-20, 1988

[BAR74] Barnhill, R.E., Riesenfeld, R.F.: Computer Aided Design, Academic Press, New York, 1974

[BAR77] Barnhill, R.E.: Representation and approximation of surfaces, Mathematical Software III, Academic Press, New York, 1977

[BAR83] Barnes, D.P., Lee, M.H., Hardy, N.W.: A Control and Monitoring System for Multiple-Sensor Industrial Robots, Proc. 3rd Int. Conf. on Robot Vision ond Sensory Controls, Cambridge, MA, USA, November 6-10, 1983

[BAU72] Baumgart, B.G.: Winged edge polyhedron representation, STAN-CS-320, AIM-179, Stanford AI Lab, October 1972

[BEN75] Bentley, J.L.: Multidimensional search trees used for associates searching, Communications ACM 18, pp 509-517, September 1975

[BIE85] Bieker, B., Schmidt, G.: Fuzzy Regelungen und linguistische Regelalgorithmen - eine kritische Bestandsaufnahme, Automatisierungstechnik 33, 2/85, pp 45-52, 1985

[BLU81] Blume, C., Dillmann, R.: Frei programmierbare Manipulatoren, CHIP Wissen, Vogel-Verlag, Würzburg, 1981

[BLU83] Blume, C., Jakob, W.: Programmiersprachen für Industrieroboter, Vogel-Buchverlag, Würzburg, 1983

[BMF85] Broschüre des Bundesministeriums für Forschung und Technologie, Verbundförderbereich Mikroperipherik, Bonn, 1985

[BON82] Bonner, S., Shin, K.G.: A Comparative Study of Robot Languages, IEEE COMPUTER, Dec. 1982

[BOY79] Boyse, J.W.: Data structure for a solid modeller, NSF Workshop on the Representation of Three-Dimensional Objects, University Pennsylvania, May 1979

[BRA85] Brady, M.: Artificial Intelligence and Robotics, Artificial Intelligence 26, S. 79-121, 1985

[BRO79] Brooks, R.A., Greiner, R., Binford, T.O.: The ACRONYM Model-Based Vision System, 6th IJCAI, Tokyo, Japan, 1979

[BRO81] Brooks, R.A.: Symbolic Reasoning Among 3-D Models and 2-D Images, Artificial Intelligence 17, pp 285-348, 1981

[BUC84] Buchanan, B.,Shortlife, E.H.: Expert Systems, Addison Wesley, Reading MA, 1984

[BUN85] Bunke, H.: Modellgesteuerte Bildanalyse, Teubner Verlag, Stuttgart, 1985

[CHA73] Chang, C.L., Lee, R.C.T.: Symbolic logic and mechanical theorem proving, Academic Press, New York, 1973

[CHA85] Carniak, E., McDermot, D.: Introduction to Artificial Intelligence, Addison-Wesley, Series in Computer Science, 1985

[CHI86] Chiu, S.L., Morley, D.J., Martin, J.F.: Sensor Data Fusion on a Parallel Processor, CH2282-2/86/0000/1629$01.00, IEEE, 1986

[CLA83] Clancey, W.J.: The advantages of abstract control knowledge in expert system design, Proc. National Conf. on AI, pp 74-78, 1983

[COH82] Cohen, P.R., Feigenbaum, E.A.: The Handbook of Artificial Intelligence, Vol I-III, Pitman Books, London, 1982

[COL85] Collins, K., Palmer, A.J., Rathmill, K.: The Development of a European Benchmark for the Comparison of Assembly Robot Programming Systems, Robot Technology and Application, pp 187-199, Springer-Verlag, 1985

[COR86] Corkill, D.D., Gallagher, K.Q., Johnson, P.M.: GBB: A generic blackboard development system, Proceedings National Conference on Artificial Intelligence, pp 1008-1014, 1986

[DAT81] Date, C.J.: An Introduction to Database Systems; Volume 1; Fourth Edition, Addison-Wesley, 1986

[DAU88] Dauner, K.: Ein Blackboardkonzept für die Verarbeitung von Multisensordaten, Studienarbeit, Universität Karlsruhe, Institut für Prozeßrechentechnik und Robotik, 1988

[DEC87] Digital Equipment Corporation: Handbook VAX Rdb/VMS V2.2, February 1987

[DIE85] Dietrich, J., Gutjahr, J.: Inductive Sensor, Patent P3420330.3-52, erteilt 5.12.85

[DIL85] Dillmann, R., Rembold, U.: Autonomous robot of the University of Karlsruhe, 15th ISIR, Tokyo, 13.-17. Sept., 1985

[DIL87] Dillmann, R.: Einführung in die Robotik, Vorlesung, Universität Karlsruhe, Fakultät Informatik, Institut für Prozessrechentechnik und Robotik, 1987

[DIL88] Dillmann, R.: Lernende Roboter, Fachberichte Messen Steuern Regeln 15, Springer-Verlag, 1988

[DIN85] DIN 85: DIN-Norm 1319 Teil 1: Grundbegriffe der Meßtechnik, Juni 1985

[DIT85] Dittrich, K. R., Kotz, A. M., Mülle, J. A., Lockemann, P.C.: Datenbankunterstützung für den Ingenieurwissenschaftlichen Entwurf: Eine Übersicht über den Stand der Entwicklung, Informatik-Spektrum 8, S. 113-125, 1985

[DUB80] Dubois, D., Prade, H.: Fuzzy Sets and Systems: Theory and Application, Academic Press, 1980

[DUR86] Durrant-Whyte, H.F.: Consistent Integration and Propagation of Disparate Sensor Observation, CH2282-2/86/0000/1623$01.00, IEEE, 1986

[ELL85] Ellis, R.E.: An Approach to the Integration of Vision and Touch for Robot Control, Symposium on Robot Control '85, Barcelona, Spain, November 6-8, 1985

[RM80] Erman, L.D., Hayes-Roth, F., Lesser, V.R., Reddy, D.R.: The Hearsay-II Speech Understanding System: Integrating Knowledge to Resolve Uncertainty, ACM Computing Survey 12: 213-253, 1980

[ERN82] Erne, H.: Taktile Sensorführung für Handhabungseinrichtungen, ISW 45, Berichte aus dem Institut für Steuerungstechnik der Werkzeugmaschinen und Fertigungseinrichtungen der Universität Stuttgart, Springer-Verlag, 1982

[DIL88] Dillmann, R.: Lernende Robotersysteme, in Vorbereitung, Springer-Verlag, 1988

[FOI81] Foith, J.: Bildverarbeitung, Vorlesung, Universität Karlsruhe, Fakultät Informatik, 1981

[FOI82] Foith, J.: Robotertechnologie, Frühjahrsschule Künstliche Intelligenz, Teisendorf, Informatik-Fachberichte 59, Springer-Verlag, 1982

[FOX83] Fox, M.S., Kleinosky, P., Lowenfeld, S.: Techniques for sensor based diagnosis, IJCAI, 1983

[FRO88] Frommherz, B.: Specifying configurations of 3D-objects by graphical definition of spatial relationships, Third Int. Conf. on Applications of AI in Engineering, Stanford, USA, Aug. 8.-11, 1988

[FRO86] Frost, R.: Introduction to Knowledge Base Systems, Collins, London UK, 1986

[GEB87] Gebhardt, F.: Semantisches Wissen in Datenbanken, Informatik-Spektrum 10, S. 79-98, 1987

[GEI85] Geissler, R.: Entwicklung und Implementierung eines Ultraschallsensors für Roboter, Diplomarbeit, Universität Karlsruhe, Institut für Prozeßrechentechnik und Robotik, Februar 1985

[GEI87] Geitner, U.W. (Hrsg): CIM-Handbuch, Wirtschaftlichkeit durch Integration, Vieweg-Verlag, Braunschweig•Wiesbaden, 1987

[GHA84] Ghallab, M.: Task Execution by Compiled Rules in an Advanced Multi-Sensor Robot, Proc. 2nd Int. Symp. on Robotics Research, Kyoto, Japan, August 20-23, 1984

[GIR83] Giralt, G., Chatila, R., Vaisset, M.: An Integrated and Motion Control System for Autonomous Multisensory Mobile Robots, 1983

[GIR84] Giralt, G.: Research Trends in Decisional and Multisensory Aspects of Third Generation Robots, Proc. 2nd Int. Symp. on Robotics Research, Kyoto, Japan, August 20-23, 1984

[GOW69] Gower, J. C., Ross, G. J. S.: Minimal spanning trees and single linkage cluster analysis, Appl. Statistics, Vol. 18, No. 1, 1969

[GRE86] Grebner, K.: Modellgesteuerte Bildanalyse am Beispiel industrieller Szenen, AEG Forschungsinstitut Ulm, 1986

[GRI86] Grimson. W.E.: Disambiguating sensory interpretations using minimal sets of sensory data, IEEE, 1986

[HAA79] Haak,S.: Do we need "fuzzy logic"?, International Journal Man-Machine Studies 11, pp 437-445, 1979

[HAN83] Hansen, C., Henderson, T.C., Shilcrat, E., Fai, W.S.: Logical Sensor Specification, Proc. of SPIE Conf. on Intelligent Robots, pp 578-583, New York, 1983

[HAR86a] Hardy, N.W., Barnes, D.P., Lee, M.H.: Declarative Sensor Knowledge in a Robot Monitoring System, Proc. Nato Int. Adv. Res. Workshop on Languages for Sensor-Based Control in Robotics, Castelvecchio, Italy, September 1-5, 1986

[HAR86b] Harmon, S.Y., Bianchini, G.L., Pinz, B.E.: Sensor Data Fusion through a Distributed Blackboard, Int. Conf. on Robotics and Automation, San Francisco CA, 1986

[HAR88] Hartfuss, Ch.: Wissensbasierte Sensordatenverarbeitung unter Verwendung von Methoden zur Modellierung von Unsicherheiten, Studienarbeit, Universität Karlsruhe, Fakultät für Informatik, Februar 1988

[HAY85] Hayes-Roth, B.: A blackboard architecture for control, Artificial Intelligence 26: 3, pp 251-321, 1985

[HEN82] Henderson, T.C., Bhanu, B.: Three-Point Seed Method for the Extraction of Planar Faces from Range Data, Proc. IEEE Workshop on Industrial Applications of Machine Vision, pp. 181-186, Triangle Park, NC, May 1982

[HEN83] Henderson, T.C., Fai, W.S.: A Multi-Sensor Integration and Data Acquisition System, Proc. IEEE Comp. Soc. Conf. on Computer Vision and Pattern Recognition, Washington DC, June 19-23, 1983

[HEN84a] Henderson,T.,Shilcrat,E.:Logical Sensor Systems, Journal of Robotic Systems, pp.169-193, 1984

[HEN84b] Henderson, T.C., Fai, W.S., Hansen, C.: MKS: A Multisensor Kernel System, IEEE Transactions on Systems, Man and Cybernetics, Vol. SMC-14, No. 5, Sept./Oct. 1984

[HER86] Hertzberg, J.: Planerstellungs-Methoden der Künstlichen Intelligenz, Informatik-Spektrum 9: pp. 149-161, Springer-Verlag, 1986

[HEY83] Heywang, W.: Sensorik, Springer-Verlag, München, 1983

[HIR82] Hirzinger, G.: Robot-Teaching via Force-Torque-Sensors, 6th European Meeting on Cybernetics and System Research, EMCSR'82, Vienna, April 13-16, 1982

[HIR85a] Hirzinger, G.: Sensory Feedback in the External Loop, Symposium on Robot Control '85, Barcelona, Spain, November 6-8, 1985

[HIR85b] Hirzinger, G.: Reaktionsmöglichkeiten von Industrierobotern auf Sensorsignale-Anwenderbedürfnisse und Strukturen der Sensorrückkopplung, MHI-Forum im Rahmen der Hannovermesse, Hannover, 1985

[HIR86] Hirzinger, G., Dietrich, J.: Multisensory Robots and Sensor based Path Generation, CH2282-2/86/0000/1992$01.00, IEEE, 1986

[HOE88] Hörmann, A.: Handbuch KAMRO: Elementaroperationen - Spezifikationen, Release 1.0, Internes Papier, Universität Karlsruhe, Institut für Prozeßrechentechnik und Robotik, Juli 1988

[HOR86] Horn, B.K.P.: Robot Vision, The MIT Press, Cambridge MA, 1986

[HUN86] Huntersberger, Rangarajan, Jayaramamuthy: Representation of uncertainty in computer vision using fuzzy sets, IEEE Transaction on Computers, Vol. C35, No.2, Febr. 1986

[IBE84] Iberall, T., Lyons, D.: Towards Perceptual Robotics, Proc. IEEE Int. Conf. on Systems, Man and Cybernetics, Halifax, Canada, October 10-12, 1984

[JAC80] Jackins, C.L., Tanimoto, S.L.: Oct-trees and their use in representing three-dimensional objects, CGIP 14, pp 249-270, November 1980

[JOH87] Johnson, M.J., Gallagher, K.Q., Corkill, D.D.: GBB Reference Manual, Department of Computer and Information Science, University of Massachusetts at Amherst, 1987

[KAE84] Kämpfer, S.: Roboter, die elektronische Hand des Menschen, VDI-Verlag, 1984

[KAK87] Kak, A.C., Vayda, A.J., Cromwell, R.L., Kim, W.Y., Chen, C.H.: Knowledge-Based Robotics, Proc. Int. Conf. on Robotics and Automation, Raleigh NC, 1987

[KAL87] Kaltenbach, J.: Datenbankzugriffe für wissensbasierte Sensorsysteme in der Robotik, Diplomarbeit, Universität Karlsruhe, Fakultät für Informatik, 1987

[KAN86] Kandel, A.: Fuzzy mathematical techniques with application, Addison-Wesley, 1986

[KAP88] Kappey, D.: Wissensbasierte Objekterkennung mit Prolog, Diplomarbeit, Universität Karlsruhe, Institut für Prozeßrechentechnik und Robotik, 1988

[KEN87] Kent, E.W., Shneier, M.O., Hong, T.H.: Building Representations from Fusion of Multiple Views, National Bureau of Standards, Gaithersburg, MD 20899, 1987

[KIC76] Kickert, W.J.M., van Nauta Lemke, H.R.: Application of a Fuzzy Controller in a Warm Water Plant, Automatica Vol. 12, pp 301-308, 1976

[KRI87] Krickhahn, R., Radig, B.: Die Wissensrepräsentationssprache OPS5, Vieweg-Verlag, 1987

[KUI86] Kuijpers, E.A., Duinker, W. ,Hertzberger, L.O., Meyer, G.R., Tuynman, T.: Handling Uncertainties and Inaccuracies in Rules for Multi-Sensor Robot Systems, Proc. of the Nato Int. Adv. Res. Workshop on Languages for Sensor-Based Control in Robotics, Castelvecchio, Italy, Sep. 1986

[LAR84] Larsen, P.M.: A Fuzzy Logic Controller for Aircraft Flight Control, Proceedings 23rd IEEE Conf. on Decision and Control, Vol 2, Las Vegas, Nevada, December 1984

[LEF74] LeFaivre, R.A.: Fuzzy problem solving, University of Wisconsin, Technical Report No. 37, Madison, September 1974

[LIE77] Liebermann, L.I., Wesley, M.A.: AUTOPASS: An Automatic Programming System for Computer Controlled Mechanical Assembly, IBM J. Res. Dev 21, pp 312-333, 1977

[LUE86] Lütjen, K.: BPI: Ein Blackboard-basiertes Produktionssystem für die automatische Bildauswertung, Informatik-Fachberichte 125, 8. DAGM-Symposium, Paderborn, Springer-Verlag, 1986

[LUO84] Luo, R.C., Tsai, W.H., Lin, J.C.: Object Recognition with Combined Tactile and Visual Information, Proc. 4th Int. Conf. on Robot Vision and Sensory Control, London, UK, October 9-11, 1984

[LUO87] Luo, R.C., Lin, M.H., Scherp, R.S.: The Issues and Approaches of a Robot Multi-Sensor Integration, Proc. Int. Conf on Robotics and Automation, Raleigh NC, 1987

[LUO88] Luo, R.C., Lin, M.H., Scherp, R.S.: Dynamic Multi-Sensor Data Fusion System for Intelligent Robots, IEEE Journal of Robotics and Automation, Vol. 4, August 1988

[MAR78] Marr, D, Nishihara, H.K.: Representation and recognition of the spatial organization of three-dimensional shapes, Proc. Royal Society of London B 200, pp 269-294, 1978

[MAR82] Marr, D.: Vision, W.H. Freeman and Company, San Francisco, 1982

[MEI88] Meier, W.: Internes Papier, Universität Karlsruhe, Institut für Prozeßrechentechnik und Robotik, Juli 1988

[MIL88] Mills, H.D.: Stepwise refinement and verification in box-structured systems, IEEE transaction on Computer, June 1988

[MIN97] Minkowski, H.: Allgemeine Lehrsätze über die konvexen Polyeder, Nachrichten von der Königlichen Gesellschaft der Wissenschaften, S. 198-219, Göttingen, 1897

[MIN68] Minsky, M.: Matter, Minds and Models, Semantic Information Processing, MIT Press, Cambridge MA, 1968

[MIN75] Minsky, M.: A Framework for representing Knowledge, The Psychology of Computer Vision, Ed. by: P.H. Winston, McGraw Hill, 1975

[MIT86] Mitiche, A., Aggarwal, J.K.: An Overview of Multisensor Systems, SPIE Optical Computing 2, pp 96-98, 1986

[MOH86] Mohrholz, P.: Objektorientierte Datenbankunterstützung für Robotersimulation, Universität Karlsruhe, Fakultät für Informatik, Diplomarbeit, 1986

[MUE88] Müller, R.: Anwendung eines Ultraschallsensors zur Erkennung von Werkstücken und Vermessung ihrer Oberflächen, Diplomarbeit, Universität Karlsruhe, Institut für Prozeßrechentechnik und Robotik, 1988

[NAG84] Nagel, H.-H.: Digitisierung und Klassifikation von Signalen, Ausarbeitung zur Vorlesung, Universität Karlsruhe, Fakultät für Informatik, WS 84/85

[NAT83] Robotics and Artificial Intelligence, Proceedings of NATO Advanced Study Institute on Robotics and Artificial Intelligence, Castelvecchio, NATO ASI, Springer-Verlag, July, 1983

[NEH82] Nehr, G., Martini, P.:Entwurf und Realisierung eines einfachen Systems zur Werkstückerkennung bei Industrierobotern, Universität Karlsruhe, Projektbericht P6.3/71

[NEN87] Nennker, A.: Erkennungs- und Drehlagealgorithmen für ein taskorientiertes Bildverarbeitungssystem, Studienarbeit, Universität Karlsruhe, Institut für Prozeßrechentechnik und Robotik, 1987

[NEV82] Nevatia, R.: Machine perception, Prentice Hall, New Jersey, 1982

[NEW69] Newell A.: Heuristic programming: Ill-structured problems, Progress in operations research, Ed. by: Aronofsky, J., John Wiley, New York, 1969

[NIE83] Niemann, N.: Klassifikation von Mustern, Springer Verlag, 1983

[NIE85] Niemann, N.: Wissenbasierte Bildanalyse, Informatik-Spektrum, Heft 8, August 1985

[NII82] Nii, H.P., Feigenbaum, E.A., Anton, J.J., Rockmore, A.J.: Signal to Symbol Transformation: The HASP/SIAP Case Study, AI Magazine 3(2): 25-35, 1982

[NII86] Nii, H.P.: Blackboard systems: The blackboard model of problem solving an d the evolution of blackboard architectures, AI Magazine, 38-53, 82-106, 1986

[NIL82] Nilsson, N.J.: Principles of artificial intelligence, Springer Verlag, 1982

[NIS79] Nishihara, H.K.: Intensity, visible surface and volumetric representations, NSF Workshop on the Representation of Three-Dimensional Objects, University Pennsylvania, May 1979

[NTG79] Sensoren: Technologie und Anwendung, Fachtagung Bad Nauheim, NTG-Fachbericht Bd. 79, März 1982

[OHT85] Ohta, Y.: Knowledge-based Interpretation of Outdoor Natural Color Scenes, Researc Notes in Artificial Intelligence 4, Pitman Publishing Inc., Boston•London•Melbourne, 1985

[OSE71] Ose, G., Lochmann, G., Schiemann, G., Baumann, H., Körner, W.: Ausgewählte Kapitel der Mathematik, Lehrbücher der Mathematik, 5. Auflage, VEB Fachbuchverlag Leipzig, Leipzig, 1971

[PAY88] Payer, A.: Objektorientierte Kontrollstruktur in C++ für ein wissensbasiertes Bildverarbeitungssystem, Studienarbeit, Universität Karlsruhe, Institut für Prozeßrechentechnik und Robotik, 1988

[PRO83] PRO83: Proceedings of the 3rd International Conference on Robot Vision and Sensory Controls, Cambridge MA, November 1983

[PUP86] Puppe, F.: Hybride Diagnosebewertung, in GWAI-86, Informatik-Fachberichte 124, Springer-Verlag, 1986

[PUP88] Puppe, F.: Diagnostisches Problemlösen mit Expertensystemen, Informatik-Fachberichte 148, Springer-Verlag, 1988

[QUI68] Quillian, M.R.: Semantic Memory, Semantic Information Processing, MIT Press, Cambridge, MA, 1968

[RAC86] Raczkowsky, J.: Sensoren in der Robotik (Robotik III), Vorlesung an der Universität Karlsruhe, Fakultät für Informatik, WS 1986/87

[RAC90] Raczkowsky, J.,.Seucken, K.: Sensor Planning for the Error Diagnosis of Robot Assembly Tasks, NATO Advanced Study Institute on Expert Systems and Robotics, Corfu, Greece, July 15-27, 1990

[RAU82] Raulefs, P.: Expertensysteme, Frühjahrsschule Künstliche Intelligenz, Teisendorf, Informatik-Fachberichte 59, Springer-Verlag, März 1982

[REM86] Rembold, U.: The Karlsruhe Autonomous Robot, Proc. of the Int. Adv. Res. Workshop on Machine Intelligence and Knowledge Engineering for Robot Applications, Maratea, Italy, May 12-16, 1986

[REM88] Rembold, U.: The Karlsruhe autonomous mobile assembly robot, Proc. 4th CIM Europe Conf., pp 223-234, May 18-20, 1988

[REQ80] Requicha, A.A.G.: Representation of rigid objects, Computer Surveys 12, 4. December, 1980

[RIC84] Richardson, J.M., Marsh, K.A., Martin, J.F.: Techniques of Multisensor Signal Processing and their Application to the Combining of Vision and Acoustical Data, Proc. 4th Int. Conf. on Robot Vision and Sensory Control, London, UK, October 9-11, 1984

[RUE88] Rüdebusch, T.D.: Konzept und Implementierung zur Integration eines intelligenten Bildsensors in ein Local area network, Diplomarbeit, Universität Karlsruhe, Institut für Prozeßrechentechnik und Robotik, 1988

[RUO86] Ruokangas, C.C., Black, M.S., Martin, J.F., Schoenwald, J.S.: Integration of Multiple Sensors to provide Flexible Control Strategies, CH2282-2/86/0000/ 1947$01.00, IEEE, 1986

[SAG85] Sagerer, G.: Darstellung und Nutzung von Expertenwissen für ein Bildanalysesystem, Informatik-Fachberichte 104, Springer Verlag, 1985

[SCH73] Schraft, R.D.: Der Aufbau von Industrierobotern - eine Untersuchung des weltweiten Angebotes, 3rd Int. Symp. on Ind. Robots, Zürich, 1973

[SCH80] Schefe, P.: On foundation of reasoning with uncertain facts and vague concepts, International Journal Man-Machine Studies 12, pp 35-62, 1980

[SCH83] Schlageter, G.,Stucky, W.: Datenbanksysteme. Konzepte und Modelle, 2.Auflage, Teubner-Verlag, Stuttgart, 1983

[SCH85] Scheuerlein, P.: Vorstellung und Klassifikation von Sensoren, Seminar 'Aspekte fortschrittlicher Automatisierungssysteme', Universität Karlsruhe, WS 86/87 .

[SCH84a] Schwarz, W., Zecha, M., Meyer, G.: Industrierobotersteuerungen, Hüthig Verlag, Heidelberg 1984

[SCH84b] Schraft, R. D.: Industrierobotertechnik: Einführung und Anwendung, Kontakt & Studium, Band 115, expert-Verlag, 1984

[SCH86] Schefe, P.: Künstliche Intelligenz, Überblick und Grundlagen, BI-Taschenbuch 53, Reihe Informatik, BI-Wissenschaftsverlag, 1986

[SCH88] Schwab, A.: Modifizierte Sensordatenverarbeitung unter Verwendung von MUSICS, Studienarbeit, Universität Karlsruhe, Institut für Prozeßrechentechnik und Robotik, 1988

[SCH90] Schmötzer, E.: Ein Blackboardsystem für die Diagnose von Fehlern bei Montagevorgängen mit Robotern, Diplomarbeit, Universität Karlsruhe, Institut für Prozeßrechentechnik und Robotik, 1990

[SEU90] Seucken, K.: Sensoreinsatzplanung in der Montage mit Industrierobotern, Diplomarbeit, Universität Karlsruhe, Institut für Prozeßrechentechnik und Robotik, 1990

[SHA75] Shafer, G.: A mathematical theory of evidence, Princeton University Press, 1975

[SHA86] Shafer, S.A., Stentz, A., Thorpe, C.E.: An Architecture for Sensor Fusion in a Mobile Robot, CH2282-2/86/0000/2002$01.00, IEEE, 1986

[SHA80] Shani, U.:A 3-D model driven system for the recognition of abdominal anatomy from CT scans, Proc. 5th IJCPR, pp 585-591, Miami, December 1980

[SHE86] Shekhar, S., Khatib, O., Shimojo, M.: Sensor Fusion and Object Localization, CH2282-2/86/0000/1623$01.00, IEEE, 1986

[SHI84] Shirai, Y., Tsuji, J.: Artificial Intelligence: Concepts, Techniques and Applications, John Wiley & Sons, 1984

[SHO84] Shortlife, E.H., Buchanan, B.G.: Rule-based expert systems: The MYCIN experiments of the Stanford heuristic programming project, Addison-Wesley, 1984

[SIE82] Siekmann, J.: Einführung in die Künstliche Intelligenz, Informatik-Fachberichte 59, Springer-Verlag, 1982

[SOE87] Soetadji, T.: Methode zur Lösung des Routenplanungsproblems für ein Navigations–system eines autonomen mobilen Roboters, Dissertation, Universität Karlsruhe, Fortschrittsberichte VDI, Reihe 10, Nr. 70, VDI-Verlag, Düsseldorf, März 1987

[SOL86] Sulinsky, J.C.: The use of expert systems in machine recognition, Vision 86, North Holland, NL, 1986

[SPE84] Sperrschneider, V.: Logik, Vorlesungsskript, Institut für Logik, Komplexität und Deduktionssysteme, Universtät Karlsruhe, 1984

[SPU84] Spur, G.: Sensoren für Industrieroboter, VDI Berichte Nr. 509, Sensoren - Technologie und Anwendung, Bad Nauheim, VDI-Verlag Düsseldorf, März 1984

[STA87] Staugaard, A.C.: Robotics and AI: an introduction to applied machine intelligence, Prentice Hall, New Jersey, 1987

[STE81] Stefik, M.: Planning and meta-planning (MOLGEN: Part 2), Artificial Intelligence 16, pp 141-169, 1981

[STE86] Steiger-Garcao, A., Camarinha-Matos, L.M.: A Knowledge Based Approach for Multisensorial Integration, Proc. Nato Int. Adv. Res. Workshop on Languages for Sensor-Based Control in Robotics, Castelvecchio, Italy, September 1-5, 1986

[TOG85] Togai, M., Watanabe, H.: A VLSI implementation of fuzzy inference engine: toward an expert system on a chip, IEEE, 1985

[UNI 80] Unimation: Handbook Puma robots, 1980

[VDI73] VDI/VDE-Richtlinien 2600, Metrologie, November 1973

[VDI82] VDI82: Handhabungsfunktionen und Handhabungseinrichtungen, Begriffe, Definitionen, Symbole, VDI Richtlinie 2860E, 1982

[VEL87] Velthuijsen, H., Lippolt, B.,Vonk, J.C.: A parallel blackboard system for robot control, IJCAI 87, Milano, Italy, August 23-28, 1987

[VOE77] Voelcker, H.B., Requicha, A.A.G.: Geometric modelling of mechanical parts and processes, Computer 10, pp 48-57, December 1977

[VOL85] Volmer, J.: Industrieroboter-Entwicklung, Hüthig-Verlag, Heidelberg, 1985

[WAH88] Wahrburg, J.: Control concepts for industrial robots equipped with multiple sensors, Nato Int. Adv. Res. Workshop on Highly Redundant Sensing in Robotics, Castelvecchio, Italy, May 16-20, 1988

[WEL86] Weller, K.:Sensorsimulation in Roboteranwendungen, Diplomarbeit, Universität Karlsruhe, Institut für Prozeßrechentechnik und Robotik, 1986

[WEI87] Weiss, S.: Untersuchung der Anwendbarkeit von Fuzzy-Logik zur Interpretation von Sensordaten, Diplomarbeit, Universität Karlsruhe, Institut für Prozeßrechentechnik und Robotik, 4/1987

[WEG87] Wegner, P.: Course Notes on Object-Oriented Programming, GMD, Brown University, June 12,1987

[WHI82] Whitney, D.E.: Quasi-static assembly of compliantly supported rigid parts, Journal of Dynamic Systems, Measurement and Control 104, 1982

[WIL87] Wilson, R.: Object-oriented languages reorient programming techniques, Computer Design Vol. 26, No. 20, pp 52-62, Penn Well Publication, November 1987

[WIL88] Wild, D.: Kontrollstrukturen für ein Blackboard-System in der Sensordatenverarbeitung, Diplomarbeit, Universität Karlsruhe, Institut für Prozeßrechentechnik und Robotik, 1988

[WIN84] Winston, P.H.: Artificial Intelligence, Addison-Wesley, 1984

[WIR87] Wirth, W.: Integration verschiedener Sensoren zu einer Multisensorstruktur, Diplomarbeit, Universität Karlsruhe, Institut für Prozeßrechentechnik und Robotik, 1987

[ZAD73] Zadeh, L.A.: Outline of a new approach to the analysis of complex systems and decision processes, IEEE Transactions on Systems, Man and Cybernetics, Vol. SMC-3, No.1, 1973

[ZAD65] Zadeh, L.A.: Fuzzy Sets, Information and Control 8, pp 338- 353, 1965

[ZAD75] Zadeh, L.A.: Fuzzy Logic and Approximate Reasoning, Synthese 30, pp 407-428, 1975

8 Anhang

Tabelle A1: Daten der Szene aus Bild 5.4a

```
objekt_loch(129,2).
flaeche(2,131).
schwerpunkt(2,179,49).
kreis(2).
umfang(2,40).
ger_kanten(2,0).
kru_kanten(2,0).
eckanzahl(2,0).

objekt_loch(129,4).
flaeche(4,136).
schwerpunkt(4,44,115).
kreis(4).
umfang(4,40).
ger_kanten(4,0).
kru_kanten(4,0).
eckanzahl(4,0).

flaeche(129,7395).
schwerpunkt(129,112,83).
lochanzahl(129,2).
lochflaeche(129,[131,136]).
umfang(129,497).
ger_kanten(129,6).
kru_kanten(129,0).
eckanzahl(129,6).
ecke(129,27,142,91,21,112).
ecke(129,19,126,142,-68,74).
ecke(129,28,102,128,-106,22).
ecke(129,178,28,143,-158,-15).
ecke(129,204,37,127,165,-68).
ecke(129,211,53,89,112,-159).
kante(129,18,gerade,27,142,19,126).
kante(129,24,gerade,19,126,28,102).
kante(129,164,gerade,28,102,178,28).
kante(129,26,gerade,178,28,204,37).
kante(129,16,gerade,204,37,211,53).
kante(129,198,gerade,211,53,27,142).

objekt_loch(133,5).
flaeche(5,40).
schwerpunkt(5,132,183).
kreis(5).
umfang(5,20).
ger_kanten(5,0).
kru_kanten(5,0).
eckanzahl(5,0).

objekt_loch(133,8).
flaeche(8,43).
schwerpunkt(8,285,269).
kreis(8).
umfang(8,21).
ger_kanten(8,0).
kru_kanten(8,0).
eckanzahl(8,0).

objekt_loch(131,7).
flaeche(7,781).
schwerpunkt(7,398,257).
umfang(7,113).
ger_kanten(7,4).
kru_kanten(7,0).
eckanzahl(7,4).
ecke(7,387,272,90,8,98).
ecke(7,382,245,89,-82,7).
ecke(7,408,241,91,-173,-82).
ecke(7,413,268,90,98,-172).
kante(7,27,gerade,387,272,382,245).
kante(7,23,gerade,382,245,408,241).
kante(7,27,gerade,408,241,413,268).
kante(7,22,gerade,413,268,387,272).

objekt_loch(133,6).
flaeche(6,8387).
schwerpunkt(6,209,226).
umfang(6,378).
ger_kanten(6,3).
kru_kanten(6,1).
eckanzahl(6,4).
ecke(6,275,260,80,112,-168).
ecke(6,226,275,143,12,155).
ecke(6,159,239,127,-25,102).
ecke(6,145,186,89,-78,11).
kante(6,49,gerade,275,260,226,275).
kante(6,72,gerade,226,275,159,239).
kante(6,48,gerade,159,239,145,186).
kante(6,144,krumme,145,186,275,260).

flaeche(131,5045).
schwerpunkt(131,387,194).
lochanzahl(131,1).
lochflaeche(131,[781]).
umfang(131,545).
ger_kanten(131,7).
kru_kanten(131,3).
eckanzahl(131,10).
ecke(131,374,244,154,-102,52).
ecke(131,382,234,225,-128,97).
ecke(131,361,93,94,-83,11).
ecke(131,379,90,87,-169,-82).
ecke(131,404,227,236,98,-26).
ecke(131,419,239,138,154,-68).
ecke(131,424,264,157,90,-113).
ecke(131,414,278,124,67,-169).
ecke(131,379,275,126,-12,114).
ecke(131,371,263,156,-66,90).
kante(131,8,gerade,374,244,382,234).
kante(131,136,gerade,382,234,361,93).
kante(131,12,gerade,361,93,379,90).
kante(131,137,gerade,379,90,404,227).
kante(131,8,gerade,404,227,419,239).
kante(131,23,krumme,419,239,424,264)
kante(131,9,gerade,424,264,414,278).
kante(131,22,krumme,414,278,379,275)
kante(131,10,gerade,379,275,371,263).
kante(131,18,krumme,371,263,374,244)

objekt_loch(133,9).
flaeche(9,343).
schwerpunkt(9,177,282).
kreis(9).
umfang(9,65).
ger_kanten(9,0).
kru_kanten(9,0).
eckanzahl(9,0).

objekt_loch(133,10).
flaeche(10,48).
schwerpunkt(10,66,327).
kreis(10).
umfang(10,22).
ger_kanten(10,0).
kru_kanten(10,0).
eckanzahl(10,0).

objekt_loch(133,11).
flaeche(11,38).
schwerpunkt(11,197,400).
kreis(11).
umfang(11,20).
ger_kanten(11,0).
kru_kanten(11,0).
eckanzahl(11,0).

flaeche(133,22229).
schwerpunkt(133,169,297).
lochanzahl(133,6).
lochflaeche(133,[38,40,43,48,343,8387]).
umfang(133,1031).
ger_kanten(133,10).
kru_kanten(133,2).
eckanzahl(133,12).
ecke(133,177,362,273,64,-23).
ecke(133,215,388,132,150,-78).
ecke(133,222,413,145,102,-113).
ecke(133,213,428,87,67,154).
ecke(133,33,329,91,-26,65).
ecke(133,41,313,126,-115,11).
ecke(133,69,306,144,-169,-25).
ecke(133,106,325,270,155,65).
ecke(133,143,264,217,-115,102).
ecke(133,119,174,100,-78,22).
ecke(133,299,273,102,90,-168).
ecke(133,214,298,232,12,-116).
kante(133,36,krumme,177,362,215,388).
kante(133,26,gerade,215,388,222,413).
kante(133,11,gerade,222,413,213,428).
kante(133,205,gerade,213,428,33,329).
kante(133,13,gerade,33,329,41,313).
kante(133,25,gerade,41,313,69,306).
kante(133,40,gerade,69,306,106,325).
kante(133,64,gerade,106,325,143,264).
kante(133,88,gerade,143,264,119,174).
kante(133,204,krumme,119,174,299,273).
kante(133,87,gerade,299,273,214,298).
kante(133,68,gerade,214,298,177,362).
```

Tabelle A2: Daten der Szene aus Bild 5.4b

```
objekt_loch(129,2).
flaeche(2,33).
schwerpunkt(2,317,134).
kreis(2).
umfang(2,19).
ger_kanten(2,0).
kru_kanten(2,0).
eckanzahl(2,0).


objekt_loch(129,3).
flaeche(3,31).
schwerpunkt(3,160,145).
kreis(3).
umfang(3,17).
ger_kanten(3,0).
kru_kanten(3,0).
eckanzahl(3,0).


objekt_loch(129,5).
flaeche(5,322).
schwerpunkt(5,252,221).
kreis(5).
umfang(5,64).
ger_kanten(5,0).
kru_kanten(5,0).
eckanzahl(5,0).


objekt_loch(129,4).
flaeche(4,8190).
schwerpunkt(4,316,222).
umfang(4,368).
ger_kanten(4,3).
kru_kanten(4,2).
eckanzahl(4,5).
ecke(4,318,296,77,56,133).
ecke(4,281,260,147,-47,100).
ecke(4,279,251,168,-80,88).
ecke(4,281,182,137,-92,45).
ecke(4,320,147,90,-147,-57).
kante(4,49,gerade,318,296,281,260).
kante(4,9,gerade,281,260,279,251).
kante(4,69,gerade,279,251,281,182).
kante(4,51,krumme,281,182,320,147).
kante(4,144,krumme,320,147,318,296).


objekt_loch(129,7).
flaeche(7,39).
schwerpunkt(7,157,294).
kreis(7).
umfang(7,21).
ger_kanten(7,0).
kru_kanten(7,0).
eckanzahl(7,0).


objekt_loch(129,10).
flaeche(10,38).
schwerpunkt(10,314,310).
kreis(10).
umfang(10,19).
ger_kanten(10,0).
kru_kanten(10,0).
eckanzahl(10,0).


objekt_loch(129,9).
flaeche(9,124).
schwerpunkt(9,264,311).
kreis(9).
umfang(9,38).
ger_kanten(9,0).
kru_kanten(9,0).
eckanzahl(9,0).


objekt_loch(129,11).
flaeche(11,126).
schwerpunkt(11,157,416).
kreis(11).
umfang(11,39).
ger_kanten(11,0).
kru_kanten(11,0).
eckanzahl(11,0).


flaeche(129,30250).
schwerpunkt(129,229,256).
lochanzahl(129,8).
lochflaeche(129,[31,33,38,39,124,126,32
2,8190]).
umfang(129,1428).
ger_kanten(129,16).
kru_kanten(129,2).
eckanzahl(129,18).
ecke(129,316,323,102,33,135).
ecke(129,288,296,315,-45,-90).
ecke(129,285,315,134,90,-136).
ecke(129,164,435,136,44,180).
ecke(129,135,435,135,0,135).
ecke(129,123,422,89,-45,44).
ecke(129,268,279,271,-136,135).
ecke(129,253,260,224,-45,179).
ecke(129,182,257,271,-1,-90).
ecke(129,177,302,135,90,-135).
ecke(129,158,321,135,45,180).
ecke(129,138,321,89,0,89).
ecke(129,141,116,87,-91,-4).
ecke(129,162,117,136,176,-48).
ecke(129,180,135,138,132,-90).
ecke(129,181,177,269,90,-1).
ecke(129,249,182,214,179,33).
ecke(129,319,120,101,-135,-34).
kante(129,38,gerade,316,323,288,296).
kante(129,20,gerade,288,296,285,315).
kante(129,167,gerade,285,315,164,435).
kante(129,29,gerade,164,435,135,435).
kante(129,17,gerade,135,435,123,422).
kante(129,203,gerade,123,422,268,279).
kante(129,24,gerade,268,279,253,260).
kante(129,66,gerade,253,260,182,257).
kante(129,40,gerade,182,257,177,302).
kante(129,27,gerade,177,302,158,321).
kante(129,20,gerade,158,321,138,321).
kante(129,204,gerade,138,321,141,116).
kante(129,13,gerade,141,116,162,117).
kante(129,25,gerade,162,117,180,135).
kante(129,39,gerade,180,135,181,177).
kante(129,64,gerade,181,177,249,182).
kante(129,91,krumme,249,182,319,120).
kante(129,202,krumme,319,120,316,323).
```

Tabelle A3: Daten der Szene aus Bild 5.4c

```
objekt_loch(130,2).
flaeche(2,31).
schwerpunkt(2,212,139).
kreis(2).
umfang(2,18).
ger_kanten(2,0).
kru_kanten(2,0).
eckanzahl(2,0).

objekt_loch(130,5).
flaeche(5,123).
schwerpunkt(5,285,203).
kreis(5).
umfang(5,39).
ger_kanten(5,0).
kru_kanten(5,0).
eckanzahl(5,0).

objekt_loch(130,6).
flaeche(6,34).
schwerpunkt(6,336,236).
kreis(6).
umfang(6,19).
ger_kanten(6,0).
kru_kanten(6,0).
eckanzahl(6,0).

objekt_loch(130,7).
flaeche(7,323).
schwerpunkt(7,216,247).
kreis(7).
umfang(7,65).
ger_kanten(7,0).
kru_kanten(7,0).
eckanzahl(7,0).

objekt_loch(130,3).
flaeche(3,8235).
schwerpunkt(3,163,212).
umfang(3,374).
ger_kanten(3,2).
kru_kanten(3,2).
eckanzahl(3,4).
ecke(3,171,262,131,58,-171).
ecke(3,121,272,92,9,101).
ecke(3,202,147,90,-169,-79).
ecke(3,213,200,148,90,-122).
kante(3,48,gerade,171,262,121,272).
kante(3,148,krumme,121,272,202,147).
kante(3,52,krumme,202,147,213,200).
kante(3,70,gerade,213,200,171,262).

objekt_loch(130,9).
flaeche(9,43).
schwerpunkt(9,114,285).
kreis(9).
umfang(9,21).
ger_kanten(9,0).
kru_kanten(9,0).
eckanzahl(9,0).

objekt_loch(130,11).
flaeche(11,132).
schwerpunkt(11,203,331).
kreis(11).
umfang(11,40).
ger_kanten(11,0).
kru_kanten(11,0).
eckanzahl(11,0).

objekt_loch(130,12).
flaeche(12,38).
schwerpunkt(12,252,361).
kreis(12).
umfang(12,19).
ger_kanten(12,0).
kru_kanten(12,0).
eckanzahl(12,0).

flaeche(130,28266).
schwerpunkt(130,233,254).
lochanzahl(130,8).
lochflaeche(130,[31,34,38,43,123,132,3
23,8235]).
umfang(130,1387).
ger_kanten(130,21).
kru_kanten(130,5).
eckanzahl(130,26).
ecke(130,253,393,91,60,151).
ecke(130,236,384,128,-29,99).
ecke(130,231,358,139,-81,58).
ecke(130,251,315,2,-122,-120).
ecke(130,204,363,84,67,151).
ecke(130,188,353,128,-29,99).
ecke(130,182,327,141,-81,60).
ecke(130,206,288,267,-120,147).
ecke(130,196,278,221,-33,-172).
ecke(130,104,294,104,8,112).
ecke(130,128,161,157,-124,33).
ecke(130,220,125,101,180,-79).
ecke(130,223,136,330,101,71).
ecke(130,234,119,89,-109,-20).
ecke(130,262,130,95,160,-105).
ecke(130,251,155,86,75,161).
ecke(130,227,147,298,-19,-81).
ecke(130,245,219,321,99,60).
ecke(130,273,185,130,-120,10).
ecke(130,301,179,137,-170,-33).
ecke(130,317,189,94,147,-119).
ecke(130,284,242,269,61,-30).
ecke(130,297,253,269,150,59).
ecke(130,323,218,130,-121,9).
ecke(130,353,213,142,-171,-29).
ecke(130,367,223,89,151,-120).
kante(130,17,gerade,253,393,236,384).
kante(130,25,gerade,236,384,231,358).
kante(130,37,gerade,231,358,251,315).
kante(130,58,krumme,251,315,204,363)
.
kante(130,13,gerade,204,363,188,353).
kante(130,25,gerade,188,353,182,327).
kante(130,42,gerade,182,327,206,288).
kante(130,14,gerade,206,288,196,278).
kante(130,89,gerade,196,278,104,294).
kante(130,135,krumme,104,294,128,161
).
kante(130,88,krumme,128,161,220,125)
.
kante(130,8,gerade,220,125,223,136).
kante(130,18,gerade,223,136,234,119).
kante(130,23,gerade,234,119,262,130).
kante(130,22,krumme,262,130,251,155)
.
kante(130,18,gerade,251,155,227,147).
kante(130,62,gerade,227,147,245,219).
kante(130,40,gerade,245,219,273,185).
kante(130,28,gerade,273,185,301,179).
kante(130,14,gerade,301,179,317,189).
kante(130,62,gerade,317,189,284,242).
kante(130,11,gerade,284,242,297,253).
kante(130,41,gerade,297,253,323,218).
kante(130,25,gerade,323,218,353,213).
kante(130,13,gerade,353,213,367,223).
kante(130,203,krumme,367,223,253,393
).
```

Tabelle A4: Dempster-Shafer-Charakteristika zur Szene Bild 5.12

Teil	Winkel	Länge	DS-Faktor
SID	0,0	21,0	0,4
SID	0,0	21,0	0,4
SID	0,0	35,0	0,5
SID	0,0	35,0	0,5
SID	0,0	49,5	0,6
SID	0,0	49,5	0,6
SID	0,0	37,28	0,5
SID	0,0	25,09	0,4
SID	0,0	25,09	0,4
SID	360,0	37,68	0,7
SID	90,0	6,28	0,2
SID	90,0	6,28	0,2
SID	90,0	6,28	0,2
SID	90,0	6,28	0,2
SID	137,0	9,56	0,2
SID	137,0	9,56	0,2
SID	118,0	133,86	0,9
SID	92,0	88,31	0,9
LEV	0,0	104,0	0,9
LEV	0,0	104,0	0,9
LEV	0,0	74,41	0,9
LEV	0,0	74,41	0,9
LEV	0,0	16,0	0,8
LEV	0,0	16,0	0,8
LEV	0,0	16,0	0,8
LEV	0,0	16,0	0,8
LEV	0,0	27,0	0,5
LEV	0,0	8,5	0,2
LEV	0,0	8,5	0,2
LEV	288,0	70,37	0,9
SPA	0,0	90,0	0,9
SPA	0,0	110,0	0,9
SPA	360,0	25,13	0,95
SPA	360,0	25,13	0,95
LOC	0,0	130,0	0,9
LOC	0,0	20,0	0,4
LOC	0,0	20,0	0,4
SID_SPA_LOC	0,0	110,0	0,8
SID_SPA_LOC	0,0	14,14	0,6
SID_SPA_LOC	0,0	14,14	0,6

Tabelle A4: Merkmaldaten zur Szene Bild 5.12

Winkel	Länge
0,0	37,0
0,0	22,0
92,0	84,31
1,0	25,5
0,0	21,5
1,0	13,5
1,0	10,0
0,0	9,0
0,0	14,0
0,0	22,0
0,0	29,0
1,0	104,5
0,0	7,5
0,0	14,0
0,0	90,0
0,0	14,5
0,0	4,5
0,0	9,5
118,0	132,8
0,0	46,0
0,0	35,5

Tabelle A6: Meßdaten der Szene 5.4b(siehe Kapitel 5.4)

Schwerp. x	Schwerp. y	abs.Drehung	Länge	Länge	Winkel
318.0	184.0	4	0.0	0.0	77
281.0	220.0	296	0.0	0.0	147
279.0	229.0	274	0.0	0.0	168
281.0	298.0	246	0.0	0.0	137
320.0	333.0	168	0.0	0.0	90
316.0	157.0	354	0.0	0.0	102
288.0	184.0	22	0.0	0.0	315
285.0	165.0	67	0.0	0.0	134
164.0	45.0	22	0.0	0.0	136
135.0	45.0	337	0.0	0.0	135
123.0	58.0	269	0.0	0.0	89
268.0	201.0	269	0.0	0.0	271
253.0	220.0	337	0.0	0.0	224
182.0	223.0	44	0.0	0.0	271
177.0	178.0	67	0.0	0.0	135
158.0	159.0	22	0.0	0.0	135
138.0	159.0	314	0.0	0.0	89
141.0	364.0	222	0.0	0.0	87
162.0	363.0	154	0.0	0.0	136
180.0	345.0	111	0.0	0.0	138
181.0	303.0	134	0.0	0.0	269
249.0	298.0	196	0.0	0.0	214
319.0	379.0	185	0.0	0.0	101
299.0	202.0	313	51.0	51.0	180
280.0	224.0	280	9.0	9.0	180
280.0	263.0	268	69.0	69.0	180
300.0	315.0	213	52.0	52.0	180
319.0	258.0	90	166.0	149.0	180
302.0	170.0	315	39.0	39.0	180
286.0	174.0	90	19.0	19.0	180
224.0	105.0	44	170.0	170.0	180
149.0	45.0	0	29.0	29.0	180
129.0	51.0	315	17.0	17.0	180
195.0	129.0	224	203.0	203.0	180
260.0	210.0	315	24.0	24.0	180
217.0	221.0	359	71.0	71.0	180
179.0	200.0	90	45.0	45.0	180
167.0	168.0	45	27.0	27.0	180
148.0	159.0	0	20.0	20.0	180
139.0	261.0	269	205.0	205.0	180
151.0	363.0	176	21.0	21.0	180
171.0	354.0	132	25.0	25.0	180
180.0	324.0	90	42.0	42.0	180
215.0	300.0	179	68.0	68.0	180
284.0	329.0	225	93.0	93.0	180
317.0	258.0	90	225.0	203.0	180

Tabelle A7: Modelldaten für die Benchmarkteile (siehe Kapitel 5.4)

Name	Schwerp.x	Schwerp.y	rel.Dreh	tat.Länge	virt.Länge	Winkel	Var.x/y	Var.Dreh.	Var.tat.Länge	Var.virt.L.	Var.Winkel	Werkst.	Vorg.	Nachf..
1	172.6	236.1	310	0.0	0.0	90	10.0	15	10.0	10.0	15	Spa	2	12
3	174.3	256.1	243	0.0	0.0	135	10.0	15	10.0	10.0	15	Spa	4	2
5	193.7	274.5	198	0.0	0.0	135	10.0	15	10.0	10.0	15	Spa	6	4
7	361.4	264.3	153	0.0	0.0	135	10.0	15	10.0	10.0	15	Spa	8	6
9	378.9	243.9	108	0.0	0.0	135	10.0	15	10.0	10.0	15	Spa	10	8
11	377.3	223.9	40	0.0	0.0	90	10.0	15	10.0	10.0	15	Spa	12	10
2	173.5	246.5	265	21.0	21.0	180	10.0	15	4.0	4.0	15	Spa	1	3
4	184.0	265.7	221	26.0	26.0	180	10.0	15	4.0	4.0	15	Spa	3	5
6	277.5	269.4	175	168.0	168.0	180	10.0	15	10.0	10.0	15	Spa	5	7
8	370.1	254.1	130	27.0	27.0	180	10.0	15	4.0	4.0	15	Spa	7	9
10	378.1	233.9	85	20.0	20.0	180	10.0	15	4.0	4.0	15	Spa	9	11
12	274.9	230.0	355	205.0	205.0	180	10.0	15	10.0	10.0	15	Spa	11	1
1	286.0	216.1	227	0.0	0.0	90	10.0	15	10.0	10.0	15	Sha	2	8
3	315.2	217.5	137	0.0	0.0	90	10.0	15	10.0	10.0	15	Sha	4	2
5	314.5	189.2	46	0.0	0.0	90	10.0	15	10.0	10.0	15	Sha	6	4
7	285.4	187.8	316	0.0	0.0	90	10.0	15	10.0	10.0	15	Sha	8	6
2	300.6	216.8	182	29.0	29.0	180	10.0	15	5.0	5.0	15	Sha	1	3
4	314.8	203.3	93	28.0	28.0	180	10.0	15	5.0	5.0	15	Sha	3	5
6	299.9	188.5	0	29.0	29.0	180	10.0	15	5.0	5.0	15	Sha	5	7
8	285.7	201.9	273	28.0	28.0	180	10.0	15	5.0	5.0	15	Sha	7	1
1	137.0	126.0	313	0.0	0.0	89	10.0	15	10.0	10.0	15	Sid	2	24
3	138.0	146.0	246	0.0	0.0	137	10.0	15	10.0	10.0	15	Sid	4	2
5	156.0	164.0	202	0.0	0.0	134	10.0	15	10.0	10.0	15	Sid	6	4
7	198.0	164.0	223	0.0	0.0	270	10.0	15	10.0	10.0	15	Sid	8	6
9	203.0	236.0	292	0.0	0.0	226	10.0	15	10.0	10.0	15	Sid	10	8
11	139.0	304.0	271	0.0	0.0	90	15.0	15	10.0	10.0	15	Sid	27	10
13	343.0	303.0	88	0.0	0.0	90	15.0	15	10.0	10.0	15	Sid	14	29
15	280.0	240.0	67	0.0	0.0	224	15.0	15	10.0	10.0	15	Sid	16	14
17	279.0	168.0	134	0.0	0.0	271	10.0	15	10.0	10.0	15	Sid	18	16
19	326.0	163.0	156	0.0	0.0	133	10.0	15	10.0	10.0	15	Sid	20	18
21	343.0	145.0	111	0.0	0.0	137	10.0	15	10.0	10.0	15	Sid	22	20
23	342.0	125.0	44	0.0	0.0	89	10.0	15	10.0	10.0	15	Sid	24	22
25	202.0	266.0	337	0.0	0.0	137	10.0	15	10.0	10.0	15	Sid	26	32
27	165.0	305.0	269	0.0	0.0	90	10.0	15	10.0	10.0	15	Sid	28	26
29	316.0	305.0	91	0.0	0.0	90	10.0	15	10.0	10.0	15	Sid	30	28
31	279.0	266.0	22	0.0	0.0	134	10.0	15	10.0	10.0	15	Sid	32	30
2	137.0	135.0	268	20.0	20.0	180	10.0	15	5.0	10.0	15	Sid	1	3
4	147.0	155.0	224	26.0	26.0	180	10.0	15	5.0	10.0	15	Sid	3	5
6	177.0	164.0	179	42.0	42.0	180	10.0	15	8.0	10.0	15	Sid	5	7
8	201.0	200.0	269	72.0	72.0	180	10.0	15	8.0	10.0	15	Sid	7	9
10	171.0	270.0	315	94.0	94.0	180	10.0	15	10.0	10.0	15	Sid	9	11
12	241.0	304.0	180	226.0	204.0	180	10.0	15	10.0	10.0	15	Sid	11	13
14	311.0	272.0	45	88.0	88.0	180	15.0	15	8.0	8.0	15	Sid	13	15
16	279.0	204.0	89	72.0	72.0	180	15.0	15	8.0	8.0	15	Sid	15	17
18	302.0	166.0	180	47.0	47.0	180	10.0	15	8.0	8.0	15	Sid	17	19
20	334.0	154.0	133	24.0	24.0	180	10.0	15	4.0	4.0	15	Sid	19	21
22	342.0	135.0	90	20.0	20.0	180	10.0	15	4.0	4.0	15	Sid	21	23
24	239.0	125.0	359	205.0	205.0	180	10.0	15	10.0	10.0	15	Sid	23	1
26	183.0	286.0	316	54.0	54.0	180	10.0	15	5.0	5.0	15	Sid	11	27
28	240.0	305.0	180	167.0	151.0	180	10.0	15	10.0	10.0	15	Sid	27	29
30	297.0	286.0	45	53.0	53.0	180	10.0	15	5.0	5.0	15	Sid	13	31
32	241.0	266.0	359	77.0	77.0	180	10.0	15	8.0	8.0	15	Sid	15	25
1	239.0	229.0	291	0.0	0.0	227	10.0	15	10.0	10.0	15	Lev	27	26
3	222.0	260.0	268	0.0	0.0	97	10.0	15	10.0	10.0	15	Lev	27	29
5	240.0	283.0	199	0.0	0.0	147	10.0	15	10.0	10.0	15	Lev	29	30
7	252.0	284.0	171	0.0	0.0	156	10.0	15	10.0	10.0	15	Lev	30	23
9	275.0	250.0	75	0.0	0.0	102	10.0	15	10.0	10.0	15	Lev	24	25
11	261.0	231.0	64	0.0	0.0	227	10.0	15	10.0	10.0	15	Lev	24	25

13	259.0	88.0	115	0.0	0.0	224	10.0	15	10.0	10.0	15	Lev	12	22
15	264.0	84.0	108	0.0	0.0	101	10.0	15	10.0	10.0	15	Lev	13	18
17	263.0	73.0	58	0.0	0.0	90	10.0	15	10.0	10.0	15	Lev	18	16
19	228.0	77.0	279	0.0	0.0	15	10.0	15	10.0	10.0	15	Lev	18	20
21	238.0	87.0	239	0.0	0.0	266	10.0	15	10.0	10.0	15	Lev	22	13
23	262.0	270.0	139	0.0	0.0	90	10.0	15	10.0	10.0	15	Lev	30	24
25	262.0	244.0	48	0.0	0.0	90	10.0	15	10.0	10.0	15	Lev	24	26
27	236.0	244.0	317	0.0	0.0	90	10.0	15	10.0	10.0	15	Lev	26	28
29	236.0	269.0	228	0.0	0.0	90	10.0	15	10.0	10.0	15	Lev	28	30
2	230.0	244.0	310	35.0	35.0	180	10.0	15	5.0	5.0	15	Lev	27	28
4	231.0	271.0	216	29.0	29.0	180	10.0	15	5.0	5.0	15	Lev	29	30
6	246.0	283.0	183	12.0	12.0	180	10.0	15	5.0	5.0	15	Lev	30	23
8	263.0	267.0	114	40.0	40.0	180	10.0	15	8.0	8.0	15	Lev	23	24
10	268.0	241.0	36	22.0	22.0	180	10.0	15	5.0	5.0	15	Lev	25	26
12	260.0	160.0	93	144.0	144.0	180	10.0	15	8.0	8.0	15	Lev	22	11
14	261.0	86.0	148	5.0	5.0	180	10.0	15	3.0	3.0	15	Lev	13	15
16	262.0	78.0	103	11.0	11.0	180	10.0	15	4.0	4.0	15	Lev	15	17
18	244.0	75.0	2	35.0	35.0	180	10.0	15	5.0	5.0	15	Lev	21	13
20	232.0	82.0	197	14.0	14.0	180	10.0	15	4.0	4.0	15	Lev	18	21
22	238.0	158.0	272	142.0	142.0	180	10.0	15	8.0	8.0	15	Lev	1	12
24	262.0	257.0	96	25.0	25.0	180	10.0	15	5.0	5.0	15	Lev	23	25
26	249.0	244.0	1	26.0	26.0	180	10.0	15	4.0	4.0	15	Lev	25	27
28	236.0	257.0	274	26.0	26.0	180	10.0	15	4.0	4.0	15	Lev	27	29
30	249.0	270.0	183	26.0	26.0	180	10.0	15	4.0	4.0	15	Lev	29	23

Informatik – Fachberichte

Band 221: H. Schelhowe (Hrsg.), Frauenwelt - Computerräume. GI-Fachtagung, Bremen, September 1989. Proceedings. XV, 284 Seiten. 1989.

Band 222: M. Paul (Hrsg.), GI – 19. Jahrestagung I. München, Oktober 1989. Proceedings. XVI, 717 Seiten. 1989.

Band 223: M. Paul (Hrsg.), GI – 19. Jahrestagung II. München, Oktober 1989. Proceedings. XVI, 719 Seiten. 1989.

Band 224: U. Voges, Software-Diversität und ihre Modellierung. VIII, 211 Seiten. 1989

Band 225: W. Stoll, Test von OSI-Protokollen. IX, 205 Seiten. 1989.

Band 226: F. Mattern, Verteilte Basisalgorithmen. IX, 285 Seiten. 1989.

Band 227: W. Brauer, C. Freksa (Hrsg.), Wissensbasierte Systeme. 3. Internationaler GI-Kongreß, München, Oktober 1989. Proceedings. X, 544 Seiten. 1989.

Band 228: A. Jaeschke, W. Geiger, B. Page (Hrsg.), Informatik im Umweltschutz. 4. Symposium, Karlsruhe, November 1989. Proceedings. XII, 452 Seiten. 1989.

Band 229: W. Coy, L. Bonsiepen, Erfahrung und Berechnung. Kritik der Expertensystemtechnik. VII, 209 Seiten. 1989.

Band 230: A. Bode, R. Dierstein, M. Göbel, A. Jaeschke (Hrsg.), Visualisierung von Umweltdaten in Supercomputersystemen. Karlsruhe, November 1989. Proceedings. XII, 116 Seiten. 1990.

Band 231: R. Henn, K. Stieger (Hrsg.), PEARL 89 – Workshop über Realzeitsysteme. 10. Fachtagung, Boppard, Dezember 1989. Proceedings. X, 243 Seiten. 1989.

Band 232: R. Loogen, Parallele Implementierung funktionaler Programmiersprachen. IX, 385 Seiten. 1990.

Band 233: S. Jablonski, Datenverwaltung in verteilten Systemen. XIII, 336 Seiten. 1990.

Band 234: A. Pfitzmann, Diensteintegrierende Kommunikationsnetze mit teilnehmerüberprüfbarem Datenschutz. XII, 343 Seiten. 1990.

Band 235: C. Feder, Ausnahmebehandlung in objektorientierten Programmiersprachen. IX, 250 Seiten. 1990.

Band 236: J. Stoll, Fehlertoleranz in verteilten Realzeitsystemen. IX, 200 Seiten. 1990.

Band 237: R. Grebe (Hrsg.), Parallele Datenverarbeitung mit dem Transputer. Aachen, September 1989. Proceedings. VIII, 241 Seiten. 1990.

Band 238: B. Endres-Niggemeyer, T. Hermann, A. Kobsa, D. Rösner (Hrsg.), Interaktion und Kommunikation mit dem Computer. Ulm, März 1989. Proceedings. VIII, 175 Seiten. 1990.

Band 239: K. Kansy, P. Wißkirchen (Hrsg.), Graphik und KI. Königs winter, April 1990. Proceedings. VII, 125 Seiten. 1990.

Band 240: D. Tavangarian, Flagorientierte Assoziativspeicher und -prozessoren. XII. 193 Seiten. 1990.

Band 241: A. Schill, Migrationssteuerung und Konfigurationsverwaltung für verteilte objektorientierte Anwendungen. IX, 174 Seiten. 1990.

Band 242: D. Wybranietz, Multicast-Kommunikation in verteilten Systemen. VIII, 191 Seiten. 1990.

Band 243: U. Hahn, Lexikalisch verteiltes Text-Parsing. X, 263 Seiten. 1990.

Band 244: B. R. Kämmerer, Sprecherunabhängigkeit und Sprecheradaption. VIII, 110 Seiten. 1990.

Band 245: C. Freksa, C. Habel (Hrsg.), Repräsentation und Verarbeitung räumlichen Wissens. VIII, 353 Seiten. 1990.

Band 246: Th. Bräunl, Massiv parallele Programmierung mit dem Parallaxis-Modell. XII, 168 Seiten. 1990

Band 247: H. Krumm, Funktionelle Analyse von Kommunikationsprotokollen. IX, 122 Seiten. 1990.

Band 248: G. Moerkotte, Inkonsistenzen in deduktiven Datenbanken. VIII, 141 Seiten. 1990.

Band 249: P. A. Gloor, N. A. Streitz (Hrsg.), Hypertext und Hypermedia. IX, 302 Seiten. 1990.

Band 250: H. W. Meuer (Hrsg.), SUPERCOMPUTER '90. Mannheim, Juni 1990. Proceedings. VIII, 209 Seiten. 1990.

Band 251: H. Marburger (Hrsg.), GWAI-90. 14th German Workshop on Artificial Intelligence. Eringerfeld, September 1990. Proceedings. X, 333 Seiten. 1990.

Band 252: G. Dorffner (Hrsg.), Konnektionismus in Artificial Intelligence und Kognitionsforschung. 6. Österreichische Artificial-Intelligence-Tagung (KONNAI), Salzburg, September 1990. Proceedings. VIII, 246 Seiten. 1990.

Band 253: W. Ameling (Hrsg.), ASST'90. 7. Aachener Symposium für Signaltheorie. Aachen, September 1990. Proceedings. XI, 332 Seiten. 1990.

Band 254: R. E. Großkopf (Hrsg.), Mustererkennung 1990. 12. DAGM-Symposium, Oberkochen-Aalen, September 1990. Proceedings. XXI, 686 Seiten. 1990.

Band 255: B. Reusch, (Hrsg.), Rechnergestützter Entwurf und Architektur mikroelektronischer Systeme. GME/GI/ITG-Fachtagung, Dortmund, Oktober 1990. Proceedings. X, 298 Seiten. 1990.

Band 256: W. Pillmann, A. Jaeschke (Hrsg.), Informatik für den Umweltschutz. 5. Symposium, Wien, September 1990. Proceedings. XV, 864 Seiten. 1990.

Band 257: A. Reuter (Hrsg.), GI – 20. Jahrestagung I. Stuttgart, Oktober 1990. Proceedings. XVIII, 602 Seiten. 1990.

Band 258: A. Reuter (Hrsg.), GI – 20. Jahrestagung II. Stuttgart, Oktober 1990. Proceedings. XVIII, 602 Seiten. 1990.

Band 259: H.-J. Friemel, G. Müller-Schönberger, A. Schütt (Hrsg.), Forum '90 Wissenschaft und Technik. Trier, Oktober 1990. Proceedings. XI, 532 Seiten. 1990.

Band 260: B. J. Frommherz, Ein Roboteraktionsplanungssystem. XI, 134 Seiten. 1990.

Band 261: W. Zimmermann, Automatische Komplexitätsanalyse funktionaler Programme. VII, 194 Seiten. 1990.

Band 262: W. Gerth, P. Baacke (Hrsg.), PEARL 90 - Workshop über Realzeitsysteme. 11. Fachtagung, Boppard, November 1990. Proceedings. X, 187 Seiten. 1990.

Band 263: H. Eckhardt, Entwurfstransaktionen für modulare Objektsysteme. VIII, 144 Seiten. 1990.

Band 264: T. Härder, H. Wedekind, G. Zimmermann (Hrsg.), Entwurf und Betrieb verteilter Systeme. Fachtagung, Dagstuhl, September 1990. Proceedings. XII, 283 Seiten. 1990.

Band 265: U. Herrmann, Mehrbenutzerkontrolle in Nicht-Standard-Datenbanksystemen. VIII, 183 Seiten. 1991.

Band 266: R. Cunis, A. Günter, H. Strecker (Hrsg.), Das PLAKON-Buch. VIII, 279 Seiten. 1991

Band 267: W. Effelsberg, H. W. Meuer, G. Müller (Hrsg.), Kommunikation in verteilten Systemen. GI/ITG-Fachtagung, Mannheim, Februar 1991. Proceedings. X, 589 Seiten. 1991.

Band 268: J. Raczkowsky, Multisensordatenverarbeitung in der Robotik. X, 168 Seiten. 1991.